高等学校信息工程类系列教材

数 据 库 原 理

（第 四 版）

张红娟　傅婷婷　编著

郭盈发　主审

西安电子科技大学出版社

内 容 简 介

本书系统地介绍了关系数据库的基本概念、基本原理和设计技术等，内容包括数据库系统概论、SQL 语言、关系数据模型及其运算基础、数据库管理、数据库设计等。本书根据数据库发展的趋势，在介绍数据库新技术时，重点介绍了面向对象和对象-关系数据库。

全书共 11 章，内容丰富，结构合理，通俗易懂。各章都安排有大量的例题，章末附有习题，书末还附有 SQL 语言的上机实验指导。

本书可作为大学计算机专业及其他专业的教材，也可作为科技人员学习数据库的自学教材和应用参考书。

图书在版编目(CIP)数据

数据库原理 / 张红娟，傅婷婷编著. —4 版.—西安：
西安电子科技大学出版社，2016.7(2020.11 重印)
ISBN 978-7-5606-4156-0

Ⅰ. ① 数…　Ⅱ. ① 张…　② 傅…　Ⅲ. ① 数据库系统—高等学校—教材
Ⅳ. ① TP311.13

中国版本图书馆 CIP 数据核字(2016)第 148201 号

策划编辑　马乐惠
责任编辑　南　景　马乐惠
出版发行　西安电子科技大学出版社(西安市太白南路 2 号)
电　　话　(029)88242885　88201467　　　邮　　编　710071
网　　址　www.xduph.com　　　　　　电子邮箱　xdupfxb001@163.com
经　　销　新华书店
印刷单位　陕西天意印务有限责任公司
版　　次　2016 年 7 月第 4 版　　2020 年 11 月第 17 次印刷
开　　本　787 毫米×1092 毫米　1/16　印 张　19
字　　数　447 千字
印　　数　69 001～73 000 册
定　　价　39.00 元
ISBN 978 - 7 - 5606 - 4156 - 0/TP
XDUP 4448004-17
如有印装问题可调换

第四版前言

本书自出版以来多次修订，受到了读者和同行的认可，综合各方面的意见，并结合数据库应用的最新发展，作者从去年开始就着手进行第四版的修订。

本版在组织结构上与第三版保持了一致。由于数据库技术发展迅速，此次修订将全书基于 SQL Server 2000 版本的内容修订为基于 SQL Server 2014 版本，主要涉及第 3 章 SQL 语言初步的部分内容，以及附录 A 上机实验指导的全部内容。随着近几年大数据和云计算的应用，NoSQL 数据库得到了飞速发展，所以在本版中增加了 NoSQL 的介绍。同时，本版在第 2 章、第 3 章、第 7 章中均新增了大量的实例，并增加了第 8 章习题中的设计实例。

本书的内容如下：

第 1 章首先介绍贯穿全书的示例：职工项目管理系统，引出了数据库基本概念以及数据库系统的构成、体系结构。

第 2 章是建立数据模型，介绍概念模型和关系数据模型中的概念，以及两者间的转换，最后介绍了 NoSQL 的概念和产品种类。

第 3、4、5 章集中介绍 SQL 语言及其编程，第 3 章介绍 SQL 的基本知识，SQL 的 DDL 语句和 DML 语句的使用，以及视图的概念及使用；第 4 章介绍完整性和安全性的概念及它们在 SQL 中的实现，触发器的概念和编程；第 5 章介绍数据库编程相关的技术，包括嵌入式 SQL、数据库接口 ODBC 和 JDBC、存储过程和用户自定义函数。本书中 SQL 的语句句法，都遵循 Microsoft SQL Server 的语法。

第 6 章介绍关系运算和查询优化，主要介绍关系代数的基本操作，并添加了包的运算和关系代数的扩展操作作为选修内容。本书对除法的介绍方法是比较独特的，既突出了除法的本质，又降低了除法的难度，希望这种方法能帮助读者更快地理解除法的本质。

第 7 章从关系的规范化作用和函数依赖，引出了关系模式的分解和范式的定义。

第 8 章介绍数据库设计的一般过程，从需求分析到概念结构设计、逻辑结构设计、物理结构设计、数据库实施和维护，最后介绍了 UML 设计方法和使用 PowerDesigner 工具实现数据库设计的方法，作为教师的选讲内容。

第 9 章介绍事务的概念，以及并发控制和数据库系统的故障及恢复技术。

第 10、11 章分别介绍了面向对象数据库技术和数据库新技术。

此次修订工作由张红娟完成，傅婷婷提供了安装 SQL Server 2014 的素材。郭盈发老师虽然年事已高，但仍一直关心本书的修订工作，在此向他表示深深的谢意。还要感谢金洁洁老师、赵丽娜老师以及数据库实验室的同学们给出了很好的修改意见。

　　由于作者水平有限和数据库技术发展迅猛，书中不足之处犹存，恳请读者批评指正。作者邮箱：hjzhang@hdu.edu.cn。

编　者

于杭州电子科技大学

2016 年 4 月

第 一 版 前 言

数据库技术产生至今不到四十年，但它却已浸透到计算机应用的各个方面。数据库技术在理论上不断得到创新，在应用上则遍及人类社会的各个角落。在学校里，数据库技术不但早已成为计算机专业的重要课程，也已成为非计算机专业的必修课或选修课。学生怀着浓厚的兴趣，要求学习数据库的有关课程。

数据库技术高速发展的根本原因，在于它的应用性。应用上不断提出的迫切要求，促使数据库技术飞速发展。数据库的所有理论都是与应用紧密联系的，从应用中提出，得到提高，又立即返回到应用中去，指导应用不断向高深和普及两方面发展。在数据库学科中，没有永久不变的理论。理论完全依赖于应用的条件，应用条件发生变化，理论也随即跟着变化。因此，数据库是计算机中一个最活跃的分支，是一个发展速度最快的分支。

本书在编排上，特别强调摆正理论与应用的联系；在叙述上，则强调严谨与通俗紧密结合。全书共分十章。数据库概论中，介绍了数据库特别是关系数据库的基本知识、基本术语。接着，介绍 SQL 语言的基本内容，使学生能立即上机实践。既可使学生获得初步应用能力，又可从应用中发现问题，从而提高学习兴趣。关系数据库模型及其运算基础的内容，从理论上给学生打下基础。接下来的三章：建立数据模型、关系数据库规范化理论和数据库设计，都是为了提高学生数据库设计能力的。而数据库保护一章则讲述了并发控制、恢复技术和安全控制。最后两章：面向对象和对象-关系数据库、数据库新技术，则介绍了数据库的发展方向，特别重点介绍了面向对象和对象-关系数据库。

本书还给出了 SQL 的上机实验指导，以便学生循序渐进地提高实际应用能力。

本书由郭盈发、张红娟共同编著而成。张红娟执笔了第三、五、六、七、九、十章，并设计了全书的习题和上机实验指导。郭盈发为主编，并执笔了其余内容。

由于水平有限，本书难免会存在缺点和错误，恳请读者批评指正。

编 者

于杭州电子工业学院计算机分院

2001 年 10 月

目　　录

第 1 章　数据库系统概论

　　数据库技术是使用计算机管理数据的一门新技术，是计算机学科的重要分支。使用数据库对数据进行管理是计算机应用的一个重要而广阔的领域。

　　数据管理是数据处理的中心问题。数据处理是指对各种形式的数据进行收集、储存、加工和传播的一系列活动的总和。数据处理的目的有两个：一是借助计算机科学地保存和管理大量复杂的数据，以便人们能方便而充分地利用这些宝贵的信息资源；二是从大量的原始数据中抽取、推导出对人们有价值的信息。数据管理指的是对数据的分类、组织、编码、储存、检索和维护。

　　数据库技术所研究的是如何科学地组织和储存数据，如何高效地处理数据以获取其内在信息。数据库系统是当代计算机系统的重要组成部分。

　　本章通过数据库系统的各个具体应用领域初步介绍了数据库系统，并给出了一个贯穿全书的数据库应用示例：职工项目管理系统。其中，回顾了数据管理技术发展的三个阶段，介绍了数据库系统的各个组成部分，讨论了数据库管理系统 DBMS 的三层模式体系结构和数据独立性，并从用户的角度考察一个 DBMS 所做的工作。最后，通过数据库系统研究的三个方面对本书的各章节内容作一整体介绍。

　　需要指出的是，本章内容均为基础知识，对全面正确认识数据库系统的特征及功能至关重要。但同时，本章讨论的内容范围较广，有些抽象，而且涉及到大量新的概念与术语。当然，在以后章节中将对相关的概念和术语进行详细介绍。

1.1　数据库系统的应用

1.1.1　数据库系统的应用领域

　　在生活中，我们经常使用数据库，只是应用系统的用户界面隐藏了访问数据库的细节，以至于多数人没有意识到数据库已成为生活中的基本组成部分。例如，当你从银行的 ATM 取款机上提取现金或查询账户余额时，这些信息就是从银行的数据库系统中取出来的；当你使用某个购物网站进行网上购物时，你的订单也就保存在该网站的数据库中；当你在线查询、下载或是播放音乐时，其实访问的就是存储在某个数据库中的视频或音频数据。

　　数据库的应用领域非常广泛，无论是家庭、企业、政府部门，都需要使用数据库来存储数据信息。传统数据库中的很大一部分用于商务领域，如证券机构、银行、企业的销售部门、医院、公司以及国家政府部门、国防军工领域、科技发展领域等。以下是数据库系统一些具有代表性的应用。

(1) 航空售票系统：是最先使用分布式数据库的行业之一，通过网络上分散的结点来访问中央数据库系统。这个系统主要用来存储和管理航班信息(如航班号、飞机型号、机组号、起飞地、目的地、起飞时间、到达时间、飞行状态等)、机票信息(如票价、折扣、是否有票等)和座位预定信息(如座位分配、座位确认、餐饮选择等)。

(2) 银行账务管理系统：用于存储客户的信息、账户、存贷款信息以及银行的交易记录等，同时也管理记录信用卡消费的情况和产生每月清单等。

(3) 学校学籍管理系统：用于存储学生姓名、课程名、所选课程及成绩等信息。

(4) 电子政务系统：将政府机构的经济管理、市场监管、社会管理和公共服务这四大职能电子化、网络化。

(5) 销售管理系统：用于管理客户、订货、库存、往来账款、产品信息、销售人员，以及收集与处理市场有关信息。

(6) 人力资源管理系统：包括人事日常事务、薪酬、招聘、培训、考核以及人力资源的管理。

(7) 企业资源规划(Enterprise Resource Planning，简称 ERP)：用来合并一个企业中的各种功能领域，包括产品生产、销售、分发、市场、财务和人力资源等。

(8) 电子商务系统：利用 Web 技术来传输和处理商业信息，在 Internet 上进行商务活动，其主要功能包括基于互联网的广告、订货、付款、客户服务和货物递交等销售、售前和售后服务，以及市场调查分析、财务核计及生产安排等多项利用 Internet 开发的商业活动。

数据库技术是计算机科学技术中发展最快的领域之一，也是应用最广的技术之一。随着信息时代的发展，当今数据库系统是一个大家族，数据模型丰富多样，新技术层出不穷，应用领域日益广泛。以下是当前数据库的一些新的应用领域。

(1) 多媒体数据库。多媒体数据库主要存储与多媒体相关的数据，如声音、图像和视频等数据。多媒体数据库最大的特点是数据连续，而且数据量比较大，存储需要的空间较大。

(2) 移动数据库。移动数据库是在移动计算机系统上发展起来的，如笔记本电脑、掌上计算机等。该数据库最大的特点是通过无线数字通信网络传输数据。移动数据库可以随时随地获取和访问数据，为商务应用和一些紧急情况带来了很大的便利。

(3) 空间数据库。空间数据库目前发展比较迅速。它主要包括地理信息数据库(又称为地理信息系统，即 Geographic Information System，简称 GIS)和计算机辅助设计(Computer-Aided Design，简称 CAD)数据库。其中地理信息数据库一般存储与地图相关的信息数据；计算机辅助设计数据库一般存储设计信息的空间数据，如机械、集成电路以及电子设备设计图等。

(4) 网格数据库。网格数据库是把整个网络整合成一个虚拟的、巨大的超级计算环境，实现计算资源、存储资源、数据资源、信息资源、知识资源、专家资源等的全面共享。其目的是解决多机构虚拟组织中的资源共享和协同工作问题。

(5) 传感器数据库。传感器网络由大量的低成本设备组成，用来测量诸如目标位置、环境温度和湿度等数据。每个设备都是一个数据源，将会提供重要的数据，这就产生了新的数据管理需求，同时也要求传感器数据库系统解决好传感器设备特有的移动性、分散性、动态性和传感器资源的有限性等特点所带来的许多新问题。

(6) 信息检索系统。信息检索就是根据用户输入的信息，从数据库中查找相关的文档或信息，并把查找的信息反馈给用户。信息检索领域和数据库是同步发展的，它是一种典型的联机文档管理系统或者联机图书目录。

(7) 分布式信息检索数据库。分布式信息检索数据库是随着 Internet 的发展而产生的数据库。它一般用于因特网及远距离计算机网络系统中。特别是随着电子商务的发展，这类数据库发展更加迅猛。许多网络用户(如个人、公司或企业等)在自己的计算机中存储信息，同时希望通过网络使用发送电子邮件、文件传输、远程登录方式和别人共享这些信息。分布式信息检索便满足了这一要求。

(8) 专家决策系统。专家决策系统也是数据库应用的一部分。由于越来越多的数据可以联机获取，特别是企业通过这些数据可以对企业的发展作出更好的决策，以使企业更好地运行，因此人工智能的发展，使得专家决策系统的应用更加广泛。

1.1.2 数据库应用系统示例

图 1-1 给出了一个有关职工项目管理系统数据库的简单示例。

Employee

Eno	Ename	Sex	Age	Is_Marry	Title	Dno
1002	胡一民	男	38	1	工程师	01
1004	王爱民	男	60	1	高工	03
1005	张小华	女	50	1	工程师	02

Item

Ino	Iname	Start_date	End_date	Outlay	Check_date
200801	硬盘伺服系统的改进	3/1/2008	2/28/2009	10.0	2/10/2009
200802	巨磁阻磁头研究	6/1/2008	5/30/2009	6.5	5/20/2009
201001	磁流体轴承改进	4/1/2009	2/1/2010	4.8	3/18/2010

Item_Emp

Ino	Eno	IENo
200801	1004	1
200801	1016	2
200802	1002	1

Salary

Eno	Basepay	Service	Price	Rest	Insure	Fund
1002	685.00	1300.00	85.00	488.40	18.80	630.50
1004	728.34	3500.00	85.00	580.00	21.00	800.50
1005	685.00	2500.00	85.00	512.00	18.80	700.50

Department

Dno	Name	Phone	Manager
01	技术科	88090121	1002
02	设计所	88090122	1010
03	车间	88090123	1004

图 1-1 职工项目管理系统数据库

应用该数据库,可以查询到全公司职工和职工工资信息、公司正在进行或者已经完成的项目信息,以及职工参加项目的情况,并对这些相关信息进行维护。图 1-1 是该应用系统所涉及的部分数据信息。

图 1-1 所示数据库由 5 个表组成,每个表都存储了同一记录结构的数据。Employee 表存储了每个职工的相关信息,包括职工的职工号、姓名、性别、年龄、婚否、职称和所在部门号;Item 表存储了有关项目的基本信息,包括项目编号、项目名称、起始日期、终止日期、项目经费和验收日期;Item_Emp 表存储了有关职工参与项目的信息,包括项目编号、参加该项目的职工编号、职工在该项目中的排名;Salary 表存储了有关职工的薪酬信息,包括职工号、基本工资、津贴、物价补贴、养老保险、医疗保险和公积金;Department 表存储了有关部门的基本信息,包括部门号、部门名称、联系电话和部门经理。

要定义这个数据库,必须指定每个表的记录结构,并指定各个数据元素的数据类型。为了构建这个职工项目管理系统数据库,必须把每个职工、项目、职工参与项目情况等信息都以记录的形式存储在适当的表中。这里需要注意的是,不同表中的记录可能是相关的。比如,Employee 表中的部门号 Dno 与 Department 表中所存储的部门号 Dno 有关。

该职工项目管理系统数据库构建好以后,接下来,就要考虑如何对数据进行存储操作以及读取操作。比如,需要做的查询操作有:查询所有参加了 200801 项目的职工号、姓名和职称;查询职工胡一民参加的所有项目情况。又如,可能要执行的数据更新操作有:将参加 200802 项目的职工的津贴值都增加 200;删除所有张小华参与项目的相关信息等。这些都是职工项目管理系统的任务。

这个示例系统将贯穿本书的大多数章节。要实现这样一个管理系统,首先需要从需求分析阶段开始为该系统设计一个新的数据库。在本书的第 2 章着重介绍了概念设计阶段的成果——实体-联系(Entity-Relationship,简称 ER)模型,接着实现逻辑设计,将 ER 模型转换成用商业数据库管理系统 DBMS 实现的数据模型(即关系模型)来表达,并利用第 7 章所讲解的规范化理论改进该数据库设计,最后对该关系模型进行物理设计,为存储和访问数据库提供进一步的详细规范说明。整个数据库设计过程将在第 8 章中借助于某种具体的计算机辅助软件工程(Computer-Aided Software Engineering,简称 CASE)工具来整体实现。在第 3、4、5 章中,通过具体的数据库应用程序设计实现整个系统所预设的各个功能,包括从数据存储、数据查询到一些特定的业务逻辑功能的实现,以及保证数据的正确有效和安全性。

1.2　数据管理技术的发展

数据库技术是应数据管理任务的需要而产生的。所谓数据管理是指对数据进行分类、组织、编码、存储、检索和维护,是数据处理的中心问题。而数据处理是指对各种数据进行收集、存储、加工和传播的一系列活动的总和。

随着计算机硬件、软件的发展,计算机数据管理方法是不断发展的,至今经历了三个阶段:人工管理阶段、文件系统阶段和数据库系统阶段。

1.2.1 人工管理阶段

20 世纪 50 年代中期以前，计算机本身的水平较低。在硬件方面，计算机的运算速度低、内存容量小，外存还没有磁盘等直接存取的存储设备；在软件方面，还没有操作系统，没有管理数据的软件。这一阶段的计算机主要用于科学计算。这个阶段数据管理的特点是：

(1) 数据不保存。需要时把数据输入，用完就撤走。数据不保存在计算机中。

(2) 没有管理数据的软件系统。应用程序不仅要管理数据的逻辑结构，还要设计其物理结构、存取方法、输入/输出方法等。当存储改变时，程序中存取数据的子程序就需随之改变，即数据和程序不具有独立性。

(3) 基本上没有文件概念。数据的组织方式必须由程序员自行设计。

(4) 数据是面向应用的。一组数据只对应于一个应用程序。即使两个应用程序都涉及到了某些相同数据，也必须各自定义，无法相互利用，不仅在程序之间有大量重复数据，还易产生数据的不一致性(相同数据在不同程序中出现的值不同)。

在人工管理阶段，上述数据与程序关系的特点如图 1-2 所示。

图 1-2　人工管理阶段数据与程序的关系

1.2.2 文件系统阶段

从 20 世纪 50 年代后期到 60 年代中期，计算机的硬件、软件都有了很大发展：有了磁盘、磁鼓等直接存取的存储设备；有了操作系统，其中有专门管理数据的文件系统；在处理方式上，不仅有了文件批处理，而且能够联机实时处理。此时，计算机不仅用于科学计算，还大量用于管理。文件系统阶段有以下几个特点：

(1) 数据存放在数据文件中，数据文件可长期保存在外存，需要时，可方便地把数据文件调入内存。因此，可经常方便地对文件进行检索、修改、插入和删除等操作。

(2) 数据文件由记录组成(记录由数据组成)。数据的存取基本上以记录为单位，按文件名访问，按记录进行存取。数据的逻辑结构保存在使用数据的应用程序中。应用程序取得记录后，首先根据数据的逻辑结构把记录分解成有含义的数据，然后才使用这些数据；应用程序要存储数据时，首先要把数据组成记录，才能进一步把记录存入数据文件。

(3) 程序和数据有了一定的独立性。由于有了管理数据的软件——文件管理系统，文件的逻辑结构(记录的逻辑结构)与存储结构由系统进行了转换。文件在存储上的改变不一定反映到程序上，既可大大节省维护程序的工作量，程序员也可不必过多地考虑物理细节，可把精力集中在算法上。

(4) 文件多样化。由于有了直接存取存储设备，也就有了索引文件、链接文件、直接存取文件等。

在文件系统阶段，用户虽有了一定的方便，但系统仍有很多缺点，这主要有：

(1) 数据冗余度大。由于数据的基本存取单位是记录，因此，程序员之间很难明白他人数据文件的逻辑结构。虽然在理论上，一个用户可通过文件管理系统访问很多数据文件，但实际上，一个数据文件只能对应于同一个程序员的一个或几个程序，不能共享，数据仍然是面向应用的。随着应用的增加，数据文件也同步增加，且数据很多都是相同的。数据冗余度大，不仅浪费存储空间，而且数据的修改和维护也较困难，容易造成数据的不一致性(同一数据在多处出现，但值不同)。

例如，在项目管理中，可能保存有每个职工参与项目的信息文件，统计职工参与项目的情况或者新增职工参与项目的信息都可能是其中的某一个应用，但财务处可能会关注职工的薪酬以及每个项目的经费等情况。尽管这两个应用都可能会涉及到职工的相关数据，但是每个用户却因为彼此需要的数据并不能从对方所管理的文件中得到，所以只能各自维护各自不同的文件，以及操作这些文件的程序。

(2) 数据和程序缺乏独立性。文件处理过程中，如果某一用户要完成一个特定的软件应用，那么必须将该应用中所需要的文件的定义和实现当作该应用编程的一部分，即文件是为特定程序服务的，改变数据的逻辑结构就必须修改程序。应用程序若有改变，就可能影响文件中数据的数据结构，因此，数据和程序缺乏独立性。

这样，文件系统仍然是一个不具有弹性的无结构的数据集合。文件之间是孤立的，不能反映现实世界中事物之间的内在联系。在文件系统阶段，数据与程序的关系如图 1-3 所示。

图 1-3　文件系统阶段数据与程序的关系

1.2.3　数据库系统阶段

20 世纪 60 年代后期，计算机硬件、软件有了更进一步的发展。计算机的运算速度快，内存容量大，并有了大容量磁盘。随着管理数据规模的增大，文件系统的缺点越来越令人难以忍受。人们迫切盼望能有数据冗余度小、可共享数据的系统。

文件系统中，数据为什么难以共享呢？原因就在于：数据的逻辑结构不在数据文件中(在对应的应用程序中)。在文件系统中,采用"按文件名访问,按记录存取"的数据管理技术,一般用户虽然都可以访问文件、数据,但却不知道这些数据的含义,当然就不能共享数据了。以如下一条记录为例:

1005 张三 7006151800 设计所

一般用户很难理解其数据的逻辑结构,甚至连数据的创建者在经过一段时间后重新看到此记录时,也会感到不可理解了。但如果数据的显示形式为

职工号	姓名	出生日期	工资	部门
1005	张三	700615	1800	设计所

则数据的逻辑结构就比较清楚,共享自然就容易了。数据的逻辑结构包含:数据的含义(名称)、类型、数据本身的约束条件以及数据之间的关系(约束条件)等。

定义数据时,能简单又明确地定义数据的逻辑结构;存储数据时,能同时把数据的逻辑结构也存入数据文件,就成了改进文件系统的关键,从而出现了数据管理的新方式——数据库系统(DataBase System,简称 DBS)。在数据库系统中,数据以一种全新的方式——数据库方式存储;管理数据库生成、修改的是一种新的管理数据的软件——数据库管理系统(DataBase Management System,简称 DBMS)。

数据库(DataBase,简称 DB)是存储在计算机系统内的有结构的数据集合,是相关数据的集合,数据由数据库管理系统统一管理和维护。在此,数据(Data)指的是可记录的客观事实,并且有隐含的含义。例如,考虑某班级的全体同学(甚至是全校的学生)的姓名、出生日期、电话号码和家庭地址,把这些数据保存在一个带索引的通讯簿上,或者使用 Access、Excel 等软件保存到某个电子文档中,这就是带隐含含义的相关数据的集合,就是一个数据库。

在数据库中,数据与数据的含义(数据名称及说明)同时存储。数据的最小存取单位是构成记录的、有名称的、有含义的最小数据单位——数据项。定义数据库时,必须定义数据项的逻辑结构。使用数据库时,以数据项名存储数据、更新数据以及查询和使用数据。

所以,在数据库中,不仅包含数据本身,还包含了数据结构和约束的完整性定义或者描述。这些定义存储在数据库管理系统的目录(Catalog)中,称为数据库的元数据(Meta-Data)(也称数据字典),元数据描述了数据库的结构。任何合法用户都可在数据库管理系统的元数据的帮助下,利用数据项名方便地访问数据库中的数据及它们的逻辑定义,并使用这些数据(即使所用数据是其他人建立的,也不会增加使用的难度),亦即数据可高度共享。

由于数据可高度共享,因此,在数据库中,数据不再以各个应用程序各自的要求来分别存储,而是把整个系统所有的数据,根据它们之间固有的关系,分门别类地加以存储。也就是说,数据库中的数据不再是互相独立、毫无联系的,不再有有害的、不必要的冗余了。数据与应用程序互相独立,数据可为所有合法用户共享。

可见,数据库系统区别于传统文件处理系统的最重要特征就是引入了数据库这个概念,以及产生了专门用来实现和维护数据库而建立的通用软件——数据库管理系统。也就是说,数据库是存储在计算机系统内的有结构的数据的集合,数据是由数据库管理系统管理的。

数据库系统的出现,极大地推动了计算机数据管理事业,也极大地推动了计算机事业本身。可以毫不夸张地说,目前,计算机的任何应用都离不开数据库。数据库系统的水平已经成为国家实力的标志之一。

1.3 数据库系统的构成

1.3.1 数据库系统

数据库系统(DataBase System，简称 DBS)是指在计算机系统中引入数据库后的系统构成，由计算机硬件、操作系统、DBMS、DB、应用程序和用户以及数据库开发和管理人员等组成。

数据库系统中，程序与数据的关系如图 1-4 所示。

图 1-4 数据库系统中数据与程序的关系

与文件系统相比，DBS 有如下四个主要特点：

1．整体数据结构化

有了 DBMS 后，数据库中的任何数据都不属于任何应用，数据是公共的，结构是全面的。它是在对整个组织的各种应用(包括将来可能的应用)进行全面的考虑后建立起来的总的数据结构。在数据库中，数据文件的个数是有限的、固定的，但数据库系统的应用却是无限制的。

整体数据的结构化是数据库的主要特征之一。数据的逻辑结构存储在数据库(数据字典)中。数据项是数据库组织的基础。

由于整体数据的结构化可减少乃至消除不必要的数据冗余，因此节约了整体数据的存储空间，避免了数据的不一致性和不相容性(数据不符合规定的约束条件)。

2．数据的共享度高

在 DBMS 的管理下，由于数据与数据的逻辑结构同时存储在数据库中；显示数据时，可同时显示数据的逻辑结构；整个组织的整体数据被综合考虑，整体数据结构化。因而，DBS 的数据共享度较高。合法用户都可很方便地使用数据库中的数据，且不用担心出现数据的不一致性和不相容性。数据库中的数据可适应各种合法用户的合理要求以及各种应用的要求，可以方便地扩充新的应用，因而，数据共享度高。

3．数据的独立性高

数据的独立性是指数据与应用程序之间的关联性。数据和数据的结构是存储在数据库中的(在外存上)，是由 DBMS 管理的。应用程序既不存储数据，也不存储数据的逻辑结构。当用户需要数据时，DBMS 把数据库中的数据转换成用户需要的格式后，再提供给用户使用。用户程序要处理的只是所面对的数据。用户所面对数据的结构并非数据库中数据的实际存储结构，也非数据库中数据的逻辑结构，仅仅是所面对数据的逻辑结构而已。因此，应用程序存取数据的子程序既可简化又可规范化。

当数据库中数据的实际存储方式改变时，DBMS 可以适当改变转换数据的方式，而使用户面对数据的逻辑结构保持不变，从而处理数据的应用程序也可保持不变，这称为数据的物理独立性；当数据库中数据的逻辑结构发生变化时，DBMS 也可适当改变数据的转换方式，而使用户面对数据的逻辑结构保持不变，使得处理数据的应用程序仍可保持不变，这称为数据的逻辑独立性。

数据与程序互相独立，不仅可方便地编制各种应用程序，而且可大大减轻应用程序的维护工作。

4．高度的数据控制能力

(1) 较高的数据安全性(Security)。在 DBMS 管理下，只有合法用户才能访问数据库，才能访问他有权访问的数据，才能对数据进行他有权进行的操作，且操作必须合法。

(2) 较好的数据完整性(Integrity)。由 DBMS 而不是用户程序自动检查数据的一致性、相容性，保证数据符合完整性约束条件。

(3) 较强的并发控制能力。DBMS 提供并发控制手段，使多个用户程序同时对数据库中的数据进行操作时，可以得到有效控制，即保证共享、并发操作，且不致破坏数据的完整性。

(4) 较强的数据恢复能力。计算机系统出现各种故障是很正常的，数据库中的数据遭到破坏、丢失也是可能的。DBMS 必须具有某些数据库的恢复功能，即使数据库从错误状态恢复到正确状态的功能。

上述各种数据控制功能都不是用户程序的功能，而是 DBMS 的功能。它保证了数据库系统的正常运行，也大大简化了应用程序。

1.3.2 数据库管理系统

数据库管理系统(DataBase Management System，简称DBMS)是在操作系统支持下工作的数据管理软件，是支持用户创建和维护数据库的一组程序包。对内，它负责管理数据库；对外，它向用户提供一整套命令。利用这些命令，合法用户可以建立数据库、定义数据，对数据库中的数据进行各种合法的操作。数据是可以共享的，操作是可以同时进行的。

DBMS 是数据库系统(DBS)的关键内容。只有采用高质量的 DBMS，才有可能建立高质量的 DBS。DBMS 有如下六个基本功能：

1．数据定义(Data Definition)

DBMS 提供了数据定义语言(Data Definition Language，简称DDL)。用户利用DDL可方便地定义数据库中数据的逻辑结构(其中最基本的是数据与数据的含义同时定义)。用户在分析、研究整个系统所有数据的基础上，全面安排和定义数据的结构，并将数据库存储在DBMS 控制的存储介质上。

2．数据操纵(Data Manipulation)

DBMS 提供了数据操纵语言(Data Manipulation Language，简称DML)。用户利用 DML

可以实现对数据库中数据的各种操作：插入、查询、修改或删除等。例如，查询数据库以获取所需数据、更新数据库以反映客观世界的变化以及由数据生成报表等。

3．完整性约束检查(Integrity Constraint Check)

所谓完整性约束，是指数据必须符合的一些规定，如学生的学号必须唯一、所属部门必须存在、出生年份不能在 1900 年以前等。DBMS 应能支持一些常用的完整性约束检查功能。

4．访问控制(Access Control)

数据库中的数据不属于任何程序，数据可以共享(Sharing)，但只有合法用户才可以访问他可以访问的数据，才能进行他可以执行的数据操作，这就是访问控制。DBMS 提供了数据控制语言(Data Control Language，简称 DCL)来实现对不同级别用户的访问控制功能。

5．并发控制(Concurrency Control)

共享数据库允许多个用户和程序并发地访问数据库，这就可能引起冲突，引起数据的不一致。因此，DBMS 应有并发控制的功能，确保试图更新同一数据的多个用户能够以一种受控的方式完成各自的工作，即避免并发操作时可能带来的数据不一致性。

6．数据库恢复(Database Recovery)

数据库是有可能遭到破坏的。因此，DBMS 应具有恢复数据库的功能。

1.3.3 数据库系统人员的构成

设计、构建、使用和管理数据库的人员是构成数据库系统不可或缺的一部分。对于一个小型数据库应用系统而言，常常集所有职能于一人，由一人来完成定义、构建、使用以及维护数据库，也就不存在什么分工。但是，对于一个大型数据库系统而言，数据库的设计、使用和维护工作就需要多人共同参与，我们可以将这些人员根据所行使职能的不同进行分类，有数据库管理员、数据库设计者、应用系统开发人员以及终端用户。

1．数据库管理员

数据库管理员(DataBase Administrator，简称 DBA)是数据库所属单位的代表。一个单位决定开发一个数据库系统时，首先就应确定 DBA 的人选。DBA 不仅应当熟悉系统软件，还应熟悉本单位的业务工作。DBA 应自始至终地参加整个数据库系统的研制开发工作，开发成功后，DBA 又将负责全面管理和控制数据库系统的运行和维护工作。

DBA 的主要职责有：

(1) 在用户与数据库开发人员之间进行协调和沟通。DBA 须在用户和数据库开发人员之间建立沟通和联系，使开发人员确实知道用户的所有目的和要求，使用户熟悉开发人员的开发思路和具体布局。

(2) 参与数据库设计工作。DBA 应熟悉数据库的整体布局及其缘由，熟悉数据库的存储结构、存取策略及其缘由，既要提高效率又要便利广大用户。

(3) 决定数据的完整性约束条件和不同用户的存取权限。DBA 必须保证数据库的数据符合完整性要求，必须保证数据库的安全，因此，DBA 必须确定符合实际的数据完整性约束条件，确定每个用户对数据库的存取权限。

(4) 保证数据库的正常运行，进行数据库的维护工作。数据库投入运行后，DBA 应监视数据库的运行，进行事先规定的备份工作，及时处理出现的问题，一旦出现故障，数据库遭到破坏，应及时恢复。运行期内，数据库的各种维护工作也由 DBA 负责。

(5) 提出数据库的重构计划。当用户的需求有较大的改变时，DBA 还应及时提出数据库的重构计划，供部门负责人参考。

2．数据库设计者

通常情况下，数据库设计者就是由数据库管理员 DBA 担任的。数据库设计者需要识别存储到数据库中的数据，并选择适当的结构来表示和存储这些数据。这就使得他们必须要能和系统的终端用户进行沟通，分析用户需求，并针对用户需求来进行数据库各个阶段的设计建模。

同时参与用户需求分析以及确定系统事务的规范说明的人员还有系统分析员(System Analyst，简称 SA)。

3．应用系统开发人员

应用系统开发人员(即应用程序员)，需要用程序来实现该数据库应用系统的各功能模块，并完成数据库的调试、安装以及维护。通常，应用系统开发人员还需要负责对应用系统的终端用户进行系统的使用培训。

4．终端用户

终端用户(End User)是指那些利用应用系统的用户界面以查询、更新或生成报表等形式访问数据库的人员。事实上，数据库主要就是为了终端用户的使用而存在的。

以上所提到的数据库管理员、数据库设计者、应用系统开发人员、终端用户等人员都是针对某个数据库应用系统开发过程存在的人员。其实，还存在一些与该应用系统特定数据库本身似乎并无关联，但却是数据库系统发展中不可缺少的人员组成，比如数据库管理系统(DBMS)设计和开发者、CASE 工具等数据库相关工具的开发者。

1.4 数据库系统的结构

我们可以从多种角度来分析数据库系统的结构。本节介绍数据库系统内部的系统结构——数据库的三级模式结构，以及数据库系统外部的(面向用户的)体系结构。

1.4.1 数据的三级模式结构

归根结底，数据库中的数据是被广大用户使用的，任何用户不希望自己面对的数据逻辑结构发生变化(数据可以变化，如某人的月工资从 2000 元变为 3000 元)，否则，应用程序就必须重写。即使数据的存储介质发生变化，单个用户所面对数据的逻辑结构也不发生变化。

数据库中，整体数据的逻辑结构、存储结构的需求发生变化是有可能的、正常的、有时也是必需的。而单个用户不希望自己面对的局部数据的逻辑结构发生变化也是合理的，必须尊重的。为此，各实际的数据库管理系统虽然使用的环境不同，内部数据的存储结构不同，使用的语言也不同，但一般都采用三级模式结构。

1．模式和实例

将数据库的描述和数据库本身加以区别，是非常重要的。数据库的描述称为数据库模式(Data Schema)，模式是对全体数据的逻辑结构、联系和约束的描述。模式是在数据库设计阶段就确定下来的，并且一般不会频繁地修改。

图 1-5 表示的是图 1-1 所示数据库的模式图，图中显示了每个记录类型的结构，但没有包含具体的数据。模式中的每一个对象(如 Employee、Item 等)称为一个模式构造(Schema Construct)。当然，在图 1-5 中只表示了模式的一些方面，如记录类型的名字(如 Employee 等)、数据项(如 Eno、Ename 等)等，模式的其他方面并没有表示出来，比如记录项的数据类型、记录类型之间的关系、有关数据的约束等。

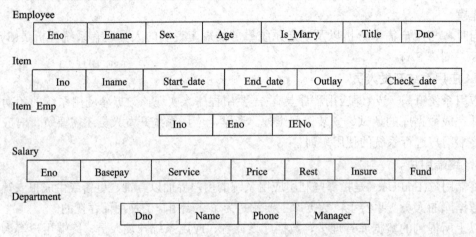

图 1-5 数据库模式图

数据库中存储的实际数据会随着客观现实的变化而被修改，例如，公司新增了一位员工或者员工的工资发生了改变，数据库都要进行相应的修改。一个特定时刻数据库中的即时数据称为该数据库模式的一个实例(Instance)或者状态。因此，数据库模式是稳定的，而实例是在不断变化、不断更新的。

2．数据库系统中数据的三级模式结构

数据的三级模式结构包含有外模式、模式和内模式，如图 1-6 所示。其目的是将用户应用和物理数据库分离出来。

图 1-6 数据库系统中数据的三级模式结构

为了支持数据的三级模式，DBMS 必须提供这三级模式之间的两级映像，即外模式/模式映像与模式/内模式映像。

1) 模式(Schema)

模式也称逻辑模式(Logical Schema)，是数据库中全体数据在逻辑上的视图。它通常以某种数据模型为基础，定义数据库中全部数据的逻辑结构，例如，数据记录的名称，数据项的名称、类型、域值等；还要定义数据项之间的联系，不同记录之间的联系；以及定义与数据有关的安全性、完整性等要求。安全性主要指保密性。不是任何人都可以存取数据库中的数据，也不是每个合法用户可以存取的数据范围都是相同的，一般采用口令和密码的方法对用户进行检验。完整性包括数据的正确性、有效性和相容性。数据库系统应提供有效措施，以保证数据处于约束范围内。

模式不是数据库本身，它仅仅描述数据库的结构。模式不涉及硬件环境和物理存储细节，也不与任何计算机语言有关。

数据库管理系统提供模式描述语言(模式 DDL)来定义模式。模式 DDL 给出一个数据库逻辑定义的全都语句便构成了该数据库的模式。

2) 外模式(External Schema)

外模式也称子模式(Sub Schema)或用户模式，是个别用户组的数据库视图。每个外模式描述的是一个特定用户组所感兴趣的那部分数据库，而对该用户组隐藏了数据库的其他部分。

外模式是模式的子集。不同用户的外模式是不同的(可相互覆盖)。

一个应用程序只能启用一个外模式，但一个外模式可被多个应用程序使用。由于各应用程序的需求和权限不同，因此各个外模式的描述是不同的。即使对模式中的某一数据，其在不同外模式中的结构、密级等也都是不同的。每个应用程序只能调用它的外模式所涉及的数据，其余的数据它是无法访问的。

数据库管理系统提供外模式描述语言(Sub-DDL)来描述外模式。Sub-DDL 给出的用以定义一个用户数据视图的全部语句称为此用户的外模式。

3) 内模式(Internal Schema)

内模式也称存储模式(Storage Schema)。它既定义了数据库中全部数据的物理结构，还定义了数据的存储方法、存取策略等。内模式与数据存储的软件和硬件环境有关。

DBMS 提供内模式描述语言(内模式 DDL)来描述和定义内模式。

对于一个数据库系统来说，只有一个模式和一个内模式，但可以有多个外模式。实际的数据库与内模式对应，应用程序则与外模式有关。模式/内模式映像是唯一的，但有多个外模式/模式映像，每一个外模式都有一个外模式/模式映像(包含在该外模式定义中)。

1.4.2 数据独立性

三级模式结构中，在外模式与模式之间通过外模式/模式映像进行转换。当模式改变时，只要相应改变外模式/模式映像，即可使外模式保持不变。在模式与内模式之间通过模式/内模式映像进行转换。当数据库的存储结构改变时，只要相应改变模式/内模式映像，即可使模式保持不变，从而，外模式也可保持不变。有了这二级转换，就使数据库系统的数据具有较高的逻辑独立性和物理独立性。

1．外模式/模式映像和数据的逻辑独立性

数据的逻辑独立性，是指当数据库的模式发生改变时，只需要改变存在于外模式和概念模式之间的映射转换，无需改变外模式或应用程序。可以通过改变概念模式(如在模式中增加新的记录类型)，只要不破坏原有记录类型之间的联系(在原有记录类型之间增加新的数据项，或者在某些记录类型中增加新的数据项)，只需相应改变各个外模式/模式的映像，即对模式重新逻辑重组后，引用外模式构造的应用程序可以不必修改。

例如，在 1.1 节提到的数据库应用示例中，若改变了职工 Employee 表的结构，在原有基础上新增加一个字段 Serviceyears 表示某职工的工作年限，则对于执行诸如"查找技术部门的职工记录"的应用程序，无需作出任何修改。

2．模式/内模式映像和数据的物理独立性

数据的物理独立性，是指当数据库的内模式发生改变时，系统只要改变概念模式和内模式之间的映射转换，而不必改变模式，从而更不需要改变外模式。当对某些物理文件进行重新组织时，很可能需要对内模式作出相应的变动，例如创建一种新的存取结构以提高检索或更新的效率。如果此时数据仍以原来的形式保存在数据中，那么概念模式不必改变，从而不会影响外模式或者应用程序。

例如提供一种存取路径(为职工 Employee 表的部门 Dno 字段创建索引)以提高通过"部门 Dno"查找某个部门的职工记录，诸如实现"查找技术部门的职工信息"这样的应用程序，不需要做出任何的修改。另外，改变存储设备或引进新的存储设备、改变数据的存储位置或者改变存储记录的体积等，同样都不必改变模式从而不改变应用程序。

通常，逻辑数据独立性比物理数据独立性更难实现，因为若要求允许结构和约束的改变且不能影响到应用程序实际上是一个十分严格的要求。比如，在模式中删除了应用程序所需的某个记录类型，在模式中删除了应用程序所需的某个记录类型中的某个数据项，或者改变模式中记录类型之间的联系引起与应用程序对应的子模式的变化等，都将迫使应用程序做出相应的调整。

1.4.3　SQL 中的三级模式结构

应该指出，三级模式结构并不是关系模型特有的，其他数据模型也同样可以有这种结构，但是，关系模型特别适合于实现三级模式结构。

概念模型是很容易用关系模型来实现的。外模式也可以用对概念模型中的关系进行各种关系操作来定义(操作的结果也是关系，所以外模式也是关系模型)，但内模式却不是用关系模型实现的。相反，内模式仍然与以前的格式是相同的。

DBMS 中采用的关系数据库的标准语言结构化查询语言(Structure Query Language，简称 SQL)支持数据库的三级模式结构，如图 1-7 所示。从图中可以看出，模式与基本表相对应，外模式与视图相对应，内模式与存储文件相对应。基本表和视图都称为关系。

1．基本表(Base Table)

基本表是模式的基本内容。每个基本表都是一个实际存在的关系。

图 1-7　SQL 支持的数据库模式

2．视图(View)

视图是外模式的基本单位，用户通过视图使用数据库中基于基本表的数据(基本表也可作为外模式使用)。一个视图虽然也是一个关系，但是它与基本表有着本质的区别。任何一个视图都是从已有的若干关系导出的关系，它只是逻辑上的定义，实际中并不存在。在导出时，给出一个视图的定义(从哪几个关系中、根据什么标准选取数据、组成一个什么名称的关系等)，此定义存放在数据库(数据字典)中，但没有真正执行此定义(并未真正生成此关系)。

当使用某一视图查询时，将实时从数据字典中调出此视图的定义，并根据此定义以及现场查询条件，从规定的若干基本表中取出数据，组织成查询结果，展现给用户。因此，视图是虚表，实际并不存在，只有定义存放在数据字典中。当然，用户可在视图上再定义视图，就像在基本表上定义视图一样，因为视图也是关系。因而对于用户来说，使用一个视图和使用一个基本表的感觉是一样的。只是对视图进行修改时，有时会产生一些麻烦(将在具体介绍视图操作时讲述)。

3．存储文件

存储文件是内模式的基本单位。每一个存储文件可存储一个或多个基本表的内容。一个基本表可有若干索引，索引也存储在存储文件中。存储文件的存储结构对用户是透明的。

对于目前常用的关系模型来说，一般用户面对的仅仅是外模式。数据库管理员负责模式、外模式的定义和模式、外模式之间的映像定义，以及内模式中的索引。至于内模式的其他内容(包括模式/内模式的映像)都是由 DBMS 负责的。

1.4.4　面对用户的数据库系统体系结构

三级模式结构是数据库系统最本质的系统结构，它是从数据结构的角度来看待问题的，而用户是以数据库系统的服务方式来看待数据库系统的，这就是数据库系统的软件体系结构。根据这种观点，当今的数据库系统大致可以分为四类：集中式系统、文件服务器系统、客户/服务器系统和浏览器/服务器系统。

1．集中式系统

集中式系统是指一台主机带上多个用户终端的数据库系统。在集中式系统中，DBMS、DB、应用程序都是集中存放在主机上的。用户通过终端可以并发地访问主机上的数据库，共享其中的数据，但所有的处理数据的工作都由主机完成。用户在一个终端上提出要求，主机根据用户的要求访问数据库，运行应用程序对数据进行处理，并把处理结果回送该终端输出。

集中式处理的优点在于简单、可靠、安全；缺点是主机的任务很重，终端数有限，当主机出现故障时，整个系统也不能使用。

2．文件服务器系统

在文件服务器系统中，有一台计算机作为文件服务器使用，在服务器中存放可共享的数据库。各个用户通过自己的 PC 机来访问服务器。但服务器的功能仅仅为在数据库中检索出用户需要的文件，并把这些数据文件传送到用户的 PC 机上，服务器并不处理数据文件。在用户的 PC 机上，再由 DBMS 对数据进行处理。如果用户对数据文件作了修改，还必须把整个数据文件回传服务器进行保存。

在文件服务器系统中，文件服务器的工作比较单一，仅仅为接受要求、检索文件、发送文件，对文件的处理都是由用户的 PC 机进行的。但是，在网络上要传送整个文件，就会降低整个系统的性能。

3．客户/服务器系统(Client/Server，简称 C/S)

C/S 结构模式由一个服务器(Server)与多个客户机(Client)组成。

在客户/服务器系统中，数据库也是存放在服务器上的。但是，用户终端提出数据请求后，服务器不仅检索出文件，而且对文件进行操作，然后，只向用户发送查询的结果而不是整个文件，用户的机器(称为客户机)再根据用户对数据的要求，对数据作进一步的加工。

显然，客户/服务器系统中，网络上的数据传输量得到了显著的减少，从而提高了系统的性能；另一方面，客户机的硬件和软件平台也可多种多样，从而为应用带来了方便。客户/服务器结构的数据库系统是当前最为流行的数据库结构。

4．浏览器/服务器系统(Browse/Server，简称 B/S)

浏览器/服务器结构方式是基于互联网的一种分布式结构方式，一般由客户机、应用服务器及数据库服务器三部分组成，即在客户机和数据库服务器之间增加了一个应用服务器(也称为 Web 服务器的中间层)。这种三层体系结构如图1-8 所示。

B/S 模式是从传统的两层 C/S 模式发展起来的新的网络结构模式，其本质是三层结构的 C/S 模式。在用户的计算机(Browse 端)上安装浏览器(如 IE)软件，在服务器(Server 端)上存放数据并且安装服务应用程序，服务器有 WWW 服务器和文件服务器等。用户通过浏览器访问服务器，并进行信息浏览、文件传输和电子邮件等服务。这样减少了客户端电

图 1-8　三层体系结构示意图

脑载荷，减轻了系统维护与升级的成本和工作量，降低了用户的总体成本。

1.4.5　用户访问数据库的过程

实际数据库系统的情况是互不相同的，实际数据库系统所使用的术语也是有差异的。

各种教材、各篇文章所使用的术语也是不统一的，这需要读者在使用时进行比照理解。

为使读者对数据库系统工作有一个整体的概念，我们介绍一下访问数据库的主要步骤，该过程如图 1-9 所示。

图 1-9　访问数据库的主要步骤

首先，内存被划分为很多区。其中，有一个面向整个数据库的区域称为系统缓冲区，每执行一个应用程序则会开辟一个用户工作区。

当一个应用程序要从数据库中读取数据时，它的整个过程是：

(1) 用户在应用程序中发出命令，指明外模式名。

(2) DBMS 根据该命令，调出所需外模式，并检查用户的权利。若通过检查，则继续执行；否则，拒绝执行。

(3) DBMS 根据外模式/模式转换，确认所需数据在模式上的有关信息。

(4) DBMS 根据模式/内模式转换，确认所需数据在内模式上的有关信息。

(5) DBMS 向操作系统发出读取相应数据的请求。

(6) 操作系统把有关数据从外存调入到系统缓冲区中。

(7) DBMS 把数据按外模式的形式送入用户工作区。

(8) 记载系统工作日志。

这样，用户程序便可以使用此数据了。当然，上述几点仅仅是大的步骤，并未涉及到有关细节。例如，各级查找、转换都会有相应的状态信息产生。若执行不成功，则中断处理，并逐步向上反馈等。

1.5　数据库系统研究概述

有关数据库系统的研究领域被分成三大类。

(1) 数据库设计：研究如何开发一个有用的数据库；数据库中需要存储哪些信息；信息如何组织；对数据项的类型或值有何假定；数据项之间如何连接。

(2) 数据库程序设计：研究如何在数据库上表述查询和其他操作；如何在应用中使用事务或约束等 DBMS 的其他功能；数据库程序设计如何与普通程序设计相结合。

(3) 数据库系统实现：研究如何建立一个 DBMS，包括查询处理、事务处理和高效访问的存储组织。

第 2 章介绍了数据库设计中的概念数据模型，称为实体联系模型。随后，介绍数据模型中的关系模型，这是目前流行的关系型数据库管理系统 RDBMS 采用的模型。另外，将介绍如何把实体联系模型转换为关系模型。

第 3 章到第 5 章，将结合 Microsoft SQL Server 环境介绍 SQL 程序设计。第 3 章介绍如何使用 SQL 语言的数据定义语句来实现关系数据库模式的定义，以及使用 SQL 来实现对数据的读写操作。第 4 章介绍 SQL 中如何实现对数据的完整性约束、对域的完整性约束以及触发器编程，结合 Microsoft SQL Server 环境介绍如何授权用户对数据库的访问。第 5 章介绍 SQL 程序设计的高级篇，首先讲解传统的应用系统编程语言(例如 C 语言、JAVA 语言)如何实现与 DBMS 数据库的接口，还介绍通过数据库编程中的存储过程、函数等实现某一特定的业务逻辑。

第 6 章从关系模型查询抽象化处理开始，引入关系上的操作符集，称为"关系代数"。并与当前的 RDBMS 相结合，讲解 SQL 中实现的关系代数运算基础；另外，讨论查询优化，从查询的语法分析和语义检查开始，考虑将查询从 SQL 转换到关系代数。

第 7 章重点解释"函数依赖"概念，描述关系模式中各个属性之间的数据相关性。理解函数依赖，通过关系的"规范化"处理，改进关系数据库的设计。

第 8 章系统介绍数据库设计的方法和过程，将介绍面向对象方法如何实现数据库设计，简单讨论 UML 方法，并结合计算机辅助设计工具 Sybase 公司的 PowerDesingner 讲解数据库应用系统设计。

第 9 章研究如何支持事务的 ACID 性质；讨论 DBMS 如何支持事务的持久性，当系统出现故障时，DBMS 该如何恢复数据库状态；讨论并发控制，保证事务的原子性和隔离性。

1.6 小 结

计算机数据管理大致经历了三个阶段：

(1) 人工管理阶段：没有管理数据的软件系统，数据不保存在计算机中；没有文件的概念，数据的组织方式由程序员自行设计。

(2) 文件系统阶段：数据存放在数据文件中，但数据的逻辑结构却存储在建立数据的应用程序中，造成了数据在事实上不能共享。

(3) 数据库系统阶段：数据和数据的逻辑结构都存储在数据库中，由 DBMS 统一管理，从而产生了数据可高度共享、数据高度独立、整体数据结构化、系统有高度的数据控制能力等一系列特性。数据库管理系统(DBMS)是数据库系统(DBS)的关键所在。

数据库系统中，数据具有三级模式结构的特点，由外模式、模式、内模式以及外模式/模式映像、模式/内模式映像组成。三级模式结构使数据库中的数据具有较高的逻辑独立性和物理独立性。其中，内模式最接近于物理存储；外模式最接近于用户，考虑的是不同用户所需的局部视图；而模式则是介于外模式和内模式两者之间的中间层，它提供了数据的公共视图。二级映像则是提供数据逻辑独立性和数据物理独立性的关键所在。

一个数据库系统中，只有一个模式和一个内模式，但有多个外模式。因而，模式/内模式映像是唯一的，而每一个外模式都有自己的外模式/模式映像。

数据库系统的软件系统结构从最早的集中式系统、文件服务器系统发展到 20 世纪 80 年代末流行的客户/服务器系统，目前最流行的是浏览器/服务器系统。

习　题　1

第一组习题

1. 试述数据管理技术的发展阶段。
2. 文件系统的主要缺点是什么？
3. 数据库系统的主要特征有哪些？
4. 试述 DB、DBMS、DBS、DBA 的概念，及它们之间的关系。
5. 数据库管理系统有哪些功能？
6. 解释以下术语：外模式、模式、内模式、DDL、DML、DCL。
7. DBA 的职责有哪些？
8. 数据库系统由哪几部分组成？其中，最关键的是哪一部分？
9. 跟数据库系统相关的人员有哪些？

第二组习题

10. 从程序和数据之间的关系分析文件系统和数据库系统之间的区别和联系。
11. 什么是数据冗余？数据库系统与文件系统相比怎样减少冗余？
12. 什么叫数据与程序的逻辑独立性？什么叫数据与程序的物理独立性？
13. 试述数据库系统的三级模式结构。为什么说三级模式结构使数据有较高的逻辑独立性和物理独立性？
14. 谈谈你对数据库主要特性的认识。
15. 数据库系统的研究领域分为哪几大类？谈谈你对这几个领域的看法。

第2章　建立数据模型

　　数据模型是数据库系统的核心和基础。现实世界总是先抽象成信息世界，然后才能转化为数据世界。信息世界是对现实世界的抽象。

　　信息世界中的数据模型又称为概念模型。作为从现实世界到其他数据模型转换的中间模型，概念模型不考虑数据的操作，而只是用比较有效、自然的方式描述现实世界的数据及其联系。在设计概念模型时，最著名、最实用的是 P.P.S.Chen 于 1976 年提出的"实体-联系模型"(Entity-Relationship Model，简称 E-R 模型)。

　　本章主要讨论的就是如何使用 E-R 模型来进行数据库设计，即数据建模过程的实现。2.1 节从现实世界的数据化过程着手描述，引出本章中主要讨论的信息世界模型——E-R 模型和数据世界的关系模型两大概念。2.2 节首先提出了信息建模的思想，并用 E-R 模型描述它们，主要讨论 E-R 模型中的各符号定义。2.3 节讨论了 E-R 模型的设计方法，然后将抽象的 E-R 模型转化成用最常用的关系型数据库管理系统 RDBMS 所描述的数据模型即关系模型。2.5 节主要讨论关系模型的一些基本概念。2.6 节讨论了抽象的 E-R 模型向具体的关系模型转化的策略。2.7 节描述了历史上有影响的数据模型。2.8 节描述了数据模型的发展历史和趋势。

2.1　现实世界的数据化过程

　　现实世界是由实际存在的事物组成的。每种事物都有无穷的特性，事物之间也有着错综复杂的联系。

　　计算机系统是不能直接处理现实世界的，现实世界只有数据化后，才能由计算机系统来处理这些代表现实世界的数据。但是，现实世界直接数据化是不可行的，每个事物的无穷特性如何数据化？事物之间错综复杂的联系怎么数据化？人们必须首先调查、研究现实世界，归纳提炼出一个在研究范围内能反映现实世界的模拟世界——信息世界，然后，才能对所得到的信息世界进行数据化。

　　信息世界是现实世界在人脑中的反映。现实世界中的事物和事物特性在信息世界中分别反映为实体和实体的属性。信息世界是由实体组成的，每种实体都有其有限的属性。本质上说，实体是由有限个属性组成的，例如：在 1.1.2 节的数据库应用示例中，职工实体可由职工号、姓名、性别、年龄、婚否、职称和所在部门号等七个属性组成；项目实体由项目编号、项目名称、起始日期、终止日期、项目经费和验收日期等六个属性组成。实体之间是有联系的(当然，已经不像现实世界中那样错综复杂了)，例如：职工实体和项目实体之间存在着"参加"联系。人们把描述信息世界的数据模型称为概念模型。

因此，信息世界不可能等价于现实世界。但是，信息世界必须具有以下特点：

(1) 真实。忽略的是非本质内容，与研究无关的内容；抽象的是本质内容，确实存在的内容。

(2) 完整、精确。信息世界应有丰富的语义表达能力，能模拟现实世界的各种情况。

(3) 易于理解，易于修改。特别是要易于用户理解。

(4) 易于向 DBMS 所支持的数据模型转换。现实世界抽象成信息世界的目的，是为了实现信息的计算机处理。

数据世界是信息世界数据化后的产物。信息世界中的实体和属性在数据世界中分别反映为记录和数据项，实体之间的联系反映为记录间的联系。人们用数据模型来描述数据世界。数据世界也称为机器世界。

现实世界、信息世界和数据世界的关系如图 2-1 所示。

现实世界(事物、事物性质)

抽象化

信息世界(实体、实体属性)→概念模型描述

数据化

数据世界(记录、数据项)→数据模型描述

图 2-1　三个世界的关系

信息世界的概念模型是不依赖于具体的计算机世界的。概念模型是从现实世界到机器世界的中间层次。现实世界只有先抽象为信息世界，才能进一步转换为数据世界。

2.2　概　念　模　型

在进行数据库设计时，必须首先给出概念模型。概念模型不仅是数据库设计人员对现实世界研究的产物，更为重要的是，它是数据库设计人员与用户进行交流的工具。甚至可以说，概念模型是以用户的观点对现实世界的抽象。因此，概念模型不仅要能完整地表现设计人员的思想，而且应简单清晰，受广大用户青睐。

2.2.1　概念模型的基本概念

表示概念模型的最常用模型是实体-联系模型(Entity-Relationship Model，简称 E-R 模型)。在 E-R 模型中，数据的结构被表示为"实体-联系"图，即 E-R 图，在图中有三个主要的元素类型：实体集、属性和联系。

1. 实体(Entity)

实体是客观事物的反映，既可以是实际存在的对象，也可以是某种概念，例如一个工

厂、一个车间、一种操作流程等。实体必须可相互区分。

2．属性(Attribute)

事物是有特性的。反映在实体上，就是实体的属性。一个实体具有有限个属性。实际上，是这些有限个属性的总和组成了这个实体。举例来说，若职工实体由职工号、姓名、性别、年龄、婚否、职称和所在部门号这七个属性组成，则(1002，胡一民，男，38，1，工程师，01)这组属性值就构成了一个具体的职工实体。属性有属性名和属性值之分，例如："性别"是属性名，"男"是性别属性的一个属性值。

3．域(Domain)

任一实体在任一属性上的取值都是有限制的。一个属性的取值范围就是这个属性的域。例如：姓名属性的域定为 4 个汉字长的字符串，职工号定为 7 位整数等。

4．实体集(Entity Set)

所有属性名完全相同的实体往往集合在一起，称为实体集。例如：全体职工就是一个实体集。为了区分实体集，每个实体集都有一个名称，即实体名。例如：职工实体，指的是名为职工的实体集。而(1002，胡一民，男，38，1，工程师，01)这个职工就是该实体集中的一个实体。同一个实体集中没有完全相同的实体。

5．实体型(Entity Type)

实体集的名称及其所有属性名的集合称为实体型。例如：职工(职工号，姓名，性别，年龄，婚否，职称，所在部门号)就是职工实体集的实体型。实体型抽象地刻画了所有同集实体。在不引起混淆的情况下，实体型往往简称为实体。

6．码(Key)

由于实体对应于现实世界中的客观对象或者概念，因此必须是可以相互区分的。所以一个实体集中，没有两个完全相同的实体存在，即不能够有两个实体在各自对应属性上的属性值都是相同的。

在一个实体集中，根据一个或几个属性的值可唯一地确定每一个实体，而又没有包含多余的属性，则称此属性或属性组为该实体集的码(有时也称为候选码 Candidate Key，有时也称做键)。例如职工号就是职工实体集的码。

2.2.2　E-R 图的基本表示方法

实体-联系(E-R)数据模型所采用的三个主要概念是：实体集、联系集和属性。

实体集是具有相同类型及相同性质(属性)的实体集合。联系集是指同类联系的集合。

在 E-R 模型中，用矩形框表示实体集(矩形框中写上实体名)，用椭圆表示属性(椭圆中标上属性名)，实体的码用下划线表示。例如实体集职工可用 E-R 模型表示，如图 2-2 所示。

图 2-2　职工的 E-R 模型表示

实体集之间的联系集用菱形表示，并用无向边与相关实体集连接，菱形中写上联系名，无向边上写上联系集的类型(有些书上也翻译为联系的阶)。

部门和职工间的联系可用图 2-3 所示的 E-R 模型表示。

图 2-3 部门和职工的一对多联系

在图 2-3 中，无向边上的 1 和 n 表示了部门和职工的联系是一对多联系(或者说职工与部门之间是多对一联系)，即表达了一位职工只能在一个部门中工作，而一个部门中可有多位职工这一语义(注：有些书中使用带箭头的有向边表示联系集的类型)。

实体集间除了一对多(或多对一)联系以外，还有一对一、多对多联系。

企业中除了职工、部门实体集以外，还有工资、项目等实体集。通过分析可知，企业中每一个职工有一份工资单，而每一份工资单也只属于一个职工，所以职工和工资实体集之间的联系为一对一联系，简记为 1：1，其 E-R 模型如图 2-4 所示。另外，一个职工可参加多个项目，一个项目也可由多个职工来参加，所以职工和项目实体集之间的联系是多对多联系，简记为 m：n，其 E-R 模型如图 2-5 所示。

图 2-4 职工和工资的一对一联系

图 2-5 职工和项目的多对多联系

2.2.3 联系

现实世界中，事物之间有着错综复杂的联系。反映在概念模型中，则有了实体集内部的联系和实体集之间的联系。其实，联系也是实体，但当概念模型确定之后，就只能作为联系存在了。所以联系也有联系名。当然，联系的属性大部分都隐藏在发生联系的各实体中。

两个实体集之间的联系可归纳为以下三类。

1. 一对一联系(1：1)

现有实体集 A 和 B，若对于某个联系 K 来说，A 中每个实体至多与 B 中一个实体相联系，反之亦然，则称 A 与 B 对于联系 K 来说，具有一对一的联系，见图 2-6(a)。

2. 一对多联系(1：n)和多对一联系(n：1)

对于联系 K 来说，若 A 中的每一实体，B 中可有多个实体与之联系；但对 B 中的每一实体，A 中最多有一个实体与之联系，则称 A 与 B 对于联系 K 来说是一对多联系，B 与 A 对于联系 K 来说是多对一联系，见图 2-6(b)。

图 2-6 两个实体集之间的联系

(a) 一对一联系;(b) 一对多联系;(c) 多对多联系

3. 多对多联系(m:n)

对于联系 K 来说,若 A 中的每一实体,B 中有多个实体与之联系,反之亦然,则称 A 与 B 对于联系 K 来说是多对多联系,见图 2-6(c)。

例如,在足球世界杯比赛中,球队集与球队队长集之间对于代表联系来说,具有一对一的联系;主教练集与队员集之间对于指导关系来说,具有一对多的联系;裁判集与队员集之间对于执法关系来说,具有多对多的联系。

两个实体集之间的联系究竟是属于哪一类的,不仅与实体集有关,还与联系的内容有关,例如,在主教练集与队员集之间,对于朋友关系来说,就应是多对多的联系了。

与现实世界不同,信息世界中实体集之间往往只有一种联系。此时,在谈论两个实体集之间的联系性质时,就可略去联系名,直接说两个实体集之间具有一对一、一对多或者多对多的联系了。

同一实体集内的各实体之间也可有某种联系。例如,场上队长与队员之间具有一对多的领导关系,可用图 2-7 表示。

图 2-7 同一实体集内一对多联系

2.2.4 多元联系

在 E-R 模型中,可以表示两个以上实体集之间的联系,称为多元联系。图 2-8 中的联系签约就是一个三元联系。

图 2-8 演员、电影和制片公司之间的三元联系

图 2-8 包含了如下的语义：对于特定的演员和电影来说，该演员为演该电影只能和一个制片公司签约；但一个制片公司可以为一部电影和几个演员签约，一个演员可以和一个制片公司签约主演多部电影。

一个多元联系集总可以用多个不同的二元联系集来替代。考虑一个抽象的三元联系集 R，它联系了实体集 A、B、C。可引进一实体集 E 替代联系集 R，然后，为实体集 E 和 A、B、C 建立三个新的二元联系集，分别命名为 R_A、R_B、R_C。

可以将这一过程直接推广到 n 元联系集的情况。所以，理论上可以限制 E-R 模型中只包含二元联系集。然而，在大部分情况下，使用多元联系集比二元联系集更方便，因为：

(1) 多元联系集可以清晰地表示出几个实体集参与到一个联系集的情况，而转换为多个二元联系后，难以体现这种参与性。

(2) 对于为替代多元联系集而引进的实体集，有时不得不为其创建一个标识码，因为每个实体必须可以相互区分。创建的标识码和新建的多个二元联系一样，增加了设计的复杂度和对存储空间的需求。

2.2.5　联系的属性

联系也可以具有单独的属性。在图 2-8 中，如果希望建立某演员和制片公司为一部电影签约的有关酬金。此时，不能把酬金作为演员的属性，因为一个演员可能签约了多部电影，得到了不同的酬金；也不能把酬金作为制片公司的属性，因为制片公司可能对不同影星支付了不同的酬金；酬金也不能作为电影的属性，因为一部电影中不同的演员可能得到不同的酬金。所以应该把酬金作为联系的属性，如图 2-9 所示。

图 2-9　联系可具有属性

请读者考虑：在职工项目管理系统中，某个职工参加某个项目的排名属性，应该作为谁的属性呢？

2.2.6　自身联系

在一个联系中，一个实体集可以出现两次或多次，扮演多个不同的角色，此种情况称为实体集的自身联系。一个实体集在联系中出现多少次，就从联系到这个实体集画多少条线，到实体集的每条线代表该实体集所扮演的不同角色。

图 2-10 是一个自身联系的例子。

图 2-10 中给出了实体集职工的一个自身联系"领导"，同一部门中，职工与职工之间可有领导和被领导的关系，其

图 2-10　一个自身联系的例子

中一位是另一位的领导。图中的联系集是 1 : n，说明了一位职工(领导)可领导其他多名职工，而一位职工只被另一位职工(领导)领导。

2.2.7 弱实体集

一个实体集的属性不足以形成码，这样的实体集就称为弱实体集(Weak Entity)；与此相对，有码的实体集称为强实体集(Strong Entity)。弱实体集是部分或全部依赖于其他一个或多个实体的码而存在的实体。强实体集则是不依赖于另一个实体的码存在的实体。

如图 2-11 所示，不依赖于任何其他实体的存在，就可以明确标识每个演员实体，因为演员实体存在有自己的码(演员编号属性)。所以演员实体是强实体。但角色实体就是一个弱实体，代表演员在影片中扮演的角色。如果没有演员实体和影片实体的存在就不能唯一地表示一个角色实体的存在，我们称这类没有码的实体为弱实体。

图 2-11 具有弱实体的 E-R 模型

弱实体集常出现在以下两种情况中：

(1) 2.6 节中将提到的由联系转换得来的联系实体集中，这些实体集没有自己的码属性，它们的码是由它们所连接实体的码属性构成的。

(2) 在下一节中将要讲解的子类实体中，这类弱实体则相应地被称为子实体。

2.2.8 子类和 Is-a 层次联系

在信息世界中，常常需要描述这样的实体集 A，A 属于另一实体集 B。A 中的实体都有特殊的属性需要描述，并且这些特殊属性对 B 中其他的实体无意义。在 E-R 模型中，称 A 是 B 的子类，或 B 是 A 的父类。A 与 B 两类实体之间存在一种层次联系——Is-a(属于)。图 2-12(a)是它们的 E-R 模型表示方法。

(a)   (b)

图 2-12 具有 Is-a 联系的 E-R 模型

如果 A 和 B 存在 Is-a 联系，则 A 中的每个实体 a 只和 B 中的一个实体 b 相联系，而 B 中的每个实体最多和 A 中的一个实体相联系。从这个意义上说，A 和 B 存在一对一的联系。但事实上，a 和 b 是同一事物。A 可以继承 B 中的所有属性，又可以有自己特殊的属性说明。用来区分 A 的码也就是 B 中的码。

例如，企业中的职工实体集和经理实体集存在着 Is-a 联系，即经理是职工。经理可以继承职工的所有属性，但又有"任职时间"这一其他职工没有的属性。其 E-R 模型如图 2-12(b)所示。

2.3 E-R 模型的设计方法

在设计 E-R 模型时，首先必须根据需求分析，确认实体集、联系集和属性。一个企业(单位)有许多部门，就会有各种业务应用的需求，需求说明来自对它们的调查和分析。有关需求分析的方法将在第 8 章中介绍，这里只介绍 E-R 模型的设计方法。

在介绍 E-R 模型的设计方法之前，首先强调三条设计原则。

(1) 相对原则：实体、属性、联系等，是对同一对象抽象过程的不同解释和理解，即建模过程实际上是一个对对象的抽象过程。由于属性、联系在本质上都是实体，因此，不同的人或同一人在不同的情况下，抽象的结果可能不同。

(2) 一致原则：同一对象在不同业务系统中的抽象结果要求保持一致。业务系统是指建立系统的各子系统。

(3) 简单原则：为简化 E-R 模型，现实世界的事物能作为属性对待的，尽量归为属性处理。

属性和实体间并无一定的界限。如果一个事物满足以下两个条件之一，就可作为属性对待：

(1) 属性不再具有需要描述的性质。属性在含义上是不可分的数据项。

(2) 属性不能再与其他实体集具有联系，即 E-R 模型指定联系只能是实体集之间的联系。

例如，职工是一个实体集，可以有职工号、姓名、性别等属性，工资如果没有需要进一步描述的特性，可以作为职工的一个属性。但如果涉及到工资的详细情况，如基本工资、各种补贴、各种扣除时，它就成为一个实体集，如图 2-13 所示。

图 2-13 工资由属性变为实体集

再如，仓库和货物的联系。如果一种货物只存放在一个仓库中，那么仓库可作为货物的属性加以说明。但如果仓库与职工发生联系(每个仓库有若干个保管员)，那么仓库就应该作为一个实体集加以说明，如图 2-14 所示。

图 2-14　仓库由属性变为实体集

设计一个较大型企业或单位的 E-R 模型，一般按照先局部、后整体、最后优化的方法进行。下面以企业职工管理系统为例，说明 E-R 模型的一般设计过程。

例 2.1　企业职工管理系统中，需要涉及的功能有：

(1) 人事处对职工的档案和部门进行管理，包括职工的基本情况、部门的基本情况以及各种职称、职务的管理。

(2) 财务处管理职工的工资情况。

(3) 科研处管理项目、职工参加项目的情况。

具体的设计步骤如下：

(1) 确定局部应用范围，设计局部 E-R 模型。

局部 E-R 模型的设计步骤如图 2-15 所示。

图 2-15　局部 E-R 模型的设计步骤

① 确定局部应用范围。本例中初步决定按部门划分不同的应用范围，即分为三个子模块：人事管理、工资管理和项目管理。下面以人事管理为例，说明设计局部 E-R 模型的一般过程。

② 确认实体集。在人事管理中，需要对职工、部门、职称及职务进行管理，所以实体集有：职工、部门、职称及职务。

③ 确认实体集之间的联系集。需要判断所有实体集之间是否存在联系。

职工与部门的联系为 n：1；职工与职称及职务的联系为 m：n。因为多个职工可有同一种职称或职务，而一个职工既可有职称又可有职务。如某职工具有高级职称(高工)，同时又是处级干部。

部门与职称及职务之间没有联系。

④ 确认实体集的属性。

职工：职工号、姓名、性别、年龄。

部门：部门号、名称、电话。

职称职务：代号、名称、津贴、住房面积。

⑤ 确认联系集的属性。职工与部门的联系没有单独的属性，职工与职称及职务的联系有单独的属性：职称或职务的任职日期。

⑥ 画出局部 E-R 模型。图 2-16、图 2-17 和图 2-18 分别是人事管理、工资管理和项目管理局部 E-R 模型。

图 2-16　人事管理局部 E-R 模型

图 2-17　工资管理局部 E-R 模型

图 2-18　项目管理局部 E-R 模型

(2) 集成局部 E-R 模型，初步形成全局 E-R 模型。

将所有局部 E-R 模型集成为全局 E-R 模型，设计步骤如图 2-19 所示。

图 2-19　全局 E-R 模型的设计步骤

由于各个局部应用所面对的问题不同，且通常由不同的设计人员进行局部 E-R 模型的设计，因此各个局部 E-R 模型之间必定会存在许多不一致的地方，称为冲突。所以在合并各局部 E-R 模型时，首先要合理地消除各局部 E-R 模型之间的冲突。冲突主要有以下三类。

① 命名冲突：包括实体集名、联系集名、属性名之间的同名异义和同义异名等命名冲突。同名异义，即不同意义的对象在不同的局部 E-R 模型中具有相同的名称。同义异名，即同一意义的对象在不同的局部应用中具有不同的名称。

例如，对于实体集职工，人事部门称之为职工，科研部门可能称之为科研人员。

命名冲突必须通过各部门一起讨论，协商解决。

② 属性冲突：包括属性值类型、取值范围、取值单位的冲突。例如，职工号在一个局部 E-R 模型中定义为整数，在另一个 E-R 模型中定义为字符串。有些属性采用不同的度量单位，也属于属性冲突。

③ 结构冲突：包括两种情况，一是同一对象在不同应用中具有的抽象不同；二是同一实体在各局部应用中包含的属性个数和属性排列次序不完全相同。

例如，在人事部门中，工资可能作为职工的一个属性处理，而在财务部门中作为一个实体集处理。

有时实体集之间的联系在不同的局部应用中可能会有不同的联系集。

根据需求分析，在兼顾全局的情况下，对发生冲突的属性、实体集、联系进行合理的调整和综合，形成一个全系统用户共同理解和接受的统一的 E-R 模型，是合并各局部 E-R

模型的主要工作和关键所在。

在例2.1中，就存在结构冲突。在人事管理E-R模型中，工资作为职工的属性，而在工资管理E-R模型中，工资是实体集；在项目管理E-R模型中，职务是职工的属性，而在人事管理中，职务是一个实体集。在该例中，可将工资和职务均调整为实体集。

在集成全局E-R模型时，一般采用两两集成的方法，即先将具有相同实体集的两个E-R模型以该相同实体集为基准进行集成，如果还有相同实体集的E-R模型，再次集成，直到所有具有相同实体集的局部E-R模型都被集成，得到初步的全局E-R模型。例2.1中，可以职工为公共实体集进行集成，其初步E-R模型如图2-20所示。

图2-20 合并后的全局初步E-R模型

(3) 消除冗余，优化全局E-R模型。

一个"好"的全局E-R模型，除能反映用户功能需求外，还应该满足以下几个条件：

① 实体联系尽可能少；

② 实体集所含属性尽可能少；

③ 实体集之间联系无冗余。

为了使实体集尽可能少，有时需要合并相关的实体集，如1:1联系的两个实体集、具有相同码的实体集均可以合并。

有些实体集的属性可能是冗余的数据，所谓冗余数据是指重复存在或可由基本数据导出的数据。如图2-20，工资中的实发工资即可由其他几项工资计算得到，属于冗余数据。冗余数据一方面浪费存储空间，另一方面又会破坏数据的完整性。如某职工因为某种原因，增加了基本工资，用户除了修改基本工资一项外，还必须同时修改实发工资，否则数据就会前后不一致。

但并不是所有的冗余数据都必须消除。有时为了提高效率，不得不以冗余数据为代价。如财务处频频地对每个职工的实发工资进行计算和统计，会影响工作效率，这种情况下可以让此冗余数据存在，但必须有数据的关联说明，并作为数据模型的完整性约束条件。

2.4 数 据 模 型

数据模型是数据库系统的核心和基础，任何 DBMS 都支持一种数据模型。

任何一种数据模型都规定了一种数据结构，也即信息世界中实体和实体间联系的表示方法。数据结构描述了系统的静态特性，这是数据模型最本质的内容。

数据模型还必须规定其中数据可以执行的操作及操作规则。数据操作描述了系统的动态特性。对数据库的操作主要有数据维护和数据检索两大类，这是任何数据模型都必须规定的操作，包括操作符、含义、规则等。

最后，数据模型还必须提供定义完整性约束条件的手段，并在操作中自动检查之。对于不符合完整性约束条件的操作，自动拒绝执行，只有符合条件的操作才能执行，从而保证数据正确、相容和有效。

实际的数据库管理系统所支持的主要数据模型有：

(1) 层次模型(Hierarchical Model)；

(2) 网状模型(Network Model)；

(3) 关系模型(Relational Model)；

(4) 面向对象模型(Object Oriented Model)。

其中，前两类数据模型也称为非关系模型，它们在数据库系统的初期起了重要的作用。在关系模型发展后，非关系模型迅速衰退。在我国，早就淘汰了非关系模型，在 2.7 节中将对其给予简单介绍。

面向对象模型是近年才出现的数据模型，也是目前数据库技术的研究方向。

关系模型是目前使用最广泛的数据模型，占据了统治地位。下面主要介绍的就是关系模型。

2.5 关 系 模 型

1970 年，美国 IBM 公司的研究员 E.F.Codd 在他的著名论文 "A Relational Model of Data for Large Shared Data Banks" 中首先提出了关系数据模型，这标志着数据库系统新时代的来临。以后，他又接连发表了多篇文章，奠定了关系数据库的理论基础。E.F.Codd 于 1981 年荣获 ACM 图灵奖。

1974 年，IBM 公司 San Jose 研究室的关系数据库实验系统 System R 研制成功，以后又陆续推出了新的关系数据库软件产品 SQL/DS 和 DB2 等。

1980 年后,各种 RDBMS 的产品迅速出现,如 Oracle、Ingress、Sysbase、Informix、dBASE、

FoxBase、FoxPro 等，关系数据库系统从此占据了数据库市场，数据库的应用领域迅速扩大。

与层次模型和网状模型相比，关系模型概念简单、清晰，并且具有严格的数据基础，形成了关系数据理论，操作也直观、容易，因此易学易用。无论是数据库的设计和建立，还是数据库的使用和维护，关系模型都比非关系模型简便得多。非关系模型下的数据库技术称为专家数据库技术(只有专家才能正确使用)；关系模型下的数据库技术称为大众数据库技术。这也正是关系数据库技术一经出现就迅速统治市场，排挤了原来占统治地位的非关系数据库技术的根本原因。

支持关系模型的 DBMS 称为关系型数据库管理系统(Relational DataBase Management System，简称 RDBMS)。

与其他的数据模型相同，关系模型也是由数据结构、数据操作和完整性约束三部分组成的。

2.5.1　关系模型数据结构及基本概念

在关系模型中，数据的逻辑结构是关系。关系可形象地用二维表表示，因此常称为表。图 2-21 给出了职工和项目两个实体集之间具有参加联系的概念模型，表 2-1 则为与之对应的关系模型的三张二维表。

图 2-21　职工和项目的概念模型

表 2-1　概念模型对应的表

职工(Employee)

职工号 (Eno)	姓名 (Ename)	性别 (Sex)	年龄 (Age)
1002	胡一民	男	38
1004	王爱民	男	60
1005	张小华	女	50
1010	宋文彬	男	36
1011	胡民	男	34
1015	黄晓英	女	26
1022	李红卫	女	27
1031	丁为国	男	24

参加(Item_Emp)

项目代号 (Ino)	职工号 (Eno)
200801	1004
200801	1016
200802	1002
200802	1010
200901	1005
200901	1010
200901	1031
200902	1005

项目(Item)

项目代号 (Ino)	项目名称 (Iname)
200801	硬盘伺服系统的改进
200802	巨磁阻磁头研究
200901	磁流体轴承改进
200902	高密度记录磁性材料研究
201001	MO 驱动器性能研究
201101	相变光盘性能研究

关系模型的主要术语有：

关系(Relation)。一个关系可用一个表来表示，也称为表。每个关系(表)都有与其他关系

(表)不同的名称。

属性(Attribute)。关系中的每一列即为一个属性。每个属性都有一个属性名,在每一列的首行显示。一个关系中不能有两个同名属性。

域(Domain)。一个属性的取值范围就是该属性的域。例如:姓名属性的域为 10 个字节字符串;年龄属性域为 2 位整数等。

元组(Tuple)。关系中的一行数据总称为一个元组。一个元组即为一个实体的所有属性值的总称。一个关系中不允许有两个完全相同的元组。

分量(Component)。一个元组在一个属性上的值称为该元组在此属性上的分量。

候选码(Candidate Key):一个关系中的某个属性(或属性组)的值能唯一标识关系中的各个元组,且又不含有多余的属性,则该属性(组)称为该关系的一个候选码,也简称为码(Key)。

主码(Primary Key)。若一个关系中有多个候选码,则选取其中一个为主码。每个关系都有并且只有一个主码。

主属性(Main Attribute)。包含在任何一个候选码中的属性称为主属性,不包含在任何候选码中的属性称为非主属性或非码属性。

外部码(Foreign Key)。若 A 是基本关系 R1 的属性(组),但不是 R1 的码,且 A 与基本关系 R2 的码 K 相对应,则称 A 是 R1 的外部码。R1 和 R2 不一定是不同的关系。当然,A 和 K 一定在同一组域上。

关系模式。一个关系的关系名及其全部属性名的集合简称为该关系的关系模式,一般表示为

关系名(属性名 1,属性名 2,…,属性名 n)

如职工关系的关系模式为

职工(职工号,姓名,性别,年龄,婚否,职称,所在部门)

关系模式是型,描述了一个关系的结构;关系则是值,是该关系在某一时刻的元组集合,是该时刻关系模式的状态或内容。因此,关系模式是稳定的、静态的,而关系则是随时间变化的、动态的。但在不引起混淆的场合,两者都称为关系。

关系是关系模型中最基本的数据结构。关系既用来表示实体集(如上面的职工表、项目表),也用来表示实体间的联系集(如上面的参加表)。当然,联系本质上也是实体集,它是实体集的另一种表示形式(其实属性也是实体)。

关系具有以下六个基本性质:

(1) 关系中的每个分量值都是原子的,即是不可分的基本数据项,如表 2-2 的情况是不允许的。

表 2-2　不允许的表

工资级别	工　资	
	基本工资	补贴工资
⋮	⋮	⋮

空值(Null)在关系中是很重要的一个概念,它用来表示暂时不知道或者无意义的属性值。比如在项目表中,由于项目编号为 201001 和 201002 的两个项目还没有最后验收,因

此系统暂时不知道它们的验收日期，故只能用 NULL 值代替。

(2) 属性列是同质的，即同一列的分量值应该出自相同的域。在具体的数据库产品或者编程语言中，域常被称为类型(Type)，数据类型描述了各列中可以出现的值的类型，它是定义域的最简单的方法。例如：INTEGER、REAL、CHARACTER 等。

(3) 不同的列可以出自同一个域。比如，在职工的工资关系中，基本工资、津贴、公积金等不同的列取值范围都是一样的，都是数值型数据，即它们的域相同。

(4) 列的次序可以相互交换。

(5) 行的顺序也可以相互交换。

(6) 一个关系中的任意两个元组不能相同。

关系模型的许多基础理论都是基于上面这些关系的基本性质而发展起来的，但在实际的关系数据库产品中，基本表(Table)并不完全遵循这六条基本性质。比如，有些产品区分了元组或者属性的次序；有些基本表中允许存在完全相同的元组，但这在系统开发中会给开发人员带来意想不到的麻烦。

2.5.2　关系模型的数据操作

数据操作是对系统动态特性的描述。关系模型操作的主要内容是查询、维护两大内容。它的特点在于：

(1) 操作对象和操作结果都是关系，即关系模型中的数据操作是集合操作。

(2) 关系模型中，存取路径对用户是隐蔽的。用户只需要指出干什么，而不必考虑怎么干。存取路径是由 RDBMS 自动选择的，从而方便了用户，提高了数据的独立性。

关系数据操作的理论标准为关系代数或关系演算。其中，关系演算又分为元组关系演算和域关系演算两种。关系代数、元组关系演算和域关系演算三种抽象语言在表达能力上是完全等价的。本书将在第 6 章详细介绍这三种抽象语言。

实际 RDBMS 提供的语言与上述抽象语言当然是不相同的，它们除了必须能提供实现抽象语言功能的能力外，还要提供很多附加功能，其中的代表语言就是结构化查询语言(Structured Query Language，简称 SQL)。本书在第 3 章、第 4 章和第 5 章介绍 SQL 语言。

2.5.3　关系的完整性约束

完整性约束是一组完整的数据约束规则，它规定了数据模型中数据必须符合的条件，对数据作任何操作时都必须保证符合完整性约束条件。例如，职工号必须唯一且不能为空；职工所属部门必须存在或为空(此职工尚未分部门)；性别只能是男、女两个值之一等。

关系模型中共有三类完整性约束：实体完整性、参照完整性和用户定义的完整性。实体完整性和参照完整性是关系模型必须满足的两个完整性约束条件，任何关系系统都应该自动维护之。

1．实体完整性(Entity Integrity)

若属性 A 是基本关系 R 的一个主属性，则任何元组在 A 上的分量都不能为空。这里，空是指没有值，例如，学号属性为空，不是指学号为 0，而是指没有学号。

实体完整性规定，任一候选码的任何属性都不能为空，而不仅仅是候选码整体不能为空。

实体完整性的原因在于：

(1) 一个基本关系不是对应于概念模型中的一个实体集就是对应于概念模型中的一个联系；

(2) 概念模型中的实体及联系都是可区分的，以候选码为唯一性标识；

(3) 关系模型中，任一候选码都是唯一性标识(与概念模型中的候选码相对应)；

(4) 主属性不能取空值。如果主属性可取空值，则意味着概念模型中存在不可以候选码为唯一性标识的实体，这与第(2)点矛盾。

由于实际系统中，只能定义主码(不支持候选码概念)，因此在具体 DBMS 中，实体完整性对应变为任一基本关系的主码属性都不能为空。

2. 参照完整性(Referential Integrity)

参照完整性是对关系之间引用数据的一种限制。

参照完整性的定义：若属性组 A 是基本关系 R_1 的外部码，它与基本关系 R_2 码 K 相对应(R_1、R_2 也可以是同一关系)，则 R_1 中每个元组在 A 上的值必须为以下两种情况之一：

(1) 等于 R_2 中某元组的码值；

(2) 取空值。

例如，在参加关系中，职工号只能取职工关系中已有的职工号，项目号只能取项目关系中已有的项目号。单就参照完整性而言，职工号和项目号还可取空值，但由于它们是参加关系的码，因而不能取空值。

再如，若另有一关系：部门(部门号，部门名，部门电话，部门负责人)，那么，在此关系的部门负责人属性上，各个元组或取空值(表示该部门的负责人暂时还没有确定)，或取职工关系中已有的职工号(表示必须是本单位存在的职工)。

3. 用户定义的完整性

除上述两类完整性约束外，任何数据库系统都会有一些自己特殊的约束要求，例如年龄值不能大于 60，夫妻的性别不能相同，创新的世界记录必须好于原世界记录，成绩只能在 0~100 之间等。这些约束条件都需要用户自己来定义，故称为用户定义的完整性。

关系模型应向用户提供定义这类完整性约束的手段，以供用户使用这种手段来定义自己特殊的完整性要求。关系模型还应有检验用户定义的完整性约束的机制，以便整个数据库在生命周期中保证符合用户所定义的完整性约束要求。

2.6　E-R 模型向关系模型的转化

E-R 模型是概念模型的表示。要使计算机能处理模型中的信息，首先必须将它转化为具体的 DBMS 能处理的数据模型。E-R 模型可以向现有的各种数据模型转换，而目前市场上的 DBMS 大部分是基于关系模型的，本节介绍 E-R 模型向关系数据模型的转换方法。

关系模型的逻辑结构是一系列关系模式(表)的集合。将 E-R 模型转化为关系模型主要需解决的问题是：如何用关系来表达实体集以及实体集之间的联系。

下面从一个具体例子出发，说明 E-R 模型向关系模式转换的一般规则和步骤。

例 2.2 将图 2-16 所示人事管理局部 E-R 模型向关系模式转换。

(1) 将每一个实体集转换成一个关系模式,实体集的属性转换成关系的属性,实体集的码即对应关系的码。生成如下三个关系模式:

        职工(职工号,姓名,性别,年龄,工资)

        部门(部门号,名称,电话,负责人)

        职称职务(代号,名称,津贴,住房面积)

(2) 将每个联系集转换成关系模式。对于给定的联系 R,由它所转换的关系具有以下属性:

① 联系 R 单独的属性都转换为该关系的属性;

② 联系 R 涉及到的每个实体集的码属性(集)转换为该关系的属性。

转换后关系的码有以下几种情况:

① 若联系 R 为 1∶1 联系,则每个相关实体的码均可作为关系的候选码;

② 若联系 R 为 1∶n 联系,则关系的码为 n 端实体的码;

③ 若联系 R 为 m∶n 联系,则关系的码为相关实体码的集合。

有时,联系本身的一些属性也必须是结果关系的码属性。

根据此规则,由联系转换来的关系模式为

        分工(职工号,部门号)

        任职(职工号,代号,任职日期)

(3) 根据具体情况,把具有相同码的多个关系模式合并成一个关系模式。

具有相同码的不同关系模型从本质上来说描述的是同一实体集,因此可以合并。合并后的关系包括两关系的所有属性,这样可以节省存储空间。如职工关系和分工关系可以合并为下面同一个关系模式:

        职工(职工号,姓名,性别,年龄,工资,部门号)

事实上,当将联系集 R 转换为关系模式时,只有 R 为 m∶n 的联系集,才需要重新建立新的关系模式;R 为 1∶1、1∶n 及 Is-a 的联系集,可以不引进新的关系模型,只对与联系有关的实体集的关系模式作适当的修改。

因此,由 E-R 模型向关系模式转换的一般规律如下:

(1) 将 E-R 模型中的每一个实体集均转换成一个关系模式,关系的属性由对应的实体集的属性组成,关系的码即对应实体集的码。

(2) E-R 中的 1∶1 联系,可以在任意一方的关系中加入另外一方的码来表达。

(3) E-R 中的 1∶n 联系,需要在多方实体集转换的关系中加入其中某一方实体集的码来表达。

(4) E-R 中的 m∶n 联系,必须增加一个结联表来进行表达,该结联表的属性除了原来联系的属性之外,还必须加入相关实体集的码属性。一般情况下,该关系的码由相关实体集的码的集合(复合码)组成。

例 2.3 将图 2-20 中的 E-R 模型转换为等价的关系模式。

转换的等价的关系模式如下:

        职工(职工号,姓名,性别,年龄,部门号)

        部门(部门号,名称,电话,负责人)

        职称职务(代号,名称,津贴,住房面积)

项目(<u>项目号</u>, 名称, 起始日期, 终止日期, 验收日期))

工资(<u>工资号</u>, 职工号, 基本工资, 补贴, 保险, 实发工资)

任职(<u>职工号, 代号</u>, 任职时间)

参加(<u>职工号, 项目号</u>, 排名)

说明：职工表中的部门号表达了部门与职工的 1∶n 联系，是职工表的外码。工资表中的职工号表达了职工与工资之间的 1∶1 联系，该联系也可以在职工表中加入工资号来表达。任职表是职称职务与职工之间的 m∶n 联系引进的结联表，参加表表达了职工与项目之间的 m∶n 联系。

对于 m∶n 多元联系的 E-R 模型，转换成相应的关系模式，除了每个实体集转换成相应的关系外，联系集也必须转换成一个结联表。

例 2.4 请将图 2-9 中的 E-R 模型转换成相应的关系模式。

给各个实体集添上相应的属性后，得到相应的关系模式如下：

演员(<u>演员编号</u>, 姓名, 性别, 出生日期, 国籍)

电影(<u>电影编号</u>, 名称, 类型, 拍摄起始日期, 拍摄结束日期, 首映日期, 票房)

制片公司(<u>公司编号</u>, 名称, 地址, 负责人)

签约(<u>演员编号, 电影编号</u>, 酬金)

说明：图 2-9 中包含了"一部电影只能在一个制片公司拍摄"这样的语义，如果语义改为"一部电影可以由多个制片公司拍摄"，那么图 2-9 中的三元联系就全都是多对多($n∶m∶p$)了，转换成的签约表应该为

签约(<u>演员编号, 电影编号, 制片公司</u>, 酬金)

在实际应用中，对于码是 3 个或 3 个以上属性组成的复合码的关系，常常设置流水号或者编号作为主码，故实际应用中可能更多的应用如下：

签约(<u>签约编号</u>, 演员编号, 电影编号, 制片公司, 酬金)

例 2.5 请将图 2-10 中的 E-R 模型转换成相应的关系模式。

给职工添加了合适的属性后，得到转换后的关系模式如下：

职工(<u>职工号</u>, 姓名, 性别, 年龄, 主管领导)

其中的主管领导就表达了职工中的某些成员是其他职工的领导这个自身联系。

例 2.6 一个图书馆管理系统提供下列服务：

(1) 可随时查询书库中现有书籍的品种、数量和存放位置。各类书籍均由书号唯一标识。

(2) 可随时查询书籍的借还情况，包括借书人的单位、姓名、借书证号。约定：任何人可以借多种书，任何一种书可以为多个人所借，借书还书需要指明借还日期，借书证号具有唯一性。

(3) 当需要时，可通过数据库中出版社的编号、电话、邮编及地址等信息向有关书籍的出版社增购书籍。约定：一个出版社可以出版多种书籍，同一种书仅由一个出版社出版，出版社编号和出版社名具有唯一性。

(4) 由员工负责图书的维护工作，员工信息包括：工号、姓名、性别、联系方式和部门。约定：每个员工可以维护多种图书，每种图书在不同的时间可以由不同的员工维护。

请根据语义，画出完整的全局 E-R 图，并转换成对应的关系模式。

根据语义，图书馆管理系统的 E-R 模型如图 2-22 所示。

图 2-22　图书馆管理系统 E-R 模型

对应的关系模式为

图书(书号，品种，数量，存放位置，出版社名)　　外码：出版社名

出版社(名称，电话，邮编，地址)

读者(借书证号，姓名，单位)

员工(工号，姓名，性别，部门，联系方式)

借阅(书号，借书证号，借书日期，还书日期) 外码1：书号；外码2：借书证号

维护(书号，工号，维护日期)　外码1：书号；外码2：工号

*2.7　历史上有影响的数据模型

在关系数据模型产生之前，数据库管理系统普遍使用的数据模型是层次数据模型和网状数据模型，它们又被称为非关系数据模型。它们的数据结构和图的结构是相互对应的。

在非关系数据模型中，概念模型中的实体型反映为记录型。因此，图的结点表示为记录型(实体)，结点之间的连线弧(或有向边)表示为记录型之间的联系。每个记录型可包含若干个字段，对应于描述实体的属性。

由于实际系统一般不允许直接表示多对多联系(多对多联系应转换为多个一对多联系)，所以下面的讨论仅限于一对多(包括一对一)的情况。通常，把表示"一"的记录型放在上方，称为父结点，或父记录；表示"多"的记录型放在下方，称为子结点，或子记录。图 2-23 表示部门记录型和职工记录型之间的联系，是一个基本层次联系。

图 2-23　一个基本层次联系

2.7.1　层次模型

在现实世界中，有许多事物是按层次组织起来的，例如，一个学校有若干个系，一个

系有若干个班级和教研室，一个班级有若干个学生，一个教研室有若干个教师。其数据库模型如图 2-24 所示。由图 2-24 可见层次模型像一棵倒挂的树。

图 2-24　学校层次数据库模型

图 2-24 中，系和班级、班级和学生、教研室和教师等都构成了双亲与子女的关系，这是层次模型中最基本的数据关系。

层次模型有以下两个特点：

(1) 有且仅有一个结点无父结点，这样的结点称为根结点；

(2) 非根结点都有且仅有一个父结点。

在层次模型中，一个结点可以有几个子结点；也可以没有子结点。前一种情况下，这几个子结点称为兄弟结点，如图 2-24 中的班级和教研室；后一种情况下，该结点称为叶结点，如图 2-24 中的学生和教师。

图 2-25 是图 2-24 数据模型的一个实例(一个值)。该值是计算机系记录值及其所有的后代记录值组成的一棵树。

图 2-25　学校层次数据库模型的一个实例

2.7.2　网状模型

把层次模型的限制放开：一个结点可以有一个以上的父结点，就得到了网状模型。

网状模型还可以有两个特点：

(1) 可能有一个以上的结点无父结点；

(2) 结点与其父结点之间的联系不止一个。

层次模型中子结点与父结点的联系是唯一的，而在网状模型中这种联系可以不唯一。因此，在网状模型中，每一个联系都必须命名，每一个联系都有与之相关的父记录和子记录。图 2-26 给出了几个网状模型的例子。

图 2-26　几个网状模型的例子

网状数据模型中记录的概念类似于关系数据模型中关系的概念，如：

$$记录型 \xrightarrow{\text{对应}} 关系模式$$

$$记录 \xrightarrow{\text{对应}} 关系的元组$$

$$记录的字段 \xrightarrow{\text{对应}} 关系的属性$$

在网状模型中，用系(Set)表示一对多的联系，则网状模型的有向图即为系的集合。系由一个父记录型和一个或多个子记录型构成。系中的父记录型称为首记录，子记录型称为属记录。系必需命名。

在非关系模型中，子结点是不能脱离其父结点而独立存在的，任何一个记录只有按其路径查看时才有实际意义。用户必须提供父结点才能查询子结点。因此，数据库开发人员必须熟悉所用模型的结构，在应用程序中才能明确指出查询的路径，才能实现查询。这种要求，自然加重了用户的负担。

层次模型曾在 20 世纪 60 年代末至 70 年代初流行过。其中最有代表性的当推 IBM 公司的 IMS。但层次 DBMS 提供用户的数据模型和数据库语言比较低级，数据独立性也较差，所以在关系数据库之前，网状 DBMS 要比层次 DBMS 用得普遍。美国 CODASYL(Conference on Data Systems Languages)委员会中的 DBTG(Data Base Task Group)组在 1971 年提出了著名的 DBTG 报告，对网状数据模型和语言进行了定义，并在 1978 年和 1981 年又作了修改和补充。因此，网状数据模型又称为 CODASYL 模型或 DBTG 模型。在 20 世纪 70 年代，曾经出现过大量的网状 DBMS 产品，比较著名的有 Cullinet 软件公司的 IDMS、Honeywell 公司的 IDSⅡ、HP 公司的 IMAGE 等。有些网状 DBMS 目前还在运行。所以说，在数据库的发展史上，层次模型和网状模型曾起过重要的作用。

2.8　数据模型与数据库系统的发展

数据模型是数据库系统的核心和基础。按照计算机所支持的数据模型的发展历史，数据库系统的发展过程可分为以下四个阶段。

1.　第一代数据库系统

层次数据库系统和网状数据库系统称为第一代数据库系统。

层次模型是分层结构，网状模型是网状结构，它们的数据结构都可以用图来表示。层次模型对应于一棵有根的定向树，网状模型对应于平面有向图。它们统称为格式化数据模型。实际上，层次模型是网状模型的特例。

层次模型和网状模型有许多共同的特征，如 IMS 和 DBTG 系统都支持三级模式结构；都用存取路径来表示数据之间的联系；用户对数据的存取必须按照定义的存取路径进行；必须清楚地了解数据在数据库中的位置；对数据的操作是一次一个记录导航式进行的；程序和数据都具有较高的物理独立性，但逻辑独立性较低。

导航式数据操纵语言的优点是存取效率高，但程序员在编写应用程序时，不仅要知道"干什么"，而且要指出"怎么干"，即程序员必须掌握数据库的逻辑和物理结构。用户在编写程序时，必须一步一步地"引导"程序，按照数据库中某一已定义的存取路径来访问数据。所以网状和层次数据库又被称为"专家数据库"，不能被一般的用户所接受。

同时，这种导航式数据操纵语言使得数据库应用程序的可移植性很差，数据的逻辑独立性也较差。

2．第二代数据库系统

支持关系数据模型的数据库系统是第二代数据库系统。

层次、网状和关系数据模型是数据库诞生以来广泛应用的数据模型，一般称之为传统数据模型。

关系模型概念清晰、简单，易于用户使用和理解，有严格的理论基础——关系代数。

关系模型中，只有单一的数据结构——关系，实体和实体间的联系均用关系表示。数据结构的单一性带来了数据操作的简单化，克服了非关系系统中由于信息表示方式的多样性带来的操作复杂性。

关系模型支持非过程化语言(如 SQL)操作数据。关系数据库语言的高度非过程化将用户从对数据库的导航式编程中解脱出来，降低了编程难度。用户只要提出"做什么"，而无须指明"怎么做"，因此无需了解数据库的存取路径(存取路径的选择由系统自动完成)。这不但减轻了用户的负担，而且有利于提高数据独立性。

层次和网状数据模型中采用面向记录的操作方式，而在关系数据模型中，采用的是集合操作方式，操作的对象和结果都是元组的集合。

1970 年，E.F.codd 提出关系模型以后，关系数据库系统很快就在数据库领域中占据了相当重要的地位。商业关系数据库系统，特别是微机型 RDBMS 的使用使数据库技术广泛应用于管理信息系统、企业管理、情报检索、商业应用等各个领域。

3．第三代数据库系统

由于数据库技术在商业领域的巨大成功，使得数据库应用领域越来越广，如计算机辅助设计/管理/集成制造(CAD/CAM/CIMS)、联机分析处理(OLAP)、办公自动化系统(OAS)、地理信息系统(GIS)、知识库系统、电子数据交换和电子商务、图像处理与模式识别、实时仿真等。这些应用有着与传统应用不同的行为特性和数据特性。关系数据模型也随之开始暴露出许多缺陷：

(1) 不能存储和处理复杂对象。对于具有复杂联系的实体集合，传统数据模型过于简单，表现力差，语义不够丰富，不能表达聚集关系和抽象关系等。

(2) 仅支持有限的数据类型(整型、字符串型、数值型等)，不能存储和检索复杂的数据类型，如抽象数据类型、半结构或无结构的超长数据(图形、图像、声音等)、版本数据、用户自定义复杂类型等。

(3) 关系数据库语言(SQL)与程序设计语言之间的差距较大，不能进行无缝连接。

(4) 关系模型对应用环境的适应性差，缺乏灵活丰富的建模能力。

为此，人们提出并开发了许多新的数据模型。模型的研究主要沿以下几个方向进行：

(1) 对传统的关系数据模型进行扩充，引入构造器，使之能表达复杂数据类型，增强建模能力。这种数据模型称为复杂数据模型。

(2) 抛弃关系数据模型，发展全新的语义数据模型。语义数据模型可表达复杂的结构和丰富的语义，具有全新的数据构造器和数据处理原语，代表模型有：语义数据模型(SDM)、E-R 模型、函数数据模型(FDM)等。

(3) 结合语义数据模型和面向对象程序设计方法，提出了面向对象数据模型(Object Oriented Data Model，简称 OODM)。它是一种可扩充的数据模型，以对象(实体)为基础，支持面向对象的分析、面向对象的设计和面向对象的编程。

人们把支持新的数据模型的数据库系统，统称为第三代数据库系统。无论是基于哪一种数据模型，体系结构如何，应用在何种领域，第三代数据库系统都具有以下三个基本特点：

(1) 第三代数据库系统必须保持或继承第二代数据库系统的技术；

(2) 第三代数据库系统应支持数据管理、对象管理和知识管理；

(3) 第三代数据库系统应该对其他系统开放。

4．NoSQL 数据库系统

NoSQL 是 Not Only SQL 的缩写，是区别于关系型数据库的数据库系统的统称。该名称最早出现于 1998 年，是 Carlo Strozzi 开发的一个轻量、开源、不提供 SQL 功能的关系数据库。NoSQL 是一项运动，这个运动推动了广义定义的非关系型数据存储管理系统的发展，并打破了长久以来关系型数据库一家独大的局面。该术语在 2009 年初得到了广泛认同。

NoSQL 数据库的产生是为了解决大规模数据集合多重数据种类带来的挑战，尤其是大数据的应用难题。比如 Google 或 Facebook 每天为他们的用户收集万亿比特的数据，这些类型的数据存储不需要固定的模式，无需多余操作就可以横向扩展。而 NoSQL 数据存储不需要固定的表结构，通常也不存在连接操作，在大数据存储上具备关系型数据库无法比拟的性能优势。

目前市场上的 NoSQL 数据库产品主要分成以下四类：

(1) 键值(Key-Value)存储数据库。键值存储数据库可以通过 Key 快速查询到其 Value，这一类数据库主要使用哈希表，表中有一个特定的键和一个指针指向特定的数据。Key-Value 模型对于 IT 系统来说，其优势在于简单、易部署，但是如果 DBA 只对部分值进行查询或更新，Key-Value 就显得效率低下了。这类数据库的主要产品有：Redis、Tokyo Cabinet/Tyrant、Voldemort、Oracle BDB。

(2) 列(Column)存储数据库。列存储数据库通常用来应对分布式存储的海量数据，是按列存储数据的，其最大的特点是方便存储结构化和半结构化数据，方便做数据压缩，对针对某一列或者某几列的查询有非常大的 I/O 优势。这类数据库的代表产品有：Cassandra、Hbase、Riak。

(3) 文档(Document)型数据库。文档型数据库同键值存储数据库相类似，可以看做键值数据库的升级版，允许之间嵌套键值，而且比键值数据库的查询效率更高。文档存储一般用类似 json 的格式存储，存储的内容是文档型的，这样也就有机会对某些属性建立索引，实现关系数据库的某些功能。这类数据库的主要产品有 MongoDB、CouchDB。

(4) 图形(Graph)数据库。图形数据库使用灵活的图形模型，是图形关系的最佳存储，能够扩展到多个服务器上。图形数据库并不太关注数据规模或者可用性，而主要针对数据之间存在怎样的相关性以及用户需要如何执行计算任务。图形数据库允许以事务方式执行关联性操作，这一点在关系型数据库管理系统领域只能通过批量处理来完成。这类数据库使用较多的产品有 Neo4J、InfoGrid、Infinite Graph。

此外，NoSQL 数据库产品还有对象存储数据库、XML 数据库等。

一般来说，NoSQL 数据库在以下情况比较适用：

(1) 数据模型比较简单；

(2) 需要灵活性更强的 IT 系统；

(3) 对数据库性能要求较高；

(4) 不需要高度的数据一致性；

(5) 对于给定 Key，比较容易映射复杂值的环境。

2.9 小 结

一般地说，设计数据库时，现实世界只有先抽象成信息世界，才能进一步转化为数据世界。信息世界不依赖于具体的计算机系统，数据世界则依赖于计算机系统。因此，信息世界不仅必须真实、完整、精确，易于理解和修改，还应易于向数据世界转换。

本章首先介绍了信息世界中的数据模型——概念模型。概念模型不考虑数据的操作，但必须能用比较有效、自然的方法来抽象现实世界中的事物及其联系。设计概念模型的方法很多，其中 E-R 模型(实体-联系模型)是目前最著名、最实用的方法。

E-R 模型中采用的三个基本概念是：实体集、联系集和属性。

现实世界中的事物及其特性，在信息世界中分别反映为实体和实体的属性。事物的特性是无限的，而实体的属性是有限的，实体是由有限的属性组成的。事物之间有无限的联系，而实体之间只有有限的联系。两个实体集之间的联系可有一对一、一对多、多对一和多对多四种类型。由于现实世界的复杂性，更由于联系、属性在本质上也是实体(是实体的另两种表现形式)，从而使现实世界抽象为信息世界的工作具有极大的不确定性。这是数据库设计中最困难、最有挑战性的阶段。本章介绍了 E-R 模型的设计方法，但读者应在实际应用中进一步实践。

描述数据世界的工具是数据模型。历史上有影响的两种数据模型：层次数据模型和网状数据模型，它们又统称为非关系数据模型。目前，最广泛使用的是关系模型。面向对象模型是目前数据库技术的研究方向。本书主要介绍关系模型。

关系模型中，实体和实体之间的联系都是用关系来表示的。关系的结构称为关系模式，是稳定的；关系的值称为关系，是变化的。在关系模型中，操作对象和操作结果都是关系，数据的存取路径对用户是隐蔽的。关系中，数据的一系列约束条件称为完整性约束，分为实体完整性、参照完整性和用户定义的完整性三种。

本章介绍了从 E-R 模型向关系模型的转换方法。应该指出，虽然从一个 E-R 模型向关系模型的转化是比较容易的，但 E-R 模型本身与关系模型是没有联系的，也即 E-R 模型并非专为关系模型服务。

E-R 模型向关系模式的初步转换可分为两个步骤：

(1) 把每一个实体集转化成一个关系模式。实体集的码即为该关系的码。

(2) 把每一个联系集转化成一个关系模式。此关系的码由发生联系的诸实体的码合成。

但是，联系本身的属性也可能成为生成关系的码的一部分，而初步转化得到的结果必须根据具体情况进行合并等优化后，才能得到最后的结果。

本章介绍了数据模型与数据库系统的发展情况：层次数据库系统和网状数据库系统统称为第一代数据库系统；目前广泛使用的支持关系数据模型的数据库系统为第二代数据库系统；目前正在研究的、能克服关系系统缺点的、支持新的数据模型的数据库系统，称为第三代数据库系统。

习 题 2

第一组习题

1. 为什么说概念模型是现实世界到机器世界的中间层次？

2. 定义并解释概念模型中以下术语：实体、属性、实体集、实体型、码。

3. 举例说明两个实体型之间的一对一、一对多、多对多关系。

4. 什么是 E-R 模型？E-R 模型的主要组成有哪些？

5. 三个实体集之间的多对多联系和三个实体集两两之间的三个多对多联系等价吗？为什么？

6. 什么是 Is-a 层次联系？

7. 在合成全局 E-R 模型时，各局部 E-R 模型中可能存在的冲突有哪几类？

8. 定义并解释关系模型中以下术语：关系、属性、域、分量、元组、候选码、主码、主属性、外部码、关系模式。

9. 关系模式对二维表的要求是什么？

10. 举例说明关系的三类完整性约束。

11. 试述 E-R 模型向关系模型转化的规则。

12. 试述层次模型的概念，举出两个层次模型的实例。

13. 试述网状模型的概念，举出两个网状模型的实例。

14. 试述层次模型与网状模型的不同之处。

15. 试述数据模型的发展过程。

16. 第三代数据库系统的主要特点是什么？

第二组习题

17. 现有关于班级、学生、课程的信息如下所述。

(1) 描述班级的属性有: 班级号、班级所在专业、入校年份、班级人数、班长的学号;

(2) 描述学生的属性有: 学号、姓名、性别、年龄;

(3) 描述课程的属性有: 课程号、课程名、学分。

假设每个班有若干学生, 每个学生只能属于一个班, 学生可以选修多门课程, 每个学生选修的每门课程有一个成绩记载。根据语义, 画出它们的实体-联系模型(E-R 模型)。

18. 若在上题中再加入实体集教师和学会, 其中

(1) 描述教师的属性有: 教师号、姓名、职称、专业;

(2) 描述学会的属性有: 学会名称、成立时间、负责人姓名、会费。

假设每门课程可由多位教师讲授, 每位教师可讲授多门课程, 每个学生可加入多个学会, 学生进入学会有一个入会年份。请根据语义, 画出班级、学生、课程、教师和学会间的 E-R 模型。

19. 将第 17 题得到的 E-R 模型转换为关系模式。

20. 图 2-27(a)、(b)是三个实体集供应商、项目、零件之间的两种概念模型, 将它们分别转换为关系模式(添上必要的属性)。

图 2-27 三个实体集的两种概念模型

21. 图 2-28(a)、(b)、(c)给出了三个不同的局部 E-R 模型, 请将其合并成一个全局 E-R 概念模型(可在联系集中增加必要的属性, 也可将有关的基本实体集的属性选作联系的属性)。

各实体的构成如下所述。

部门: 部门号、部门名、电话、地址;

职员: 职员号、职员姓名、职务(干部/工人)、年龄、性别;

设备处: 单位号、电话、地址;

工人: 工人编号、姓名、年龄、性别;

设备: 设备号、名称、位置、价格;

零件: 零件号、名称、规格、价格;

生产处: 单位号、名称、电话、地址。

图 2-28　三个局部 E-R 模型

22. 工厂(包括厂名和厂长姓名)需要建立数据库,用来管理存储以下信息:

(1) 一个厂内有多个车间,每个车间有车间号、车间主任姓名、地址和电话;

(2) 一个车间内有多个工人,每个工人有职工号、姓名、年龄、性别和工种;

(3) 一个车间生产多种产品,产品有产品号和价格,每种产品只在一个车间中生产;

(4) 一个车间生产多种零件,一个零件也可能由多个车间制造。零件有零件号、重量和价格;

(5) 一个产品由多种零件组成,一种零件也可装配在多种产品内;

(6) 产品与零件存入仓库中,厂内有多个仓库,但同种产品或零件存放在同一仓库中,仓库有仓库号、仓库保管员姓名和电话。

根据以上信息,试完成:

(1) 画出该系统的 E-R 模型;

(2) 给出相应的关系数据模型;

(3) *画出该关系的层次模型图。

第3章 SQL 语言初步

1970 年，IBM 研究实验室的 E.F.Codd 发表了题为"大型共享数据库的关系模型"的论文，文中首次提出了数据库的关系模型。这一工作也使 Codd 在 1981 年获得了计算机领域中的最高奖项——ACM 图灵奖。

由于关系模型简单明了，具有坚实的数学理论基础，所以一经推出就受到了学术界和产业界的高度重视和广泛响应，并很快成为数据库市场的主流。在 Codd 发表了这一著名论文之后，计算机厂商推出的数据库管理系统几乎都支持这种关系模型。40 年来，关系数据库在理论上和关系型数据库管理系统(RDBMS)的研制上都迅速发展，出现了许多著名的 RDBMS，如 DB2、Oracle、Ingress、Sybase、SQL Server、Informix、Access 等。

在第 2 章中已经介绍了有关关系数据模型的重要概念。接下来，要讨论如何在关系数据库中实现数据操作，即用户如何以某种语言来使用关系数据库数据，比如实现查询数据等。

虽然也有完全基于关系代数和完全基于关系演算的关系语言，但是最著名、最成功的关系语言是结构化查询语言(Structured Query Language，简称 SQL)。在接下来的几个章节中主要讨论的就是 RDBMS 中 SQL 语言的最基本使用方法。本章介绍 SQL 的基本功能。3.1 节简要描述 SQL 语言的特征分类；3.2 节描述用于数据表和索引定义的 SQL 命令；3.3 节描述插入、更新和删除数据的 SQL 命令；3.4 节讨论数据查询的 SQL 构造；3.5 节则描述了含带子查询的数据更新的 SQL 构造；3.6 节描述定义数据库视图的 SQL 命令。视图又称为虚表，是从已定义的基本表中导出的呈现给用户看的表。

3.1 SQL 简 介

SQL 语言是 1974 年由 Boyce 和 Chamberlin 提出的一种介于关系代数与关系演算之间的结构化查询语言，是一个通用的、功能极强的关系性数据库语言。SQL 在最早 RDBMS 之一的 IBM 公司 San Jose 研究室的 System R 项目上得到了实现。它功能丰富，不仅具有数据定义、数据控制功能，还有着强大的查询功能，而且语言简洁，集数据定义、数据操纵、数据控制功能于一体，且完成核心功能只用了 9 个动词，易学易用，因此，被众多数据库厂商采用。虽然不同的厂商存在不同类型的 SQL，但经过不断修改、完善，SQL 最终成为了关系数据库的标准语言。

1986 年 10 月，美国国家标准局(American National Standard Institute，简称 ANSI)的数据库委员会 X3H2 把 SQL 批准为关系数据库语言的美国标准，并公布了 SQL 标准文本

(SQL-86)。1987 年，国际标准化组织(International Organization for Standardization，简称 ISO)也通过了此标准。此后，ANSI 又于 1989 年公布了 SQL-89，1992 年公布了 SQL-92(也称 SQL2)，接着又在 SQL2 的基础上做了修改和扩展，于 1999 年推出了 SQL-99(亦称 SQL3)。

SQL 成为国际标准后，各数据库厂商纷纷推出了符合 SQL 标准的 DBMS 或与 SQL 的接口软件。大多数数据库都用 SQL 作为数据存取语言，使不同数据库系统之间的互操作有了可能。这个意义十分重大，因而有人把 SQL 的标准化称为一场革命。

此外，SQL 在数据库以外的领域也受到了重视。在 CAD、人工智能、软件工程等领域，不仅把 SQL 作为数据检索的语言规范，还把它作为检索图形、声音、知识等信息类型的语言规范。SQL 已经成为并将在今后相当长的时间里继续是数据库领域以至信息领域中的一个主流语言。

1．SQL 语言的特点

(1) 一体化。SQL 集数据定义语言 DDL、数据操作语言 DML、数据控制语言 DCL 的功能于一体，语言风格统一。另外，在关系模型中实体和实体之间的联系均用关系表示，这种数据结构的单一性带来了数据操作符的统一。

(2) 面向集合的操作方式。非关系数据模型采用的是面向记录的操作方式，操作对象是一条记录。这就使得在操作过程中通常需要说明具体的处理过程，如按照哪条路径如何读取数据。而 SQL 采用面向集合的操作方式，操作对象是集合，操作结果仍然是集合。

(3) 高度非过程化。非关系数据模型的数据操作语言是面向过程的语言，用过程化语言完成某项请求，必须指定存取路径。而用 SQL 进行数据操作，用户只需提出"做什么"，无须告诉"怎么做"，因此操作过程中的存取路径对用户是透明的，从而简化了用户对数据操作的实现。

(4) 两种使用方式，统一的语法结构。DML 有两类：宿主型和自主型。宿主型 DML 本身不能独立使用，只能嵌入特定的计算机高级语言(如 COBOL、C 等)。COBOL、C 等高级语言称为主语言。自主型又称自含型，可以独立使用。因此，SQL 既是自含式语言(用户使用)，又是嵌入式语言(程序员使用)。

(5) 语言简洁，易学易用。SQL 语言功能丰富，集数据定义、数据操纵、数据控制功能于一体，而且语言简洁，完成核心功能只用了 9 个动词，易学易用。

2．SQL 语句的分类

SQL 命令核心功能主要有以下几类。

(1) 数据定义语言(Data Definition Language，简称 DDL)：负责创建、修改、删除表、索引和视图等对象，由动词 Create、Alter、Drop 组成。

(2) 数据操作语言(Data Manipulation Language，简称 DML)：负责数据库中数据的插入、修改、查询和删除操作，由动词 Insert、Update、Select 和 Delete 组成。

(3) 数据控制语言(Data Control Language，简称 DCL)：用来授予和撤销用户对数据的操作权限，主要由动词 Grant 和 Revoke 组成。

下面将介绍 Microsoft SQL Server 环境下的 SQL 基本语句的语法构成。各厂商 RDBMS 实际使用的 SQL 语言，为保持其竞争力，与标准 SQL 语言都有所差异及扩充。因此，具体使用时，应参阅实际系统的有关手册。

3.2 基本的数据定义

3.2.1 创建基本表——CREATE TABLE

1. 语句基本格式

CREATE TABLE 语句的基本格式如下：

  CREATE TABLE <表名>

  (<列定义清单>);

2. 说明

(1) <表名>：规定所创建的基本表的名称。在一个数据库中，不允许有两个基本表同名(应该更严格地说，任何两个关系都不能同名，这就把视图也包括了)。

(2) <列定义清单>：规定了该表中所有属性列的结构情况。每一列的内容包括：

  <列名><数据类型>[<默认值>|<标识列设置>][<该列的完整性约束>]

其中，不同列的内容之间用西文逗号隔开。

(3) <列名>：规定了该列(属性)的名称。一个表中不能有两列同名。

(4) <数据类型>：规定了该列的数据类型。各具体 DBMS 所提供的数据类型是不同的，但对下面的数据类型几乎都是支持的(方括号中间的内容为选择项)：

INT 或 INTEGER	全字长整数型
SMALLINT	半字长整数型
DECIMAL(p[,q])或 DEC(p[,q])	精确数值型，共 p 位，其中小数点后有 q 位，$0 \leqslant q \leqslant p \leqslant 15$，q=0 时可省略
FLOAT	双字长的浮点数
CHAR(n)或 CHARATER(n)	长度为 n 的定长字符串
VARCHAR(n)	最大长度为 n 的变长字符串
DATETIME	日期时间型，格式可以设置

(5) <默认值>：DEFAULT 常量表达式，表示该列上某值未被赋值时的默认值。

(6) <标识列设置>：IDENTITY(初始值、步长值)，当向表中添加新行时，Microsoft SQL Server 将为该标识列提供一个唯一的、递增的值。

(7) <该列的完整性约束>：该列上数据必须符合的条件。最常见的有：

NOT NULL	该列值不能为空
NULL	该列值可以为空
UNIQUE	该列值不能有相同者

SQL 只要求语句的语法正确就可以，对字母大小写等格式不作规定；一条语句可以放在多行上，字和符号间有一个或多个空格分隔；一般每个列定义单独占一行(或数行)，每个列定义中相似的部分对齐(这不是必须的)，从而增加了可读性，让人一目了然。

例 3.1 创建职工表。

```
CREATE TABLE Employee
( Eno        CHAR(4) NOT NULL UNIQUE ,           /*Eno 取唯一值*/
  Ename      CHAR(8) NOT NULL ,
  Sex        CHAR(2) NOT NULL DEFAULT('男'),       /*Sex 的默认值为"男"*/
  Age        INT NULL ,
  Is_Marry   CHAR(1) NULL ,
  Title      CHAR(6) NULL ,
  Dno        CHAR(2) NULL );
```

系统执行以上 CREATE TBALE 语句后，数据库中就新建立了一个名为 Employee 的表，此表尚无元组(即为空表)。此表的定义及各约束条件都自动存放进数据库的系统表中，由 DBMS 进行统一的管理和维护(有些参考书也称这些系统表为数据字典)。

其中，自定义的表名或者列名若是由包含多个单词的词组所构成，则必须选择使用中括号([ ])或者双引号(" ")将此表名或列名括起来，注意使用英文环境下的中括号或者双引号表示。但是，这在实际应用中会带来麻烦，建议使用下划线等符号连接。

例 3.2 创建职工表 2，其中表名或者列名由多个单词构成。

```
CREATE TABLE Employee2
( [Employee no]     CHAR(4) NOT NULL UNIQUE ,
  "Employee name"   CHAR(8) NOT NULL ,
  Sex        CHAR(2) NOT NULL ,
  Age        INT NULL ,
  Is_Marry   CHAR(1) NULL ,
  Title      CHAR(6) NULL ,
  Dno        CHAR(2) NULL );
```

项目管理数据库的表：Employee(职工表)、Item(项目表)和 Item_Emp(参加表)，如表 3-1 所示。表(四)及表(五)为该数据库中的另外两个表：工资表和部门表。

表 3-1 数 据 库 表

表(一) Employee

Eno	Ename	Sex	Age	Is_Marry	Title	Dno
1002	胡一民	男	38	1	工程师	01
1004	王爱民	男	60	1	高工	03
1005	张小华	女	50	1	工程师	02
1010	宋文彬	男	36	1	工程师	01
1011	胡民	男	34	1	工程师	01
1015	黄晓英	女	26	1	助工	03
1022	李红卫	女	27	0	助工	02
1031	丁为国	男	24	0	助工	02

表(二) Item

Ino	Iname	Start_date	End_date	Outlay	Check_date
200801	硬盘伺服系统的改进	3/1/2008	2/28/2009	10.0	2/10/2009
200802	巨磁阻磁头研究	6/1/2008	5/30/2009	6.5	5/20/2009
200901	磁流体轴承改进	4/1/2009	2/1/2010	4.8	3/18/2010
200902	高密度记录磁性材料研究	10/18/2009	9/30/2010	25.0	9/28/2010
201001	MO 驱动器性能研究	3/15/2010	3/14/2011	12.00	NULL
201002	相变光盘性能研究	6/1/2010	12/31/2011	20.00	NULL

表(三) Item_Emp

Ino	Eno	IENo
200801	1004	1
200801	1016	2
200802	1002	1
200802	1010	2
200902	1005	3
200901	1010	1
200901	1031	2
200902	1005	1
200902	1031	2
201001	1002	1
201001	1004	2
201002	1015	1

表(四) Salary

Eno	Basepay	Service	Price	Rest	Insure	Fund
1002	685.00	1300.00	85.00	488.40	18.80	630.50
1004	728.34	3500.00	85.00	580.00	21.00	800.50
1005	685.00	2500.00	85.00	512.00	18.80	700.50
1010	660.50	1200.00	85.00	441.20	16.60	580.00
1011	660.50	1000.00	85.00	441.20	16.60	580.00
1015	512.27	600.00	85.00	398.90	10.20	440.00
1022	523.45	700.00	85.00	422.60	12.20	480.60
1031	512.27	300.00	85.00	398.90	10.20	440.00

表(五) Department

Dno	Name	Phone	Manager
01	技术科	88090121	1002
02	设计所	88090122	1005
03	车间	88090123	1004
04	销售科	88090124	1101

3.2.2 表结构的修改——ALTER TABLE

基本表的结构是会随系统需求的变化而修改的，因此可能需要增加、修改或删除其中一列(或完整性约束条件，增加或删除表级完整性约束等)。

1．语句基本格式

ALTER TABLE 语句的基本格式如下：

> ALTER TABLE <表名>
> [ADD <列名><数据类型>[列的完整性约束]]| [ADD <表级完整性约束>]
> [ALTER COLUMN <列名><新的数据类型>]
> [DROP COLUMN <列名>]
> [DROP CONSTRAINT <表级完整性约束名>];

2．说明

(1) ADD：为表增加一新列或者表级完整性约束，具体规定与 CREATE TABLE 的相当，但新列必须允许为空(除非有默认值)；

(2) DROP COLUMN：在表中删除一个原有的列；

(3) ALTER COLUMN：修改表中原有列的数据类型，通常，当该列上有约束定义时，不能修改数据类型；

(4) DROP CONSTRAINT：删除原有的表级完整性约束。

例 3.3　在 Employee 表中增加一列 Emgr(负责人)。

> ALTER TABLE Employee
> ADD Emgr CHAR(4) NULL;

例 3.4　修改列 Emgr 的数据类型为 CHAR(10)。

> ALTER TABLE Employee
> ALTER COLUMN Emgr CHAR(10);　　　　　　　　/*只修改数据类型，不修改列名*/

例 3.5　删除例 3.3 中新增加的列 Emgr。

> ALTER TABLE Employee
> DROP COLUMN Emgr;

例 3.6　增加 Ename 必须取唯一值的约束条件。

> ALTER TABLE Employee
> ADD CONSTRAINT UQ_Ename UNIQUE(Ename);　　/*用户为该唯一值约束设定约束名
> 　　　　　　　　　　　　　　　　　　　　　　　　　为 UQ_Ename */

或者：

> ALTER TABLE Employee
> ADD UNIQUE(Ename);　　　　　　　　　　　　/*系统将自动为此约束名赋值*/

例 3.7　增加列 Title 的默认值取值为"助工"。

> ALTER TABLE Employee
> ADD CONSTRAINT DF_Title DEFAULT '助工'　for Title;

例 3.8　删除列 Ename 上所设定的完整性约束条件。

ALTER TABLE Employee

DROP CONSTRAINT UQ_Ename;　　　　　　　/*必须指定所要删除的约束名称*/

此外，ATLER TABLE 语句不支持列名的修改，若需要重命名列名，则可以使用系统存储过程 sp_rename 来完成。(存储过程的有关内容将在 5.5 节中介绍。)系统存储过程 sp_rename 也可将表名进行重命名。

例 3.9　将表 Emoployee2 重命名为 Emp。

EXEC sp_rename 'Employee2', 'Emp';

例 3.10　将 Emp 表中的列 Employee name 重命名为 Ename。

EXEC sp_rename 'Emp.[Employee name]', 'Ename', 'column';

3.2.3　删除基本表——DROP TABLE

1．语句基本格式

DROP TABLE 语句的基本格式如下：

DROP TABLE <表名 1>[, <表名 2>];

2．说明

此语句一执行，指定的表即从数据库中删除(表被删除，表在数据字典中的定义也被删除)，此表上建立的索引和视图也被自动删除(有些系统对建立在此表上的视图的定义并不删除，但也无法使用了)。

DROP TABLE 语句一次可以删除多个表，多表间用逗号分开。

例 3.11　删除职工表。

DROP TABLE Employee;

3.2.4　创建索引——CREATE INDEX

在一个基本表上，可建立若干索引，以提供多种存取路径，加快查询速度。索引的建立和删除工作由 DBA 或表的拥有者(dbowner)负责。用户在查询时并不能选择索引，选择索引的工作由 DBMS 自动进行。

1．语句基本格式

CREATE INDEX 语句的基本格式如下：

CREATE [UNIQUE][CLUSTERED|NONCLUSTERED] INDEX <索引名>

ON <表名|视图名>(<列名清单>);

上述语句为规定<表名>建立一索引，索引名为<索引名>。

2．说明

(1) <列名清单>中，每个列名后都要指定 ASC(升序)或 DESC(降序)。若不指定，默认为升序。

(2) 本语句建立索引的排列方式为首先以<列名清单>中第一个列的值排序；该列值相同的记录，按下一列名的值排序；以此类推。

(3) UNIQUE：规定索引的每一个索引值只对应于表或视图中唯一的记录，可允许存在

NULL 值，但不允许存在有多个 NULL 值。

(4) CLUSTERED：规定此索引为聚簇索引。一个表或者视图只允许有一个聚簇索引。建立聚簇索引后，表在磁盘中的物理存储顺序将与聚簇索引中的一致。在最常查询的列上建立聚簇索引可以加快查询速度；在经常更新的列上建立聚簇索引，则 DBMS 维护索引的代价太大。

(5) NONCLUSTERED：规定此索引为非聚簇索引，是 SQL 的默认选项。一个表可有多个非聚簇索引。对于非聚簇索引，数据的物理存储顺序独立于索引存储顺序。每个索引行均包含非聚簇键值和一个或多个行定位器(指向包含该值的行)。每个索引均可以提供对数据的不同排序次序的访问。

例 3.12　为职工表建立一索引，首先以部门值排序，部门相同时，再以职工号降序排序。

```
CREATE INDEX IX_Emp
ON Employee (Dno, Eno DESC);
```

数据库设计者对索引创建的选择是衡量数据库设计成败的一个重要因素。设计索引时需要考虑两个重要的因素：

(1) 对某个属性使用索引能极大地提高对该属性上的值的检索效率，使用到该属性时，还可以加快表的连接。

(2) 另一方面，对表上某个属性的索引会使得对表的数据插入、删除和修改变得复杂和费时。

因此，如果对某个表的查询操作比对它的更新操作多，那么建立在该表上的索引具有较高的效率。所以在建立索引时，数据库管理员必须权衡利弊。一般来说，下列情况适合建立索引：

(1) 经常被查询的属性，如经常在 WHERE 子句中出现的属性。

(2) 在 ORDER BY 子句中使用的属性。

(3) 频繁出现在连接条件中的属性，即主码或外部码的属性。

(4) 该列的值唯一的属性。

下列情况不适合建立索引：

(1) 在查询中很少被引用的属性。

(2) 包含太多重复选用值的属性。例如，"性别"属性的取值只有"男"和"女"两个值，在这种列上建立索引没有任何意义。

(3) 一些特殊数据类型的属性不能建立索引，比如 BIT、TEXT、IMAGE 数据类型。

3.2.5　删除索引——DROP INDEX

建立索引是为了加快查询速度，但若对表中数据的增删改频繁，则系统将会花费更多的时间来维护索引，即索引的维护开销将有所增大，从而降低了系统的运行效率。因此，不必要的索引应及时删除。

1. 语句基本格式

DROP INDEX 语句的基本格式如下：

DROP INDEX <索引名 1>[, <索引名 2>];

2．说明

(1) 删除规定的索引，该索引在数据字典中的描述也将被删除。

(2) <索引名>：规定使用"表名|视图名.索引名"的格式。其中，表名|视图名表示索引列所在的表或索引视图。

例 3.13   删除 IX_Emp 索引。

DROP INDEX Employee.IX_Emp;

3.3   基本的数据操作

3.3.1   表中增加元组——INSERT

INSERT 语句和下面两小节介绍的 UPDATE、DELETE 都有很强的功能，这里仅介绍它们的基本功能。

INSERT 语句既可以为表插入一条记录，也可一次插入一组记录。这里介绍的是插入一条记录的语句。

1．语句基本格式

INSERT 语句的基本格式如下：

INSERT INTO <表名>[(<属性名清单>)]

VALUES (<常量清单>);

上述语句会在指定表中插入一条新记录。

2．说明

(1) 若有<属性名清单>，则<常量清单>中各常量为新记录中这些属性的对应值(根据语句中的位置一一对应)。但该表定义时，说明为 NOT NULL，且无默认值的列必须出现在<属性名清单>中，否则将出错。

(2) 若无<属性名清单>，则<常量清单>必须按照表中属性的顺序，为每个属性列赋值(每个属性列上都应有值)。

(3) <常量清单>中，字符串常量和日期型常量要用单引号(英文符号)括起来。

例 3.14   在 Employee 表中插入一职工记录。

INSERT INTO Employee

VALUES ('2002' ,'胡一兵' ,'男',38,'1','工程师','01');

例 3.15   在 Employee 表中插入一新职工：宋文彬，编号为 2003，男。

INSERT INTO Employee (Eno,Ename,Sex)

VALUES ('2003','宋文彬','男');

3.3.2   修改表中数据——UPDATE

要修改表中已有记录的数据，可用 UPDATE 语句。

1. 语句基本格式

UPDATE 语句的基本格式如下：

UPDATE <表名>

SET <列名> = <表达式> [,<列名>=<表达式>]^n

[WHERE <条件>];

上述语句把指定<表名>内，符合<条件>记录中规定<列名>的值更新为该<列名>后<表达式>的值。

2. 说明

(1) [,<列名>=<表达式>]^n 的含义为最少 0 个的此类内容。也即，本语句可修改符合<条件>记录中一个或多个列的值。

(2) 若无 WHERE<条件>项，则修改全部记录。

例 3.16 在工资表中，将所有职工的基本工资都增加 50。

UPDATE Salary

SET Basepay = Basepay + 50;   /*修改多个元组的值*/

例 3.17 将职工"胡一兵"修改为"胡一民"。

UPDATE Employee

SET Ename= '胡一民'

 WHERE Ename= '胡一兵';   /*修改某个元组的值*/

3.3.3 删除元组——DELETE

有时需要删去一些元组，则可用 DELETE 语句。

1. 语句基本格式

DELETE 语句的基本格式如下：

DELETE FROM <表名>

[WAHERE<条件>];

上述语句将在指定<表名>中删除所有符合<条件>的记录。

2. 说明

(1) 若有指定 WHERE<条件>项，则从表中删除满足 WHERE 子句条件的所有元组。

(2) 若无 WHERE<条件>项，则将删除<表名>中的所有记录。但是，该表的结构还在(包括属性、约束等)，只是没有了记录，是个空表。

例 3.18 从职工表中删除 Eno(职工号)为 1003 的记录。

DELETE FROM Employee

WHERE Eno= '1003';   /*删除某个元组的值*/

例 3.19 删除 Employee 中的所有记录。

DELETE FROM Employee;   /*删除多个元组的值*/

3.3.4 更新操作与数据库的一致性

上述增删改语句一次只能对一个表进行操作。但有些操作必须在几个表中同时进行，否则就会产生数据的不一致性。例如，要修改项目(Item)中某记录的项目号(Ino)，则其他项目表中所有与原项目号相同的记录也必须同时修改为同一新项目号。但这只能用如下两条语句完成：

> UPDATE Item
>
> SET Ino= '201010'
>
> WHERE Ino= '201001';

以及

> UPDATE Item_emp
>
> SET Ino= '201010'
>
> WHERE Ino= '201001';

第一条语句执行后，第二条语句尚未完成前，数据库中数据处于不一致状态。若此时突然断电，第二条语句无法继续完成，则问题就严重了。为此，SQL 中引入了事务概念，把这两条语句作为一个事务，要么全部都做，要么全部不做。有关事务的内容，将在第 9 章中介绍。

3.4　数据查询——SELECT

查询是数据库应用的核心内容。SQL 只提供一条查询语句——SELECT，但该语句功能丰富，使用方法灵活，可以满足用户的任何要求。使用 SELECT 语句时，用户不需指明被查询关系的路径，只需要指出关系名、查询什么、有何附加条件即可。

SELECT 既可以在基本表关系上查询，也可以在视图关系上查询。因此，下面介绍语句中的关系既可以是基本表，也可以是视图。读者目前可把关系专指为基本表，到介绍视图操作时，再把它与视图联系起来。

3.4.1　无条件单关系查询

单关系查询只涉及一个关系的所有列或者几个列。

1．语句基本格式

无条件单关系查询的基本格式如下：

> SELECT[DISTINCT/ALL]<目标列表达式[[AS] 别名]清单>
>
> FROM <关系名>;

上述语句从当前数据库中找到指定的关系，取出选中的列到结果集中。

2．说明

(1) [DISTINCT/ALL]：若从一关系中查询出符合条件的元组，但输出部分属性值，结果关系中就可能有重复元组存在，选择 DISTINCT，则每组重复元组只输出一条元组；选择 ALL，则所有重复元组全部输出；两个都不选，默认为 ALL。

(2) <目标列表达式>：一般地，每个目标列表达式本身将作为结果关系列名，表达式的值作为结果关系中该列的值。

(3) FROM <关系名>：指明被查询的关系名。

1) 查询关系中的所有信息

例 3.20 查询职工表的所有信息。

> SELECT Eno, Ename, Sex, Age, Marry, Title
>
> FROM Employee；

该语句将列出 Employee 表中所有的行和列。该语句可以用以下语句代替：

> SELECT *
>
> FROM Employee；

其中"*"代替表中的所有列。

2) 指定要查询的列

例 3.21 查询职工的职称。

> SELECT Title
>
> FROM Employee；

查询结果为

> Title
>
> 工程师
>
> 高工
>
> 工程师
>
> 工程师
>
> 工程师
>
> 助工
>
> 助工
>
> 助工

3) 取消结果集中的重复行

当查询结果只包含原表中的部分列时，结果中可能会出现重复行，使用 DISTINCT 关键字可去掉结果集中的重复行。例 3.21 若改为

> SELECT DISTINCT Title
>
> FROM Employee;

则结果为

> Title
>
> 工程师
>
> 高工
>
> 助工

4) 查询经过计算的列

例 3.22 查询职工的姓名、出生年份、职称。

> SELECT Ename, 2010-Age, Title
>
> FROM Employee;

查询结果为

> Ename　　　无列名　Title

胡一民	1972	工程师
王爱民	1950	高工
张小华	1960	工程师
宋文彬	1974	工程师
胡民	1976	工程师
黄晓英	1984	助工
李红卫	1983	助工
丁为国	1986	助工

SQL 显示查询结果时，使用属性名作为列标题；但当查询列为表达式时，则该列标题显示"无列名"。属性名通常很短并且较难懂。要改变这些列标题以便更好地让用户理解，可以为该列标题设置别名，如将例 3.22 的 SELECT 语句改为

SELECT Ename, 2010-Age AS [Year of Birth], Title

FROM Employee;

输出结果为

Ename	Year of Birth	Title
胡一民	1972	工程师
王爱民	1950	高工
张小华	1960	工程师
宋文彬	1974	工程师
胡民	1976	工程师
黄晓英	1984	助工
李红卫	1983	助工
丁为国	1986	助工

SELECT 的目标列表达式中，除了可以是表的属性名、计算表达式、常量外，还可以是集函数。

为了增强查询功能，SQL 提供了许多集函数。各实际 RDBMS 提供的集函数不尽相同，但一般都提供以下几个：

COUNT([DISTINCT/ALL]*)　　　　　　　　统计结果中元组个数

COUNT([DISTINCT/ALL]<列名>)　　　　　统计结果中某列值的个数

MAX(<列名>)　　　　　　　　　　　　　给出一列上的最大值

MIN(<列名>)　　　　　　　　　　　　　给出一列上的最小值

SUM([DISTINCT/ALL]<列名>)　　　　　　给出一列上值的总和(只对数值型)

AVG([DISTINCT/ALL]<列名>)　　　　　　给出一列上值的平均值(只对数值型)

例如：

SELECT COUNT(*) FROM Employee;　　　　　　　　/*得到 Employee 表的记录数: 8 */

SELECT COUNT(Title) FROM Employee;　　　　　　/*得到职称的个数: 8 */

SELECT COUNT(DISTINCT Title) FROM Employee;　/*得到职称的种类数: 3 */

例 3.23　求所有项目的总经费、平均经费、最高经费和最低经费。

SELECT SUM(Outlay) AS 总经费, AVG(Outlay) AS 平均经费,

MAX(Outlay) AS 最高经费，MIN(Outlay) AS 最低经费

FROM Item;

输出结果为

总经费	平均经费	最高经费	最低经费
78.3	13.05	25.0	4.8

3.4.2 带条件单关系查询

一般地，数据库表中的数据量都非常大，显示表中所有的行很不实际也没有必要。相关数据的条件检索可以在 WHERE 子句的帮助下完成。

1. 语句基本格式

带条件单关系查询的基本格式如下：

　　SELECT [DISTINCT/ALL] <目标列表达式[别名]清单>

　　FROM <关系名>

　　WHERE <查询条件表达式>；

上述语句从当前数据库中找到指定的关系，找出符合 WHERE 子句中<查询条件表达式>的元组；再根据<目标列表达式清单>的规定，组合这些元组的属性值，形成一个新的查询结果关系；最后输出这个结果关系。

2. 说明

WHERE<查询条件表达式>：给出查询条件。WHERE 子句中不能用集函数作为条件表达式。

根据查询条件的不同，单表条件查询又可以分为以下几种：

1) 使用比较运算符

使用比较运算符条件表达式的一般形式为

　　<属性名>θ<属性名>，<属性名>θ 常量

其中，θ 为比较操作符 =、<、>、<=、>=、<> 等。

例 3.24 查询所有工程师的姓名、年龄。

　　SELECT Ename, Age

　　FROM Employee

　　WHERE Title= '工程师';

例 3.25 查询所有在 2009 年底前结束的项目情况。

　　SELECT *

　　FROM Item

　　WHERE End_date<'1/1/2010';

注意：不同版本的 SQL 语言使用的日期格式不尽相同，有 mm/dd/yyyy、yyyy-mm-dd、yy.mm.dd 等，有的月份使用英语单词的前三个缩写。在引用日期型常量时，有的 SQL 并不用单引号，比如有的 SQL 需用大括号。

2) 使用特殊运算符

ANSI 标准 SQL 允许 WHERE 子句中使用特殊的运算符。表 3-2 列出了这些特殊运算符

号及含义。

表 3-2 特殊运算符号

运 算 符 号	含 义
IN、NOT IN	检查属性值是否属于一组值之一
BETWEEN…AND…、NOT BETWEEN…AND…	检查属性值是否属于某个范围
IS NULL、IS NOT NULL	检查属性值是否为空
LIKE、NOT LIKE	字符串匹配

例 3.26 查询职称为工程师或高工的职工姓名。

  SELECT Ename

  FROM Employee

  WHERE Title in ('工程师','高工');

例 3.27 从 Salary 表中查找 Basepay(基本工资)不在 500 和 700 间的元组，显示符合条件元组的所有属性。

  SELECT *

  FROM Salary

  WHERE Basepay NOT BETWEEN 500 AND 700;

例 3.28 从项目表中选取验收日期不为空的记录。

  SELECT *

  FROM Item

  WHERE Check_date IS NOT NULL;

特殊符号 LIKE 可用来进行字符串的匹配，其一般格式为

  [NOT] LIKE '<匹配字符串>' [ESCAPE '<转义字符>']

其中，匹配字符串是一个字符串，可以包含有通配符"%"和"_"，"%"表示任意长度的字符串(长度可为 0)；"_"表示任意单个字符。

无[NOT]时，值与该字符串匹配时有效，否则无效；有[NOT]时，与之相反。

例 3.29 从 Item 表中查找 Iname(项目名称)中包含"性能研究"的项目名称。

  SELECT Iname

  FROM Item

  WHERE Iname LIKE '%性能研究%';

若通配符本身就是要匹配的字符串内容，则可增加短语 ESCAPE，使之转义。例如：WHERE Iname LIKE 'C_%' ESCAPE'\'，则紧跟在\后的_不是通配符，仅是一个字符。该查询条件为 Iname 属性值以字符"C_"开头，后可跟任意个字符。

3) 多条件单关系查询

当需要查询满足多个条件的数据时，WHERE 子句中的<查询条件表达式>可以辅以布尔运算符(如 NOT、AND 和 OR)进行检索。其一般形式是：

  <条件表达式>[AND|OR<条件表达式>]^n

其中，各<条件表达式>本身为逻辑值(真或假)。

例 3.30 从 Salary 表中选取符合条件的元组。

```
SELECT *
FROM Salary
WHERE ( Basepay BETWEEN 600 AND 700 )
            AND ( Service IN (600.0,700.0,1300.0,2500.0) )
            AND Eno LIKE '100_';
```

本例将从 Salary 表中选取符合下列条件的元组：

(1) 基本工资在 600 与 700 之间；

(2) 津贴为 600、700、1300、2500；

(3) 职工号前三位为 100。

3.4.3 分组查询

有时需要将查询结果分组输出，这时可在 SELECT 语句中使用 GROUP BY 子句。

1. 语句基本格式

分组查询的基本格式如下：

SELECT [DISTINCT/ALL] <目标列表达式[别名]清单>

FROM <关系名>

[WHERE <查询条件表达式>]

GROUP BY <列名清单>[HAVING <条件表达式>];

2. 说明

GROUP BY 子句把查询所得元组根据 GROUP BY 中<列名清单>的值进行分组。在这些列上，对应值都相同的元组分在同一组。若无 HAVING 子句，则各组分别输出；若有 HAVING 子句，则只有符合 HAVING 条件的组才输出。此时，SELECT 子句中只能包含两种目标列表达式，要么是集函数，要么是出现在 GROUP BY 后面的分组属性名。

一般地，当 SELECT 的<目标列表达式[别名]清单>中有集函数(COUNT、SUM 等)时，才使用 GROUP BY 子句。因此，对查询结果分组的目的是为了细化集函数的作用对象。

例 3.31 把职工表中的元组按部门分组，计算平均年龄，并输出部门号和平均年龄两列。

SELECT Dno, AVG(Age) AS Average_Age

FROM Employee

GROUP BY Dno;

结果如下：

Dno	Average_Age
01	36
02	33
03	43

有了 GROUP BY 子句后，AVG 函数对每一组求平均值；若无 GROUP BY 子句，AVG 函数对整个输出求平均值。GROUP BY 子句细化了集函数的作用对象。这一点，对所有的集函数都成立。

若将例 3.31 加上 HAVING 条件，语句改为

SELECT Dno , AVG(Age) AS Average_Age

FROM Employee

GROUP BY Dno

HAVING AVG(Age)<40;

则输出结果为

Dno   Average_Age

01   36

02   33

HAVING 条件作用于结果组，选择满足条件的结果组；而 WHERE 条件作用于被查询的关系，从中选择满足条件的元组。

WHERE 条件子句和 HAVING 条件子句的区别：

(1) 作用条件不同。WHERE 子句作用于基表或视图，从中选择满足条件的元组；HAVING 子句作用于分组后的组，从中选择满足条件的组。

(2) 执行时间不同。GROUP BY 子句分组之前先去掉不满足 WHERE 中条件的行；而 HAVING 子句中的条件在分组之后被应用。

(3) 聚合函数使用不同。HAVING 子句可以在条件中包含聚合函数；WHERE 子句不可直接包含聚合函数。

3.4.4 排序查询

SELECT 语句的 ORDER BY 子句可使输出结果按照要求的顺序排列。

1．语句基本格式

排序查询的基本格式如下：

SELECT [DISTINCT/ALL] <目标列表达式[别名]清单>

FROM <关系名>

[WHERE <查询条件表达式>]

[GROUP BY <列名清单>[HAVING <条件表达式>]]

ORDER BY <列名[ASC/DESC]清单>;

2．说明

有了 ORDER BY 子句后，SELECT 语句的查询结果表中各元组将排序输出：首先按第一个<列名>值排序；前一个<列名>值相同者，再按下一个<列名>值排序，以此类推。若某列名后有 DESC，则以该列名值排序时为降序排列；否则，为升序排列。

例 3.32 将 Employee 表中数据先以部门号降序排序，部门号相同的再以年龄排序。

SELECT *

FROM Employee

WHERE Is_Marry=1

ORDER BY Dno DESC, Age;

结果首先以部门号的降序排序，部门号相同的再以年龄的顺序排列。

Eno	Ename	Sex	Age	Is_Marry	Title	Dno
1015	黄晓英	女	26	1	助工	03
1004	王爱民	男	60	1	高工	03
1005	张小华	女	50	1	工程师	02
1011	胡民	男	34	1	工程师	01
1010	宋文彬	男	36	1	工程师	01
1002	胡一民	男	38	1	工程师	01

ORDER BY 子句只能作用于最终查询结果。

3.4.5 多关系连接查询

SELECT 语句可以方便地实现关系的连接查询,即实现从两个或多个关系中检索出所需要的数据。多个关系之间的连接类型有以下几种:

(1) 交叉连接(Cross Join);

(2) 内部连接(Inner Join);

(3) 外部连接(Outer Join),它又分为左外连接(Left Join)、右外连接(Right Join)、全外连接(Full Join);

(4) 自身连接(Self Join)。

连接查询的类型可以在 SELECT 语句的 FROM 子句中指定,也可以在其 WHERE 子句中指定。

1. 交叉连接

交叉连接的一般格式为

    SELECT[DISTINCT/ALL] <目标列表达式[别名]清单>

    FROM <关系名[别名]清单>

需要连接查询的关系名在 FROM 子句中指定,关系名之间用西文逗号分开。

例 3.33 Employee 表与 Department 表的交叉连接。

    SELECT e.Ename, e.Title, e.Dno, d.Dno, d.Name

    FROM Employee e, Department d;

上述命令中的 "e" 和 "d" 分别是职工表和部门表的别名,此处只是为了简化表名。但是,一旦为关系名指定了别名,则在该命令中,都必须用别名代替该关系名。该命令的输出结果如下:

e.Ename	e.Title	e.Dno	d.Dno	d.Name
胡一民	工程师	01	01	技术科
胡一民	工程师	01	02	设计所
胡一民	工程师	01	03	车间
胡一民	工程师	01	04	销售科
王爱民	高工	03	01	技术科
王爱民	高工	03	02	设计所
王爱民	高工	03	03	车间
王爱民	高工	03	04	销售科

⋮	⋮	⋮	⋮	⋮
丁为国	助工	02	01	技术科
丁为国	助工	02	02	设计所
丁为国	助工	02	03	车间
丁为国	助工	02	04	销售科

例 3.33 中，把 Employee 表与 Department 表连接成一个新表，新表由两表各部分属性组成(见 SELECT 子句)。在 FROM 子句和 WHERE 子句中没有指定任何连接条件，系统将 Employee 表中的每一个元组都与 Department 表中的各个元组进行了连接，所以最后输出的结果集中共有 $8 \times 4 = 32$ 个新的元组。正如结果所示，这样的连接一般都没有现实意义，所以很少使用。

2. 内连接

内连接的一般格式为

    SELECT [DISTINCT/ALL] <目标列表达式[别名]清单>

    FROM <关系名 1[别名 1]> INNER JOIN <关系名 2[别名 2]>

    ON <连接条件表达式>；

或

    SELECT [DISTINCT/ALL] <目标列表达式[别名]清单>

    FROM <关系名[别名]清单>

    WHERE <连接条件表达式>；

需要连接查询的关系名在 FROM 子句中指定，连接类型和连接条件可以在 FROM 子句或 WHERE 子句中指定。

例 3.34 Employee 表和 Department 表的内连接。

    SELECT e.Ename, e.Title, e.Dno, d.Dno, d.Name

    FROM Employee e INNER JOIN Department d

    ON e.Dno=d.Dno;

上述语句只输出 Employee 表和 Department 表中部门号相等的连接元组，结果如下：

e.Ename	e.Title	e.Dno	d.Dno	d.Name
胡一民	工程师	01	01	技术科
王爱民	高工	03	03	车间
张小华	工程师	02	02	设计所
宋文彬	工程师	01	01	技术科
胡民	工程师	01	01	技术科
黄晓英	助工	03	03	车间
李红卫	助工	02	02	设计所
丁为国	助工	02	02	设计所

例 3.34 也可以在 WHERE 子句中指定连接类型和条件：

    SELECT e.Ename, e.Title, e.Dno, d.Dno, d.Name

    FROM Employee e , Department d

    WHERE e.Dno=d.Dno;

内连接是使用最多的一种连接类型。在连接的两表中，只有满足连接条件的元组，才作为结果输出。

一般地，表和表之间的连接，是通过它们所具有共同性质的属性实现的，如例 3.34 中 Employee 的 Dno 和 Department 的 Dno。连接的属性名不必相同，但数据类型要兼容。

3. 外连接

ANSI 标准 SQL 不支持外连接。但是，外连接已在许多 DBMS 产品得到支持。外连接又分为左外连接、右外连接和全外连接。

左外连接：除了返回两表中满足连接条件的元组以外，还返回左侧表中不匹配元组，右侧表中以空值(NULL)替代。

右外连接：除了返回两表中满足连接条件的元组以外，还返回右侧表中不匹配元组，左侧表中以空值(NULL)替代。

全外连接：除了返回两表中满足连接条件的元组以外，还返回左侧表中不匹配元组，右侧表中以空值(NULL)替代，以及右侧表中不匹配元组，左侧表中以空值(NULL)替代。

外连接的使用格式与内连接格式相似，在使用 FROM 进行连接的语句中，将 INNER JOIN 改成 LEFT JOIN、RIGHT JOIN 或 FULL JOIN。

例 3.35　Employee 表和 Department 表的外连接。

```
SELECT d.Dno, d.Name, e.Dno, e.Ename, e.Title

FROM Department d LEFT JOIN Employee e

ON d.Dno=e.Dno;
```

结果如下：

d.Dno	d.Name	e.Dno	e.Ename	e.Title
01	技术科	01	胡一民	工程师
03	车间	03	王爱民	高工
02	设计所	02	张小华	工程师
01	技术科	01	宋文彬	工程师
01	技术科	01	胡民	工程师
03	车间	03	黄晓英	助工
02	设计所	02	李红卫	助工
02	设计所	02	丁为国	助工
04	销售科	NULL	NULL	NULL

从上述结果和例 3.34 结果的比较中可见，本例多了最后一个元组，"04" 号部门 "销售科"，由于没有职工，即没有任何一个职工元组与其匹配，所以右表中补以空值。

例 3.35 也可以在 WHERE 子句中指定连接类型和条件：

```
SELECT e.Ename, e.Title, e.Dno, d.Dno, d.Name

FROM Employee e, Department d

WHERE d.Dno = e.Dno*;
```

有些 DBMS 的外连接符可能为符号 "＋"(例如 Oracle)或者其他字符。

4. 自身连接

有时，一些特殊的查询需要对同一个关系进行连接查询，称为表的自身连接。

例 3.36 假设职工表中只有职工号(Eno)、职工姓名(Ename)和负责人(Emgr)属性，求出所有职工号的间接负责人号。

由于在 Employee 表中只有职工的直接负责人，要找到某职工的间接负责人，必须先找到他的负责人，再按照该负责人号，找到他的负责人。这需要将 Employee 进行自身连接。

为了把先后查询的同一关系区分开来，可使用关系的别名。表 3-3 中的 emp1、emp2 都是 Employee 表的别名。

表 3-3 内容相同的两张表

表(一) emp1

Eno	Ename	Emgr
1002	胡一民	1004
1004	王爱民	1004
1005	张小华	1031
1010	宋文彬	1031
1011	胡民	1005
1015	黄晓英	1002
1022	李红卫	1031
1031	丁为国	1002

表(二) emp2

Eno	Ename	Emgr
1002	胡一民	1004
1004	王爱民	1004
1005	张小华	1031
1010	宋文彬	1031
1011	胡民	1005
1015	黄晓英	1002
1022	李红卫	1031
1031	丁为国	1002

完成该自身连接的 SQL 语句为

    SELECT emp1.Eno, emp2.Emgr

    FROM Employee emp1, Employee emp2

    WHERE emp1.Emgr=emp2.Eno;

此时，在 SELECT 子句和 WHERE 子句中出现的属性名，必须指明是 emp1 关系的还是 emp2 关系的。

在以上连接查询中，使用的都是等值连接条件。也可以使用不等值的连接条件，即表之间的连接关系不是"等于"，而是"小于"、"大于"、"不等于"，这种关系称为不等值连接查询。

3.4.6 嵌套查询

一个 SELECT-FROM-WHERE 语句称为一个查询块，WHERE 子句中的查询块称为嵌套查询。在此，外层的查询称为外层查询或父查询，内层的查询称为内层查询或子查询。

一个子查询还可以再嵌套子查询，这就是多层查询，层层嵌套，这就是结构化。

求解嵌套查询的一般方法是由里向外，逐层处理，即子查询在它的父查询处理前先求解，子查询的结果作为其父查询查找条件的一部分。

有了嵌套查询后，SQL 的查询功能就变得更丰富。复杂的查询可以用多个简单查询嵌套来解决，一些原来无法实现的查询也因有了多层嵌套查询而变得迎刃而解。

1．使用 IN 嵌套查询

例 3.37 查询所有参加了 200901 项目的职工号、姓名、职称。

    SELECT Eno, Ename, Title

    FROM Employee

WHERE Eno IN

    （ SELECT Eno

    FROM Item_emp

    WHERE Ino= '200901');

本例的执行过程是，先执行子查询：

SELECT Eno

FROM Item_emp

WHERE Ino='200901';

得到子查询的结果：

Eno

1005

1010

1031

再执行父查询：

SELECT Eno, Ename, Title

FROM Employee

WHERE Eno IN ('1005','1010','1031');

最后得到本例的结果：

Eno	Ename	Title
1005	张小华	工程师
1010	宋文彬	工程师
1031	丁为国	助工

在嵌套查询中，子查询的结果常常是一个集合，所以，IN 是嵌套查询中最常使用的连接词。

例 3.38　查询职工 1010 所没有参加的所有项目情况。

SELECT *

FROM Item

WHERE Ino NOT IN

    （ SELECT Ino

    FROM Item_emp

    WHERE Eno='1010');

如果能确定子查询的返回结果总是单个值，则可以用"="代替"IN"。

例 3.39　查询参加了项目"相变光盘性能研究"的职工情况。

SELECT *

FROM Employee

WHERE Eno IN

    （ SELECT Eno

    FROM Item_emp

    WHERE Ino =

```
（ SELECT Ino
FROM Item
WHERE Iname='相变光盘性能研究' ) );
```

本例最内层的查询返回的是"相变光盘性能研究"的项目号，肯定是单个值，所以可用等号。而它外层的子查询，由于不知道有多少职工参加了该项目，所以只能用"IN"连接词。

2．使用比较运算符的嵌套查询

比较运算符有<、=、>、<=、>=、<>等，均可以作为嵌套查询的连接词。

例 3.40　查询所有大于平均年龄的职工的姓名和年龄。

```
SELECT Ename,Age
FROM Employee
WHERE Age >
        （ SELECT AVG(Age)
        FROM Employee );
```

比较运算符还可以与 ANY 或 ALL 一起使用，ANY 只要与子查询中一个值符合即可，但 ALL 要与子查询中所有值相符合。

例 3.41　查询非 02 部门的，年龄大于 02 部门最小职工年龄的职工，并按年龄的升序排序。

```
SELECT *
FROM Employee
WHERE Age > ANY （ SELECT Age
                FROM Employee
                WHERE Dno='02' ) AND Dno<>'02'
ORDER BY Age;
```

由于"02"部门职工的年龄为 50、27、24，所以结果集中应包括非 02 部门的年龄大于 24 的职工，并按年龄的升序排序，最后输出结果为

Eno	Ename	Sex	Age	Is_Marry	Title	Dno
1015	黄晓英	女	26	1	助工	03
1011	胡民	男	34	1	工程师	01
1010	宋文彬	男	36	1	工程师	01
1002	胡一民	男	38	1	工程师	01
1004	王爱民	男	60	1	高工	03

如果例 3.41 中的 ANY 改 ALL，则输出结果是非 02 部门的、年龄大于 50 的职工，结果为

Eno	Ename	Sex	Age	Is_Marry	Title	Dno
1004	王爱民	男	60	1	高工	03

为便于理解，将 ANY 和 ALL 的确切含义归纳如下：

>ANY　　　　　只要大于其中一个即可

>ALL　　　　　必须大于所有结果

<ANY	只要小于其中一个即可
<ALL	必须小于所有的结果
>=ANY	只要大于等于其中一个即可
>=ALL	必须大于等于所有结果
<=ANY	只要小于等于其中一个即可
<=ALL	必须小于等于所有的结果
=ANY	只要等于其中一个即可
<>ANY	只要与其中一个不等即可
<>ALL	必须与所有结果都不等

3. 使用 BETWEEN 的嵌套查询

[NOT] BETWEEN…AND 也可以作为嵌套查询的连接词。

例 3.42　查询基本工资介于职工号为"1010"职工的工资和 800 元之间的职工号。

```
SELECT FIRST.Eno
FROM Salary FIRST
        WHERE Basepay BETWEEN
                ( SELECT Basepay
                FROM Salary SECOND
                WHERE SECOND.Eno= '1010' ) AND 800;
```

4. 相关子查询

前面的嵌套查询中，子查询都在其父查询处理前求解，它的执行不依赖于父查询的任何条件。每个子查询仅执行一次，子查询的结果集为父查询的 WHERE 条件所用。这类查询叫做不相关子查询。

但在有的查询中，子查询的执行依赖于父查询的某个条件，子查询不只执行一次。例如要输出每个年龄高于该部门平均年龄的职工姓名，父查询的思路为

```
SELECT Ename
FROM Employee
WHERE Age>(该职工所在部门的平均年龄);
```

子查询的思路为

```
SELECT AVG(Age)
FROM Employee
WHERE Dno=(主查询的职工所在的 Dno);
```

合起来嵌套查询为

```
SELECT Ename
FROM Employee emp1
WHERE Age >
        ( SELECT AVG(Age)
        FROM Employee emp2
        WHERE emp2.Dno=emp1.Dno );
```

该嵌套查询执行时，父查询在判断 Employee 表的每行(每个职工)时，必须将其部门号(Dno)传给子查询，由子查询计算出该 Dno 的平均年龄，返给父查询，然后由父查询判断该职工的年龄是否高于他部门的平均年龄。这类子查询的查询条件往往依赖于其父查询的某属性值，称为相关子查询。

在相关子查询中，可使用 EXISTS 测试子查询是否存在返回值。

例 3.43 查出参加了项目的职工号、姓名。

```
SELECT Eno, Ename
FROM Employee e
WHERE EXISTS
        ( SELECT *
        FROM Item_Emp
        Where Eno=e.Eno);
```

在上例中，子查询(SELECT 语句)不返回任何数据，只产生逻辑值：子查询结果非空，返回值为真(TRUE)；否则，返回值为假(FALSE)。

执行该相关子查询的过程是：从外查询的关系(Employee)中依次取一个元组，根据它的 Eno 值在内查询进行检查，若父查询的 WHERE 子句为真，则此元组放入结果表；若为假，则舍去。这样反复处理，直至父查询关系的元组全部处理完为止。

此格式的子查询中，<目标列表达式清单>一般都用"*"号处理(用实际的属性名也可以，但无任何意义。因此，为了用户方便起见，一般用"*"号处理)。

例 3.44 查询一个项目都没有参加的职工情况。

```
SELECT    *
    FROM    employee
    WHERE NOT EXISTS
        ( SELECT *
        FROM Item_emp
        WHERE eno = employee.eno );
```

例 3.45 查询参加了全部项目的职工号和职工姓名。

```
SELECT Eno,Ename
FROM Employee
WHERE NOT EXISTS
        ( SELECT *
        FROM Item
        WHERE NOT EXISTS
            ( SELECT *
            FROM Item_Emp
            WHERE Item_Emp.Eno=Employee.Eno
                AND Item_Emp.Ino=Item.Ino ));
```

在 Item_Emp 表中不存在职工没有参加项目的相关记录。

3.4.7　多个 SELECT 语句的集合操作

SELECT 语句的查询结果是元祖的集合，所以多个 SELECT 语句的结果可以进行集合操作。集合操作主要包括并(UNION)、交操作(INTERSECT)和差操作(EXCEPT 或 MINUS，视具体的 RDBMS 而定)。

进行并、交、差的两个 SELECT 结果集要满足以下条件：具有相同的属性个数，对应属性的数据类型也必须相同，即它们是"可比"的。

Microsoft SQL Server 2005 以前的版本只支持集合并(UNION)操作，2005 及以上版本才支持集合交操作(INTERSECT)和集合差操作(EXCEPT)。因为集合操作完全可用一般的 SELECT 语句代替，请读者自行考虑。

例 3.46　从 Item_Emp 表中查找"200801"和"201001"项目的职工参与信息。

```
SELECT *
FROM Item_Emp
WHERE Ino='200801'
UNION
SELECT *
FROM Item_Emp
WHERE Ino='201001';
```

本例把两条 SELECT 语句各自得到的结果集并为一个集(两集合中若有相同元组，只留一个)。

注意：参加 UNION 的记录结果集必须有相同的列数，各对应项的数据类型也必须相同。

SELECT 语句中缺省保留重复的元组，除非使用 DISTINCT 保留字指明。与之不同的是，集合的并、交和差操作在缺省情况下消除重复。如果要阻止消除重复元组，必须在集合操作的关键字后加上保留字 ALL。

例 3.47　查询参加了全部项目的职工号和职工姓名。

```
SELECT  Eno, Ename
FROM   Employee
WHERE NOT EXISTS
   (SELECT *
   FROM   Item
   EXCEPT
   SELECT *
   FROM   Item_emp
   WHERE Eno=Employee.eno);
```

3.5　含有子查询的数据更新

在 3.3 节中已介绍了 INSERT、UPDATE 和 DELETE 的基本使用方法及注意事项。本节介绍它们与子查询结合使用的方法。与子查询结合后，这三种语句的功能更强，使用手段也更加灵活。

3.5.1 INSERT 与子查询的结合

INSERT 与子查询的结合语句基本格式如下：

INSERT INTO<表名>[<属性名清单>]

(子查询)；

上述语句将把子查询的结果插入指定的<表名>中。这样的一条 INSERT 语句，可以一次插入多条元组。

例 3.48 假如部门号为"01"的部门由于需要自己建立一个部门职工表，结构与 Employee 相同(表名为 Employee_01)，则该表的元组可用一条 INSERT 语句一次全部插入如下：

INSERT INTO Employee_01

SELECT *

FROM Employee

WHERE Dno= '01';

3.5.2 UPDATE 与子查询的结合

UPDATE 与子查询的结合语句基本格式如下：

UPDATE <表名>

SET <列名>=<表达式>[，<列名>=<表达式>]^n

[WHERE<带有子查询的条件表达式>]

本语句执行时，将修改使<带有子查询的条件表达式>为真的所有元组。

例 3.49 使参加"200802"项目的职工，工资表中津贴的值都增加 200。

UPDATE Salary

SET Rest=Rest+200

WHERE Eno IN

   (SELECT Eno

    FROM Item_Emp

    WHERE Ino= '200802');

Microsoft SQL Server 环境还支持在 UPDATE 的 SET 子句中使用子查询，使 UPDATE 的使用更灵活。

例 3.50 将所有工程师的工资改为职工的平均工资。

UPDATE Salary

SET Basepay=

     (SELECT AVG(Basepay)

      FROM Salary)

WHERE Eno IN

（ SELECT Eno

　　FROM Employee

　　WHERE Title='工程师');

3.5.3 DELETE 与子查询的结合

DELETE 与子查询的结合语句基本格式如下：

　　DELETE FROM <表名>

　　[WHERE <带有子查询的条件表达式>];

本语句将删除所有使<带有子查询的条件表达式>为真的元组。

例 3.51 从 Item_Emp 表中，删除"丁为国"的所有元组。

　　DELETE FROM Item_Emp

　　WHERE Eno=

　　　　（ SELECT Eno

　　　　 FROM Employee

　　　　WHERE 姓名='丁为国');

3.6 视 图

视图是数据库系统的一个重要机制。无论从方便用户的角度，还是从加强数据库安全的角度，视图都有着极其重要的作用。

一个视图是从一个或多个关系(基本表或已有的视图)导出的关系。导出后，数据库中只存有此视图的定义(在数据字典中)，但并没有实际生成此关系，因此视图是虚表。

用户使用视图时，其感觉与使用基本表是相同的。但是：

(1) 由于视图是虚表，所以一般情况下视图中不建立索引。但可以建立索引的视图，在创建时需要满足较为复杂的条件。

(2) SQL 一般也不提供修改视图定义的语句(有此需要时，只要把原定义删除，重新定义一个新的即可，这样不影响任何数据)。

(3) 对视图中数据进行更新是有限制的。

3.6.1 定义视图——CREATE VIEW

1. 语句基本格式

CREATE VIEW 语句的基本格式如下：

　　CREATE VIEW <视图名> [<列名清单>]

　　AS <子查询>

　　[WITH CHECK OPTION];

2. 说明

(1) <视图名>给出所定义的视图的名称。

(2) 若有<列名清单>，则此清单给出了此视图的全部属性的属性名；否则，此视图的所有属性名即为子查询中 SELECT 语句中的全部目标列。

(3) <子查询>为任一合法 SELECT 语句(但一般不含有 ORDER BY、UNION 等语法成分)。

(4) 若有[WITH CHECK OPTION]，则今后对此视图进行 INSERT、UPDATE 和 DELETE 操作时，系统自动检查是否符合原定义视图子查询中的<条件表达式>。

(5) 语句执行后，此视图的定义即进入数据字典，对语句中的<子查询>并未执行，也即视图并未真正生成。只是在对视图查询时，才按视图的定义从基本表中将数据查出。所以说，视图是虚表。

例 3.52　建立"02"号部门的职工视图，即从职工表中取出部门为"02"的元组组成一个视图。

```
CREATE VIEW Employee_02
AS SELECT *
    FROM Employee
    WHERE Dno= '02';
```

一个视图如果只从单个基本表导出，且保留了原来的码，只是去掉了原基本表的某些行和可以为空的非码属性，则该视图称为行列子集视图，有些书上称为"简单视图"。上述 Employee_02 视图中省略的列名，由子查询 SELECT 子句中的查询所得的所有列名所组成。

例 3.53　建立"02"号部门的职工视图，并要求在进行修改和插入操作时仍需保证该视图只有"02"号部门的职工。

```
CREATE VIEW Employee_02_2
AS SELECT *
    FROM Employee
    WHERE Dno= '02'
    WITH CHECK OPTION;
```

由于定义视图过程中带有 WITH CHECK OPTION 子句，以后对该视图进行插入、修改和删除操作时，RDBMS 会自动加上 Dno= '02'的条件，如果条件判断成立，则进行插入、修改和删除操作；反之，则不予操作并返回错误。

视图可以从一个基本表或视图导出，也可以从多个基本表或多个视图导出。

定义视图时，若设置了一些派生属性(这些属性是原基本表没有的，其值是用一个表达式对原基本表的运算而得到的)，则此视图称为带有表达式的视图，这些派生属性也称为虚拟列。

例 3.54　在工资表上定义某个职工的实发工资视图 V_salary。

```
CREATE VIEW V_salary(Eno,Ename,Act_salary)
AS SELECT Employee.Eno,Ename,Basepay+Service+Price+Rest-Insure-Fund
    FROM Employee,Salary
    WHERE Employee.Eno=Salary.Eno;
```

注意：由于计算属性没有属性名，因此必须为之设置别名，或在视图名后指明视图的属性名。

视图不仅可以建立在一个或多个基本表上，也可以建立在一个或多个已定义好的视图上，或建立在基本表与视图上。

例 3.55 建立职工实发工资大于 2000 的工资视图。

> CREATE VIEW V_salary2
>
> AS SELECT *
>
>   FROM V_salary
>
>   WHERE Act_salary>2000;

定义视图时，若使用了集函数和 GROUP BY 子句的查询，则此视图称为分组视图。

例 3.56 建立含部门及部门职工平均实发工资的视图。

> CREATE VIEW V_Dept_Salary(Dno,Avg_Act_salary)
>
> AS SELECT Dno,AVG(Act_salary)
>
>   FROM Employee,V_salary
>
>   WHERE Employee.Eno=V_salary.Eno
>
>   GROUP BY Dno;

3.6.2 删除视图——DROP VIEW

DROP VIEW 语句的基本格式如下：

> DROP VIEW <视图名>；

此语句将把指定视图的定义从数据字典中删除。

一个关系(基本表或视图)被删除后，所有由该关系导出的视图并不自动删除，它们仍在数据字典中，但已无法使用。删除视图必须用 DROP VIEW 语句。

例 3.57 将 Employee_02 视图的定义从数据字典中删除。

> DROP VIEW Employee_02；

执行此语句后，Employee_02 视图的定义就从数据字典中删除了。

3.6.3 视图的查询

1．用户的工作

对用户来说，对视图的查询与对基本表的查询是没有区别的，都使用 SELECT 语句对有关的关系进行查询工作。在查询时，用户不需要区分是对基本表查询，还是对视图查询。SELECT 语句中不需(也不可能)标明被查询的关系是基本表还是视图。例如：

> SELECT *
>
> FROM Employee_02；

2．DBMS 对视图查询的处理

DBMS 对某 SELECT 语句进行处理时，若发现被查询对象是视图，则 DBMS 将进行下述操作：

(1) 从数据字典中取出视图的定义；

(2) 把视图定义的子查询和本 SELECT 的查询相结合，生成等价的对基本表的查询(此过程称为视图的消解)。

(3) 执行对基本表的查询，把查询结果(作为本次对视图的查询结果)向用户显示。

3. 特殊情况的处理

一般情况下，对视图的查询是不会出现问题的。但有时，视图消解过程不能给出语法正确的查询条件。因此，对视图查询时，若出现语法错误，可能不是查询语句的语法错误，而是转换后出现的语法错误。此时，用户须自行把对视图的查询转化为对基本表的查询。

3.6.4 视图的更新

1. 视图更新的含义及执行过程

视图是虚表，其中并没有实际存储的数据。所谓视图的更新，表面上是对视图执行INSERT、UPDATE 和 DELETE 来更新视图的数据，其实质是由 DBMS 自动转化成对导出视图的基本表的更新，转化成对基本表的 INSERT、UPDATE 和 DELETE 语句(但用户在感觉上确实是在对视图进行更新)。

例 3.58 向 "02" 号部门职工视图 Employee_02 中插入一个新的职工 "陈向东" 的相关记录。

> INSERT
>
> INTO Employee_02
>
> VALUES('1036','陈向东','男',25,1,'工程师','02');

将转化成对基本表 Employee 的插入：

> INSERT
>
> INTO Employee
>
> VALUES('1036','陈向东','男',25,1,'工程师','02');

例 3.59 将 "02" 号部门职工视图 Employee_02 中职工号为 "1036" 的职工姓名改为 "陈向东"。

> UPDATE Employee_02
>
> SET Ename='程向东'
>
> WHERE Eno='1036';

也将转化成对基本表 Employee 的更新：

> UPDATE Employee
>
> SET Ename='程向东'
>
> WHERE Eno='1036';

例 3.60 删除 "02" 号部门职工视图 Employee_02 中职工号为 "1036" 的职工记录。

> DELETE
>
> FROM Employee_02
>
> WHERE Eno= '1036';

转化为

> DELETE
>
> FROM Employee
>
> WHERE Eno= '1036';

2．定义视图时 WITH CHECK OPTION 的作用

定义视图时，是根据 AS<子查询>的条件定义的。但视图更新的语句 INSERT、UPDATE 和 DELETE 却都不能保证被更新的元组必定符合原来 AS<子查询>的条件。如果这样的话，那视图就没有多大的作用了。

在定义视图时，若加上子句 WITH CHECK OPTION，则在对视图更新时，系统将自动检查原定义时的条件是否满足；若不满足，则拒绝执行。

例 3.61 向"02"号部门职工视图 Employee_02 中插入隶属于"03"号部门的职工记录。

```
INSERT
INTO Employee_02
VALUES('1038','陈华','男',25,1,'助工','03');
```

其输出结果为

(所影响的行数为 1 行)

例 3.62 向视图定义中带有 WITH CHECK OPTION 子句的"02"号职工视图 Employee_02_2 中插入一个隶属于"03"号部门的职工记录。

```
INSERT
INTO Employee_02_2
VALUES('1039','陈华东','男',25,1,'助工','03');
```

其输出结果为视图进行的插入或更新已失败，原因是目标视图或者目标视图所跨越的某一视图指定了 WITH CHECK OPTION，而该操作的一个或多个结果行又不符合 WITH CHECK OPTION 约束的条件，语句已终止。

3．视图的可更新性

不是所有的视图都是可更新的，因为有些视图的更新不能转化成相应基本表的更新。

例 3.63 定义一个视图如下：

```
CREATE VIEW V_avg_age
AS SELECT Dno,Avg(Age) AS Avg_age
   FROM Employee
   GROUP BY Dno;
```

本语句将从职工表导出一个视图 V_avg_age。该视图有两列：部门号和平均年龄。

对此视图的任何更新都无法转换成对职工表的更新。

因此，视图有可更新和不可更新之分。

(1) 有些视图是各个已有的 RDBMS 都可更新的，这些视图就属于实际可更新的视图，如前面指出的行列子集视图就属于此类。

(2) 有些视图在理论上就是不可更新的，如前面定义的 V_avg_age 视图，称为不可更新的视图。

(3) 有些视图在理论上是可更新的，但特征较复杂，因此实际上还是不能更新的，称为不允许更新的视图。一般 DBMS 只允许对单个基本表导出的视图进行更新，并有下列限制：

① 若视图的列由表达式或常数组成，则不允许执行 INSERT 和 UPDATE，但可执行 DELETE。

② 若视图的列由集函数组成，则不允许更新。

③ 若视图定义中有 GROUP BY 子句，则不允许更新。

④ 若视图定义中有 DISTINCT 选项，则不允许更新。

⑤ 若视图定义中有嵌套查询，且内外层 FROM 子句中的表是同一个表，则不允许更新。

⑥ 从不允许更新的视图导出的视图是不允许更新的。

3.6.5 视图的作用

视图是 SQL 语句支持的三级模式结构中外模式的成分。因此，视图是数据库中数据的物理独立性和逻辑独立性的重要支柱。这在讨论三级模式结构时就已强调了。除此之外，视图还有如下作用：

(1) 视图能方便用户操作。若用户所需数据来自多个基本表，则通过视图可使用户感到数据是来自一个关系的；若用户所需数据是对基本表中的数据通过某种运算才能得到的，则通过视图可使用户感到数据是一个关系的基本数据。有了视图，用户对一个关系(一张虚表)进行较简单的查询就可完成工作。而这个关系究竟是基本表还是虚表，虚表又是如何生成的，用户都无需知道。

(2) 视图可对数据提供安全保护。有了视图以后，可使任何用户只能看到他有权看到的数据，用户对数据更新也由视图定义中的 WITH CHECK OPTION 而有所限制。因此，视图给数据提供了一定的安全保护。

(3) 视图能使不同用户都能用自己喜欢的方式看待同一数据。同一数据在不同用户的各个视图中，可以以不同的名称出现，也可以以不同的角色出现(如平均值、最大值等)。这给数据共享带来了很大的方便。

视图的缺点在于：查询和更新时可能会出现问题。对这一点，也必须有所准备。

3.7　小　结

SQL 语言是关系数据库标准语言，它包括数据定义、约束说明、数据查询、数据更新和视图定义、安全授权等语句。本章首先简单介绍了 SQL 标准的发展、SQL 语言的特点及分类等，随后介绍了 SQL 的基本使用方法，包括基本表的创建、修改、删除，基本表中数据的插入、修改、删除和查询，索引的创建、删除，视图的创建、删除等。

查询语句 SELECT 是 SQL 的一个重要语句，它内容复杂，功能丰富。为使读者能方便地掌握该语句，本章采用了根据实际查询需要，由浅入深地介绍语句的使用方法。希望读者在学习时，能同时上机实践。为了方便读者学习，特把 SELECT 的完整格式总结如下：

SELECT[DISTINCT/ALL]<目标列表达式[[AS] 别名]清单>

FROM <关系名>

WHERE <查询条件表达式>

[GROUP BY <列名清单> [HAVING <条件表达式>]]

[ORDER BY <列名 [ASC/DESC]清单>];

本章内容丰富、实用，读者必须与实际上机结合才能真正掌握。

习 题 3

第一组习题

1. SQL 语言支持三级模式结构吗？请具体说明。

2. SQL 语言有哪些特点？

3. SQL 的数据定义语句有哪些？

4. 建立索引有什么好处？一般由谁来创建和选择使用索引？

5. SQL 的数据操作语句有哪些？

6. 描述 SELECT 语句的基本使用格式、高级使用格式和完整使用格式。

7. SQL 中基本表和视图的区别和联系是什么？

8. 试述视图的定义和作用。

9. 哪些视图是可以更新的？哪些视图是不可更新的？请各举一例说明。

第二组习题

10. 设有一数据库 GradeManager(成绩管理)，包括四个表：学生表(Student)、课程表(Course)、班级表(Class)以及成绩表(Grade)，其结构如表 3-4 所示，数据如表 3-5 所示。试用 SQL 语句创建四个表。

表 3-4　成绩管理数据库的表结构

表(一) Student

属性名	数据类型	可否为空	含义
Sno	Char(7)	否	学号(唯一)
Sname	VarChar(20)	否	学生姓名
Ssex	Char(2)	否	性别
Sage	Smallint	可	年龄
Clno	Char(5)	否	学生所在班级

表(二) Course

属性名	数据类型	可否为空	含义
Cno	Char(1)	否	课程号(唯一)
Cname	VarChar(20)	否	课程名称
Credit	Smallint	可	学分

表(三) Class

属性名	数据类型	可否为空	含义
Clno	Char(5)	否	班级号(唯一)
Speciality	VarChar(20)	否	班级所在专业
Inyear	Char(4)	否	入校年份
Number	Integer	可	班级人数
Monitor	Char(7)	可	班长学号

表(四) Grade

属性名	数据类型	可否为空	含义
Sno	Char(7)	否	学号
Cno	Char(1)	否	课程号
Gmark	Numeric(4,1)	可	成绩

表 3-5 成绩管理数据库中的数据

表(一) Student

Sno	Sname	Ssex	Sage	Clno
2000101	李勇	男	20	00311
2000102	刘诗晨	女	19	00311
2000103	王一鸣	男	20	00312
2000104	张婷婷	女	21	00312
2001101	李勇敏	女	19	01311
2001102	贾向东	男	22	01311
2001103	陈宝玉	男	20	01311
2001104	张逸凡	男	21	01311

表(二) Course

Cno	Cname	Credit
1	数据库	4
2	离散数学	3
3	管理信息系统	2
4	操作系统	4
5	数据结构	4
6	数据处理	2
7	C 语言	4

表(三) Class

Clno	Speciality	Inyear	Number	Monitor
00311	计算机软件	2000	120	2000101
00312	计算机应用	2000	140	2000103
01311	计算机软件	2001	220	2001103

表(四) Grade

Sno	Cno	Gmark
2000101	1	92
2000101	3	NULL
2000101	5	86
2000102	1	78
2000102	6	55
2000103	3	65
2000103	6	78
2000103	5	66
2000104	1	54
2000104	6	83
2001101	2	70
2001101	4	65
2001102	2	80
2001102	4	NULL
2000103	1	83
2000103	2	76
2000103	4	56
2000103	7	88

11. 针对习题 10 的四个表，用 SQL 语言完成以下各项操作：

(1) 给学生表增加一属性 Nation(民族)，数据类型为 Varchar(20)；

(2) 删除学生表中新增的属性 Nation；

(3) 向成绩表中插入记录("2001110"，"3"，80)；

(4) 将学号为"2001110"的学生的成绩修改为 70 分；

(5) 删除学号为"2001110"的学生的成绩记录；

(6) 在学生表的 Clno 属性上创建一个名为 IX_Class 的索引，以班级号的升序排序；

(7) 删除 IX_Class 索引。

12. 针对习题 10 的四个表，用 SQL 语言完成以下各项查询：

(1) 找出所有被学生选修了的课程号；

(2) 找出 01311 班女学生的个人信息；

(3) 找出 01311 班和 01312 班的学生姓名、性别、出生年份；

(4) 找出所有姓李的学生的个人信息；

(5) 找出学生李勇所在班级的学生人数；

(6) 找出课程名为操作系统的平均成绩、最高分、最低分；

(7) 找出选修了课程的学生人数；

(8) 找出选修了课程操作系统的学生人数；

(9) 找出 2000 级计算机软件班的成绩为空的学生姓名。

13. 针对习题 10 的四个表，用 SELECT 的嵌套查询完成以下各项查询：

(1) 找出与李勇在同一个班级的学生信息；

(2) 找出所有与学生李勇有相同选修课程的学生信息；

(3) 找出年龄介于学生李勇和 25 岁之间的学生信息(已知李勇的年龄小于 25 岁)；

(4) 找出选修了课程操作系统的学生学号和姓名；

(5) 找出没有选修 1 号课程的所有学生姓名；

(6) 找出选修了全部课程的学生姓名。

(提示：可找出这样的学生，没有一门课程是他不选修的。)

14. 针对习题 10 的四个表，用 SQL 语言完成以下各项查询：

(1) 查询选修了 3 号课程的学生学号及其成绩，并按成绩的降序排列；

(2) 查询全体学生信息，要求查询结果按班级号升序排列，同一班级学生按年龄降序排列；

(3) 求每个课程号及相应的选课人数；

(4) 查询选修了 3 门以上课程的学生学号。

15. 针对习题 10 的四个表，用 SQL 语言完成以下各项操作：

(1) 将 01311 班的全体学生的成绩置零；

(2) 删除 2001 级计算机软件的全体学生的选课记录；

(3) 学生李勇已退学，从数据库中删除有关他的记录；

(4) 对每个班，求学生的平均年龄，并把结果存入数据库。

16. 视图操作：

(1) 建立 01311 班选修了 1 号课程的学生视图 Stu_01311_1；

(2) 建立 01311 班选修了 1 号课程并且成绩不及格的学生视图 Stu_01311_2；

(3) 建立视图 Stu_year，由学生学号、姓名、出生年份组成；

(4) 查询 1990 年以后出生的学生姓名；

(5) 查询 01311 班选修了 1 号课程并且成绩不及格的学生的学号、姓名、出生年份。

第 4 章　完整性和安全性

　　在第 1 章中已经讲到数据库的特点之一是 DBMS 提供统一的数据保护功能来保证数据的安全可靠和正确有效，数据库的数据保护主要包括数据的完整性和安全性两个内容。

　　完整性约束保证授权用户对数据库进行修改时不会破坏数据的一致性。因此，完整性约束防止的是对数据的意外破坏。4.1 节介绍比较易于检测的几种简单的完整性约束形式主码、外部码和 Check 约束等；4.2 节介绍触发器，它是在数据被更新时由系统自动激活执行的 SQL 程序，可以实现比外部码、Check 约束等更为复杂的约束规定。

　　除了防止意外造成的不一致性，保存在数据库中的数据也需要防止未经授权的访问和恶意的破坏与窜改。4.3 节着重讲述数据被误用或恶意破坏造成不一致性的各种操作方法，DBMS 提供了安全机制来确保避免发生这样的事情。

4.1　完整性约束的 SQL 定义

　　数据库系统必须保证数据库中的数据是完整的。在更新数据库时，关系中不能出现不符合完整性要求的元组，这样才能给用户提供正确、有效的信息。实现这一目的的最直接方法，是要求用户在编写数据库应用程序时，对每个插入、删除、修改操作都加入必要的完整性检查代码。但这种检查往往是复杂、重复、低效的，不仅给编程人员带来了很大的麻烦，而且是不可靠的。

　　现在，SQL 把各种完整性约束作为数据库模式定义的一部分，既可有效防止对数据库的意外破坏，提高了完整性检测的效率，又可减轻编程人员的负担。作为模式定义一部分的约束，由 DBMS 来对其进行维护。下面将介绍 Microsoft SQL Server 环境下 SQL 中完整性约束的实现。

4.1.1　实体完整性约束和主码

　　在 SQL 中，实体完整性是通过主码(Primary Key)的定义来实现的。一旦某个属性或属性组被定义为主码，该主码的每个属性就不能为空值，并且在关系中不能出现与主码值完全相同的两个元组。

　　主码可在定义关系的 CREATE TABLE 语句中使用 PRIMARY KEY 关键字加以定义。有两种定义主码的方法：一种是在属性后增加关键字；另一种是在属性表中加入额外的定义主码的子句

PRIMARY KEY(主码属性名表)

例 4.1 在 Employee 表中说明 Eno 为主码。

实现上述要求有两种方法:

(1) 将属性直接说明为主码。

```
CREATE TABLE Employee
( Eno char(4) PRIMARY KEY,
  Name varchar(8),
  Sex char(2),
  Age int,
  Dno char(2) );
```

(2) 在属性列表后单独说明主码。

```
CREATE TABLE Employee
( Eno char(4),
  Name varchar(8),
  Sex char(2),
  Age int,
  Dno char(2),
  PRIMARY KEY(Eno) );
```

如果关系的主码只含有单个属性,则上面的两种方法都可以使用;如果主码由两个或两个以上的属性组成,则只能使用第二种方法。例如 Item_emp 表的主码由 Ino 和 Eno 组成,则只能采用第(2)种方法,PRIMARY KEY 子句应说明成:

PRIMARY KEY (Ino,Eno)

除了主码,SQL 中还提供了类似于候选码的说明方法,使用关键字 UNIQUE 描述,说明该属性(或属性组)的值不能重复出现。但说明为 UNIQUE 的属性可以定义为空值,与候选码又有所不同。一个表中只能有一个主码,但可以有多个"UNIQUE"说明。

例 4.2 说明 Employee 表中职工不能重名。

实现上述要求有两种方法:

(1) 在说明主码的第(1)种方法的 Name 属性后面加上 UNIQUE 说明:

Name varchar(8) UNIQUE,

(2) 在说明主码的第(2)种方法的属性列表后使用 UNIQUE 说明:

UNIQUE(Name),

通常在各商业 RDBMS 支持的 SQL 语言中,并没有强制规定必须为每个关系指定主码,但为每个关系指定主码通常更好一些。

4.1.2 参照完整性约束和外部码

数据库模式的第二种约束类型,就是利用外部码的说明实现参照完整性约束,以限制相关表中某些属性的取值。如职工表 Employee 中的部门号 Dno 必须是部门表 Department 中实际存在的部门号,这样才有意义。部门表称为被参照关系(或父表),职工表称为参照关系(或子表)。

1. 外部码约束的说明

说明外部码的方法有两种：

(1) 在该属性的说明(属性名、类型)后直接加上关键字 REFERENCES，后跟对应表的主码说明，格式为

REFERENCES <父表名>(<属性名>)

其中，属性名为父表的主码或者是被定义了 UNIQUE 约束的属性名。

(2) 在 CREATE TABLE 语句的属性清单后，加上外部码的说明子句，格式为

FOREIGN KEY (<属性名表>) REFERENCES <父表名>(<属性名表>)

其中，属性名表中的属性可以多于一个，但必须前后对应。

例 4.3   说明 Employee 表中 Dno 为外部码，被参照关系为 Department。

两种方法分别如下：

(1) 第一种方法。

```
CREATE TABLE Employee
( Eno char(4) PRIMARY KEY,
  Name varchar(8),
  Sex char(2),
  Age int,
  Dno char(2) REFERENCES Department(Dno) );
```

(2) 第二种方法。

```
CREATE TABLE Employee
( Eno char(4) PRIMARY KEY,
  Name varchar(8),
  Sex char(2),
  Age int,
  Dno char(2),
  FOREIGN KEY(Dno) REFERENCES Department(Dno) );
```

注意：在说明 Dno 为 Employee 的外部码时，Department 关系中的 Dno 必须已被说明为主码或加了 UNIQUE 约束。

2. 参照完整性约束的实现策略

前面讲到参照完整性约束时，规定外部码的取值只有两种情况：① 取空值；② 取被参照关系中的主码值。

当用户的操作违反了上述规则时，如何保持此种约束呢？SQL 中提供了三种可选方案供数据库实现者使用：RESTRICT(限制策略)、CASCADE(级联策略)和 SET NULL(置空策略)。但具体使用情况视具体的 RDBMS 不同而不同。

1) 限制策略

限制策略是 SQL 的默认策略。任何违反参照完整性约束的更新均被系统拒绝，这些更新操作包括(以 Department 和 Employee 表为例)：

(1) 向 Employee 表中插入一个新元组，其中的 Dno 分量值既非空值，也非 Department 元组的 Dno 分量值；

(2) 修改 Employee 的一个元组，它的 Dno 分量值被改为 Department 关系的 Dno 分量值中不存在的非空值；

(3) 删除或修改 Department 元组中的 Dno 分量值，而该分量值出现在一个或多个 Employee 的 Dno 分量中。

以上这些更新操作均将被系统拒绝，Employee 和 Department 中的元组不会有任何改变。

2) 级联策略

当对父表进行删除和修改时，SQL 提供了另一种方案，即级联策略。在这种策略下，当删除或修改父表中某元组的主码值时，子表中具有该外部码值的元组也将被删除或修改，以保证参照完整性。

3) 置空策略

置空策略也是针对父表的删除或修改操作的。在这种策略下，当删除 Department 中某一元组或修改某一元组的 Dno 时，Employee 表中 Dno 分量中对应该部门号的值将被置空。

目前，大型 RDBMS 在实现参照完整性约束时，都默认采用了限制策略，有的也支持上述方案中的其他策略。

Microsoft SQL Server 环境下的 SQL 基本语句中，仅提供了 CASCADE(级联策略)和 NO ACTION(限制策略)两种可选方案，默认设置为 NO ACTION，实现方法为

(1) ON DELETE {CASCADE | NO ACTION}。

当指定要创建的表中的行具有引用关系，并且从父表中删除该行所引用的行时，要对该行采取的操作：如果指定 CASCADE，则从父表中删除被引用行时，也将从引用表中删除引用行；如果指定 NO ACTION，SQL Server 将产生一个错误并回滚父表中的行删除操作。

(2) ON UPDATE {CASCADE | NO ACTION}。

当指定要创建的表中的行具有引用关系，并且在父表中更新该行所引用的行时，要对该行采取的操作：如果指定 CASCADE，则在父表中更新被引用行时，也将在引用表中更新引用行；如果指定 NO ACTION，SQL Server 将产生一个错误并回滚父表中的行更新操作。

例 4.4 将 Employee 表的外部码 Dno 的更新操作设置为级联策略，删除操作设置为限制策略。

只需将例 4.3 中的最后一行改为

    Dno char(4) REFERENCES Department(Dno)

        ON DELETE NO ACTION

        ON UPDATE CASCADE

或   FOREIGN KEY Dno REFERENCES Department(Dno)

        ON DELETE NO ACTION

        ON UPDATE CASCADE

4.1.3 用户自定义完整性约束

用户自定义完整性约束取决于应用环境的需要，因此不同数据库应用系统的自定义完

整性要求是千差万别的，有些较简单，有些则较复杂。SQL 中提供了非空约束、对属性的 CHECK 约束、对元组的 CHECK 约束、触发器等来实现用户的各种完整性要求。

非空约束在 3.2 节中已介绍过，触发器将在 4.2 节中介绍，这里主要介绍基于属性、元组的 CHECK 约束。

1．基于属性的 CHECK 约束

使用 CHECK(检查)子句可保证属性值满足某些前提条件。CHECK 子句的一般格式为
CHECK (<条件>)

属性的 CHECK 约束既可跟在属性的定义后，也可在定义语句中另增加一子句加以说明。

例 4.5　规定 Employee 表中属性 Age 的值不能小于 18 且不能大于 65。

只需将例 4.1 中的 Age 属性说明为如下的形式：
Age int CHECK(Age>=18 AND Age<=65)

或在属性列表的最后加上：
CHECK(Age>=18 AND Age<=65)

CHECK 还可以模拟枚举类型，例如，可在 CREATE TABLE 语句中用以下子句说明属性 Sex 的取值只能取"男"或"女"：
Sex char(2) CHECK(Sex IN ('男','女'))

CHECK 子句的条件中还可以带子查询，引用该关系的其他属性甚至是其他关系。但是，在 Microsoft SQL Server 环境下的 SQL 基本语句中并不支持此用法。

例如，可以使用 CHECK 子句实现参照完整性约束，将外部码说明改为如下说明：
CHECK(Dno in(select Dno from Department))

这样也可保证关系 Employee 中，每个元组的 Dno 值必须是关系 Department 中的一个部门的部门号。上述定义在以后插入、修改关系 Employee 中的元组时都要检查，但它的作用与外部码的作用并不完全相同，读者可自行分析。

2．基于元组的 CHECK 约束

对表内元组说明约束时，可在 CREATE TABLE 语句中的属性表、主码、外部码的说明之后加上 CHECK 子句。每当对元组进行插入或修改操作时，都要对 CHECK 子句的条件表达式求值，如果条件为假，违背了约束，系统将拒绝该插入或修改操作。

例 4.6　工资表 Salary 的定义：
CREATE TABLE Salary
(Eno char(4) PRIMARY KEY,
 Basepay decimal(7,2),
 Service decimal(7,2),
 Price decimal(7,2),
 Rest decimal(7,2),
 Insure decimal(7,2),
 Fund decimal(7,2),
 CHECK(Insure+Fund<Basepay));

例 4.6 中，CHECK 约束涉及到表中多个域，为元组约束。在对整个元组完成插入或对某一元组的修改完成之后，系统将检查元组是否符合 CHECK 条件表达式。

完整性约束的检查将花费系统一定的时间，特别是那些复杂的 CHECK 条件，虽然非常有用，但不应滥用。

4.1.4 约束的更新

约束与数据库中的表、视图等一样，可以进行增加、删除和修改的更新操作。为了修改和删除约束，需要在定义约束时对约束进行命名，在约束前加上关键字 CONSTRAINT 和该约束的名称。

例如，说明 Employee 表中的主码和外部码时，分别命名为 PK_employee 和 FK_employee：

Eno char(4) CONSTRAINT PK_employee PRIMARY KEY,

Dno char(4) CONSTRAINT FK_employee FOREIGN KEY REFERENCES Department(Dno);

例 4.6 中的约束可以在定义时命名如下：

CONSTRAINT RightSalary CHECK (Insure+Fund<Basepay);

这样，可以使用 ALTER TABLE 语句来更新与属性或表有关的约束。在 3.2 节已讨论了使用 ALTER TABLE 语句的其他一些用法。这里，再举例说明对约束的使用。

例 4.7 删除 Employee 表中的外部码约束 FK_employee。

ALTER TABLE Employee DROP CONSTRAINT FK_employee;

例 4.8 修改例 4.6 中对 Salary 的约束 RightSalary 中的表达式为

Insure+Fund<Rest;

由于 SQL 不能直接修改约束，可通过以下两步完成对约束的修改：

(1) 删除原约束：

ALTER TABLE Salary

DROP CONSTRAINT RightSalary;

(2) 增加同名约束：

ALTER TABLE Salary

ADD CONSTRAINT RightSalary CHECK(Insure+Fund<Rest);

从例 4.8 可见，约束也可以通过 ALTER TABLE 语句定义，而不一定要在表的模式定义时进行。只是通过 ALTER TABLE 语句定义的约束都是基于元组的约束，而不是基于属性的约束。

4.2　SQL 中的触发器

触发器(Trigger)不仅能实现完整性规则，而且能保证一些较复杂业务规则的实施。所谓触发器，就是一类由数据库操作事件(插入、删除、修改)驱动的特殊过程，一旦由某个用户定义，任何用户对该触发器指定的数据进行增、删或改操作时，系统将自动激活相应的触发动作，在数据库服务器上进行集中的完整性控制。

4.2.1 触发器的组成和类型

触发器的定义包括两个方面：
(1) 指明触发器的触发事件；
(2) 指明触发器执行的动作。

触发事件包括表中行的插入、删除和修改，即执行 INSERT、DELETE 和 UPDATE 语句。在定义触发器时，必须要指定一个触发器条件，也可以同时指定多个。在修改操作(UPDATE)中，还可以将特定的属性或属性组修改为触发条件。

事件的触发还有两个相关的时间：BEFORE 和 AFTER。BEFORE 触发器是在事件发生之前触发；AFTER 触发器是在事件发生之后触发。

触发动作实际上是一系列 SQL 语句，可以有两种方式：

(1) 对被事件影响的每一行(每一元组)执行一次触发过程(FOR EACH ROW)，称为行级触发器；

(2) 对整个事件只执行一次触发过程(FOR EACH STATEMENT)，称为语句级触发器。该方式是触发器的默认方式。

综合触发时间和触发方式，触发器的基本类型如表 4-1 所示。

表 4-1 触发器的类型

触发方式	FOR EACH STATEMENT(默认)	FOR EACH ROW
BEFORE 选项	语句前触发器：在执行触发语句前激发触发器一次	行前触发器：在修改由触发语句所影响的每一行前，激发触发器一次
AFTER 选项	语句后触发器：在执行触发语句后激发触发器一次	行后触发器：在修改由触发语句所影响的每一行后，激发触发器一次

4.2.2 创建触发器

1. 语句基本格式

创建触发器的语句一般格式为

  CREATE TRIGGER <触发器名> [{ BEFORE ｜ AFTER }]

    {[DELETE|INSERT|UPDATE OF[列名清单]]}

    ON 表名

    [REFERENCING <临时视图名>]

    [WHEN <触发条件>]

   <触发动作>

  [FOR EACH {ROW|STATEMENT}]

2. 说明

(1) BEFORE：指示 DBMS 在执行触发语句之前激发触发器。

(2) AFTER：指示 DBMS 在执行触发语句之后激发触发器。

(3) DELETE：指明是 DELETE 触发器，每当一个 DELETE 语句从表中删除一行时激发触发器。

(4) INSERT：指明是 INSERT 触发器，每当一个 INSERT 语句向表中插入一行时激发触发器。

(5) UPDATE：指明是 UPDATE 触发器，每当 UPDATE 语句修改由 OF 子句指定的列值时，激发触发器；如果忽略 OF 子句，每当 UDPATE 语句修改表的任何列值时，DBMS 都将激发触发器。

(6) REFERENCING <临时视图名>：指定临时视图的别名。在触发器运行过程中，系统会生成两个临时视图(或者称为虚拟表)，分别存放被更新值(旧值)和更新后的值(新值)。对于行级触发器，默认临时视图名分别是 OLD 和 NEW；对于语句级触发器，默认临时视图名分别是 OLD_TABLE 和 NEW_TABLE。一旦触发器运行结束，临时视图就不存在了。

(7) WHEN <触发条件>：指定触发器的触发条件。当满足触发条件时，DBMS 才激发触发器。触发条件中必须包含临时视图名，不包含查询。

4.2.3 触发器创建实例

本节实例均在 Microsoft SQL Server 环境下执行通过。

在 Microsoft SQL Server 环境中，不区分行级触发器和语句级触发器。触发器可以包含任意数量和种类的 Transact-SQL 语句。触发器旨在根据数据修改语句检查或更改数据，它不应将数据返回给用户。触发器编程中可以使用的两个临时视图(虚拟表)为 Inserted 和 Deleted 表。这两个虚拟表的表结构与触发器的主体表(也就是在其中尝试用户操作的表)结构一样，分别用于保存用户操作可能更改的行的新值或旧值。在 Inserted 表中记录了修改后(或新插入)的记录值，Deleted 表中包含了修改前(或被删除)的记录值。

也即，在触发器中可以使用类似于以下的查询语句：

```
select * from inserted        //取得新增或修改后的内容
select * from deleted         //取得被删除或修改前的内容
```

Microsoft SQL Server 允许为任何给定的 INSERT、UPDATE 或 DELETE 语句创建多个触发器。

1．语句基本格式

创建触发器语句的基本格式如下：

```
CREATE TRIGGER<触发器名> ON <表名>|<视图名>
    [WITH ENCRYPTION]
    {FOR | AFTER | INSTEAD OF } { [DELETE] [,] [ INSERT ] [,] [ UPDATE ] }
AS
    [ { IF UPDATE (<列名>) [ { AND | OR } UPDATE (<列名>) 清单} ]
    <触发动作>;
```

2．说明

(1) WITH ENCRYPTION：加密 RDBMS 系统表中包含 CREATE TRIGGER 语句文本的条目。

(2) AFTER：指定触发器只有在触发 SQL 语句中指定的所有操作都已成功执行后才激发。所有的引用级联操作和约束检查也必须成功完成后，才能执行此触发器。如果仅指定 FOR 关键字，则 AFTER 是默认设置，且不能在视图上定义 AFTER 触发器。

(3) INSTEAD OF：指定执行触发器而不是执行触发 SQL 语句，从而替代触发语句的操作。在表或视图上，每个 INSERT、UPDATE 或 DELETE 语句最多可以定义一个 INSTEAD OF 触发器。INSTEAD OF 触发器不能在 WITH CHECK OPTION 的可更新视图上定义。

(4) IF UPDATE (<列名>)：测试在指定列上进行的 INSERT 或 UPDATE 操作，将返回 TRUE 值，不能用于 DELETE 操作。

例 4.9 设数据库中有一职工历史表 Emp_his，其表结构与 Employee 表相同。为 Employee 表创建一触发器，当删除职工时，将被删除职工的信息保存到 Emp_his 表中。

```
CREATE TRIGGER Tri_del_emp
    ON Employee
    AFTER DELETE
AS
    INSERT INTO Emp_his
        SELECT * FROM deleted;
```

例 4.10 为 Employee 表创建一触发器，当插入一职工时，在工资表中生成该职工的工资记录，设置其基本工资为 500，其他工资项为 0。

```
CREATE TRIGGER Tri_ins_employee
    ON Employee
    AFTER INSERT
AS
    DECLARE @eno char(4)
    SELECT @eno=Eno FROM inserted
    INSERT INTO Salary (Eno,Basepay,Service,Price,Rest,Insure,Fund)
    VALUES (@eno,500,0,0,0,0,0);
```

例 4.11 为 Employee 表创建一触发器，当修改某位职工的职称时，应同时修改 Salary 表中的基本工资(Basepay)，具体标准是：当职称修改为工程师时，增加 150 元；当修改为高工时，增加 300 元。

```
CREATE TRIGGER Tri_updatetitle_employee
    ON Employee
    FOR UPDATE
AS
IF UPDATE(Title)
            IF ( SELECT Title FROM inserted ) = '工程师'
                UPDATE Salary
                SET Basepay=Basepay+150
                WHERE Eno = ( SELECT Eno FROM inserted )
```

```
ELSE IF ( SELECT Title FROM inserted ) = '高工'
          UPDATE Salary
          SET Basepay=Basepay+300
          WHERE Eno = ( SELECT Eno FROM inserted);
```

4.3 数据库安全

危害数据库的原因很多，因此，数据库安全工作的范围也极广，防火、防水、防磁、防盗、防掉电、防破坏以及对工作人员的审查等也都在此范围内。这些方面，无论哪里出了问题，对数据库的影响都可能是致命的。本书暂不介绍这方面的内容，有兴趣的读者可查阅相关资料。

安全的操作系统是数据库安全的前提。操作系统保证了对数据库的任何访问都必须由DBMS才能执行，否则，数据库的任何安全措施都只是摆设而已。本书只介绍DBMS中的安全措施，用来防止由于非法使用数据库而造成的数据泄露、窜改及破坏。

4.3.1 用户标识和鉴别

只有在DBMS成功注册了的人员才是该数据库的用户，才能访问数据库。注册时，每个用户都有一个与其他用户不同的用户标识符(Identification)。任何数据库用户要访问数据库，都须声明自己的用户标识符。系统首先要检查有无该用户标识符的用户存在。若不存在，自然就拒绝该用户进入系统；即使存在，系统还要进一步核实该声明者是否确实是具有此用户标识符的用户。只有通过核实的人才能进入系统。这个核实工作就称为用户鉴别(Authentication)。用户鉴别的方法多种多样，一般有以下几种：

1. 口令(Password)

口令是最广泛使用的用户鉴别方法。所谓口令就是注册时DBMS给予每个用户的一个字符串。系统在内部存储了每一个用户标识符和口令的对应表，用户必须记住自己的口令。当用户声明自己是某用户标识符用户时，DBMS将进一步要求用户输入自己的口令，只有当用户标识符和口令符合对应关系时，系统才确认此用户，才允许该用户真正进入系统。

用户必须保管好自己的口令，不能遗忘，更不能泄露给别人。系统也必须保管好用户标识符和口令的对应表，不允许除DBA以外的任何人访问此表(有高级安全要求的系统，如有的数据库系统甚至DBA都不能访问此表)。口令不能是一个他人容易猜出的特殊字符串。用户在终端输入口令时，口令不能在终端显示，并且应允许用户输错若干次。为了口令的安全，隔一段时间，用户还应更换自己的口令。

采用上述方法，一个口令多次使用后，也比较容易被人窃取，因此可以采取较复杂的方法。例如，用户和系统共同确定一个计算过程(每个用户不必相同)，鉴别时，系统向用户提供一个随机数，用户根据确定的计算过程对此随机数(和口令的规定组合)进行计算，并把计算结果输入系统，系统根据输入的结果是否与自己同时计算的结果相符来鉴别用户。

在有更高安全要求的数据库系统中，还可以采用通信系统中的三次握手体系、公开密钥方法来鉴别用户。

2. 利用用户的个人特征

用户的个人特征包括指纹、签名、声波纹等。这些鉴别方法效果不错，但需要特殊的鉴别装置。

3. 磁卡

磁卡是使用较广的鉴别手段，磁卡上记录有某用户的用户标识符。使用时，用户需出示自己的磁卡，输入装置自动读入该用户的用户标识符，然后请求用户输入口令，从而鉴别用户。如果采用智能磁卡，还可把约定的复杂计算过程存放在磁卡上，结合口令和系统提供的随机数，可使安全性更高。

4.3.2 访问控制

鉴别解决了用户是否合法的问题。但是，合法用户的权限是不应该相同的。也即，任何合法用户只能执行他有权执行的操作，只能访问他有权访问的数据库数据。访问控制的目的就是解决此问题。访问控制所控制的是权限(创建、撤消、查询、增、删、改的权限)。因此，访问控制主要包括授权和检查权限两部分内容。

1. 数据库用户的种类

总的来说，数据库用户按其访问权限可分为三类：一般数据库用户、具有创建表权利的用户和具有 DBA 特权的用户。

1) 一般数据库用户——具有 CONNECT 特权的用户

授予 CONNECT 特权的用户是此数据库系统的合法用户，可以进入该数据库系统，但只能：

(1) 根据授权，查询或更新数据库中的部分数据；

(2) 可以创建视图或定义数据别名。

2) 具有创建表权限的用户——具有 RESOURCE 特权的用户

授予 RESOURCE 特权的用户除具有一般数据库用户所具有的权限外，还有以下特权：

(1) 可以在此数据库内创建表、索引和聚簇；

(2) 可以授予其他数据库用户对其所创建的表的各种访问权，还可收回已授出的访问权；

(3) 有权跟踪审计(Audit)自己所创建的数据对象。

3) 具有 DBA 特权的用户

具有 DBA 特权的用户可支配这个数据库的所有资源。DBA 除拥有 RESOURCE 所拥有的权限外，主要还有以下特权：

(1) 可访问数据库中任何数据；

(2) 为数据库用户注册以及撤消注册的权限；

(3) 授予及收回数据库用户对数据库的访问权；

(4) 有权控制这个数据库的跟踪审查。

2. DBA 对用户的注册工作

在系统初始化结束后，DBA 应立即利用在说明书中可查到的口令进入系统，并应该更改此口令。如果不更改，任何人都可凭此口令进入系统，充当 DBA。

1) DBA 为用户进行注册——GRANT

只有在数据库系统中注册的用户才是此数据库系统的合法用户。在 SQL 语言中，DBA 可用 GRANT 命令为用户注册，命令格式如下：

GRANT <特权类型> TO <用户标识符> [IDENTIFIED BY <口令>];

其中，<特权类型>有三种：CONNECT、RESOURCE 和 DBA。

对于新用户，命令中必须有口令选项；已注册的用户，若只是增加特权类型，则不必再有口令选项。

例 4.12　把新用户 WANG 注册为 RESOURCE 用户，口令为 W02XYZ。

GRANT RESOURCE TO WANG IDENTIFIED BY W02XYZ;

例 4.13　把例 4.12 中的用户 WANG 注册为 DBA(此时不必有口令项)。

GRANT DBA TO WANG;

2) DBA 撤消对用户的注册——REVOKE

已经注册的用户，DBA 有权撤消。在 SQL 语言中，撤消注册的命令是 REVOKE，命令格式如下：

REVOKE <特权类型清单> FROM <用户标识符>;

执行此命令后，<用户标识符>所具有的<特权类型清单>即被撤消。若此用户的所有 <特权类型>都被撤消，则他就成为不合法用户了。

其实，GRANT 注册命令中，<特权类型>也可是<特权类型清单>，即一次可注册为几种类型的用户，只是实际意义不大，因此在命令中未提及。

3) 在 Microsoft SQL Server 环境中的实例

在 Microsoft SQL Server 环境中建立用户的登录账号信息时，SQL Server 会提示用户选择默认的数据库。对于选择默认数据库的任何用户，MASTER 数据库总是能连接并访问的。如果在设置登录账号时没有指定默认的数据库，则用户的权限将局限在 MASTER 数据库以内。

(1) 创建账号语句的基本格式：

SP_ADDLOGIN '<登录账号名>' [,'<密码>'][, '<默认数据库名>']

(2) 修改账号密码语句的基本格式：

SP_PASSWORD '<旧密码>', ' <新密码>', '<登录账号名>'

(3) 修改默认数据库名语句的基本格式：

SP_DEFAULTDB '<登录账号名>', '<默认数据库名>'

(4) 删除账号语句的基本格式：

SP_DROPLOGIN '<登录账号名>'

将登录账号添加为数据库用户后，使用该登录账号登录的 SQL Server 用户就可以实现对数据库的访问。下面介绍添加和删除数据库用户语句的基本格式。

(1) 添加数据库用户语句的基本格式：

SP_GRANTDBACCESS '<登录账号名>' [, '<该账号在数据库下的用户名>']

(2) 删除数据库用户语句的基本格式：

SP_REVOKEDBACCESS '<该账号在数据库下的用户名>'

例 4.14　建立一标准登录账号 test，然后将该账号添加为 Work 数据库的用户。

SP_ADDLOGIN test,test	登录账号 test，密码 test，默认数据库为 MASTER
GO	
USE Work	当前数据库为 Work
GO	
SP_GRANTDBACCESS test	test 账号添加为 Work 数据库的用户
GO	

3. 一般授权——GRANT

一般授权是指授予某用户对某数据对象进行某种操作的权限。在 SQL 语言中，DBA 及拥有权限的用户可用 GRANT 语句向用户授权。

1) GRANT 语句的格式

GRANT 语句的基本格式如下：

GRANT <权限清单>

       [ON <对象类型> <对象名>]

          TO <用户标识符清单> [WITH GRANT OPTION]；

其中，<对象类型> <对象名>规定了数据对象，如 TABLE student(基本表 student)；<权限清单>规定了可以对[<对象类型> <对象名>]所执行的操作，如 SELECT、UPDATE；<用户标识符清单>规定了得到权限用户的用户标识符。

2) GRANT 语句的说明

不同类型的操作对象，可以执行的操作是有区别的。表 4-2 给出了对不同操作对象允许执行的操作权限。

表 4-2　不同操作对象允许执行的操作权限

类型	对象类型	操作权限
数据库	DATABASE	BACKUP DATABASE、BACKUP LOG、CREATE DATABASE、CREATE DEFAULT、CREATE FUNCTION、CREATE PROCEDURE、CREATE RULE、CREATE TABLE、CREATE VIEW、ALL PRIVILEGES
基本表	TABLE	SELECT、INSERT、UPDATE、DELETE、REFERENCES、ALTER、INDEX、ALL PRIVILEGES
视　图	VIEW	SELECT、INSERT、UPDATE、DELETE、ALL PRIVILEGES
存储过程	PROCEDURE	EXECUTE、ALL PRIVILEGES

(1) 对数据库，可以授予用户建立基本表的权限。该权限最初是属于 DBA 的。得到此授权的普通用户有权建立基本表。

(2) 对基本表，在 MS SQL Server 中可以授予用户五种权限：查询(SELECT)、插入(INSERT)、修改(UPDATE)、删除(DELETE)和参照(REFERENCES)。在 Oracle 中还存在另两种权限：修改表结构(ALTER)和索引(INDEX)。若一次把以上全部权限同时授出，用 ALL PRIVILEGES 即可。建立某基本表的用户(称为该表的属主：OWNER)当然拥有对该表进行一切操作的权限。

(3) 对视图，可以授予用户五种权限：查询(SELECT)、插入(INSERT)、修改(UPDATE)、删除(DELETE)和参照(REFERENCES)，也可是这五种权限的总和(ALL PRIVILEGES)。

(4) 对存储过程，可以授予的所有权限(ALL PRIVILIGES)就是执行(EXCUTE)。

接受权限的可以是一个用户的<用户标识符>，也可以是多个用户的<用户标识符清单>。如果授予全体用户，则可用 PUBLIC 代表所有用户的<用户标识符清单>。

3) WITH GRANT OPTION 的意义

如果在 GRANT 语句中选择了 WITH GRANT OPTION 子句，则获得规定权限的用户不仅自己可以执行这些操作，还获得了用 GRANT 语句把这些权限授予其他用户的权限；如果在 GRANT 语句中未选择此子句，则获得规定权限的用户仅仅能自己执行这些操作，不能传播这些权限。

以下实例均在 Microsoft SQL Server 环境下执行通过。

例 4.15　基本表 S 的属主把查询表 S 的权限授予用户 U1，同时授予 U1 扩散此权限的权限。

```
GRANT SELECT
    ON S
    TO U1
    WITH GRANT OPTION;
```

例 4.16　例 4.15 中的用户 U1 使用 GRANT 命令给其他用户授予权限，例如 U1 将此权限授权给 U2。

```
GRANT SELECT
    ON S
    TO U2;
```

例 4.17　基本表 S 的属主把修改属性 Sno 的权限和查询表 S 的权限授予用户 U3 和 U4，但不得扩散。

```
GRANT UPDATE (Sno),SELECT
    ON S
    TO U3,U4;
```

例 4.18　把对基本表 C 和基本表 D 的全部操作权限授予用户 U1 和 U2，但不得扩散。

```
GRANT ALL PRIVILEGES
    ON C
    TO U1,U2;
```

```
GRANT ALL PRIVILEGES
    ON D
    TO U1,U2;
```

由以上实例可见，在 Microsoft SQL Server 环境中，GRANT 语句既可一次向一个用户授权，也可一次向多个用户授权；可以一次授出一个数据对象的多种操作权限，但不可一次授出多个数据对象的多种操作权限；授予对属性列操作的权限时，不须明确指出属性名。

在数据库(DATABASE)中创建表的权限(CREATE TABLE)必须与对 TABLE 对象的权限分开授出。因为一条 GRANT 语句中要么是针对 DATABASE 数据对象的权限，要么是针对 TABLE 的权限，两者不能混用在同一语句中。

执行一条 GRANT 语句时，系统将把授权的结果存入数据字典。用户提出操作请求时，系统首先检查用户的权限。仅当用户确有该操作权限时，系统才执行此操作；否则，系统将拒绝用户该操作的请求。

4．收回一般授权给出的权限——REVOKE

用一般授权格式 GRANT 授出的权限者(及 DBA)可用对应格式 REVOKE 语句收回该授权。此 REVOKE 语句的格式为

> REVOKE <权限清单>
>
> [ON <对象类型> <对象名>]
>
> FROM <用户标识符清单>
>
> [CASCADE]

上述语句将把 FROM 子句指定的所有用户，即对 ON 子句指定的数据对象所具有的 <权限清单>全部收回，具体说明如下：

(1) 只有使用 GRANT 授出了权限的用户(及 DBA)才能使用本语句收回自己授出的权限。

(2) 若<用户标识符清单>中有些用户还把所授出的权限授予其他用户(因为当授权时，带有 WITH GRANT OPTION 子句)，则使用 CASCADE 语句使得间接收到此权限的用户也自动被收回了这些权限。

(3) 仅仅收回请示执行此语句用户的权限。若<用户标识符清单>中，有些用户还从其他未剥夺此权限的用户处得到了同样的权限，则他们从其他用户处得到的同样权限并不能由本语句收回，也即他们还具有这些权限。但是，从本语句发布者处所得到的这些权限，确实已收回了。

例 4.19 把用户 U4 对基本表 S 的属性 Sno 的修改权限收回。

> REVOKE UPDATE(Sno)
>
> ON S
>
> FROM U4;

例 4.20 把用户 U1 对基本表 S 的查询权限收回。

> REVOKE SELECT
>
> ON S
>
> FROM U1;

4.3.3 强制存取控制方法

一些有更高安全要求的部门(如军事部门)中，希望能有比上述存取控制更安全的存取控制方法，于是就有了强制存取控制方法(Mandatory Access Control，简称 MAC)。对应地，前述存取控制方法被称为自主存取控制方法(Discretionary Access Control，简称 DAC)。需要说明的是，强制存取控制方法是建立在自主存取控制方法上的，即只有首先通过自主存取控制方法检查的用户，才有资格接受强制存取控制方法检查。

在 MAC 中，用户(包括代表用户的所有进程)以及数据(文件、基本表、视图等)都被标上一个密级标记。密级标记的值域是有等级规定的几个值，如绝密、机密、秘密、公开等。

当某一合法用户(进程)要求存取某数据时，MAC 机制将对比该用户与此数据的密级标记，以决定是否同意此次操作。系统不同，对比的规则也不尽相同。可有下列对比规则：

(1) 仅当用户的密级大于等于数据的密级时，该用户才能读取此数据。

(2) 仅当用户的密级小于等于数据的密级时，该用户才能写此数据。

规则(1)是必须的。低级别的用户当然不能存取高级别的数据。规则(2)的目的在于防止高密级的用户更新低密级的数据对象。

在 MAC 中，数据及数据的密级标记、用户和用户的密级标记都是不可分的整体。用户只能对与他的密级值相匹配的数据进行允许的操作。因此，强制存取控制方法比单纯的自主存取控制方法有着更高的安全性。

4.3.4 视图和查询修改

1. 视图

为不同的用户定义不同的视图，也可达到访问控制的目的。在视图中，可只定义该用户能访问的数据，使用户无法访问他无权访问的数据，从而达到对数据的安全保护的目的。

例如，每个车间的统计员只能查询本车间职工的情况，可为他们分别定义只包含本车间职工记录的视图；为保密职工工资情况，可定义一个不包含工资属性的视图，供一般查询使用。

2. 查询修改

有些 DBMS 可以事先为一些用户规定一些访问限制条件。用户访问时，能自动生成其查询条件，使其只能在规定的访问范围内查询，这就是查询修改。

例如，数学系教师要查询学生情况，DBMS 根据事先的限制，在其查询语句上自动增加 DEPARTMENT='数学系' 这一条件，就限制了用户的访问范围。

查询修改比视图简单、效率高，并且易于实现。但查询修改只能处理一些较简单的访问条件，不如视图灵活。如在多表查询时，较难用查询修改实现预期的限制，但视图则较容易，而且视图的逻辑独立性也较高。

4.3.5 跟踪审计

任何安全措施都不是绝对可靠的，最严重的问题往往在最安全的地方出现。因此，安全工作者除了要使系统在一定代价内尽量可靠外，还必须考虑能发现越权或企图越权的行为，这就是跟踪审计的目的。

跟踪审计仅是一种监视措施，它把用户对数据的所有操作都自动记录进审计日志中。事后，可利用审计日志中的记录，分析出现问题的原因。在未产生问题时，也可以利用审计日志分析有无潜在的问题。而审计内容一般包含本次操作的有关值(操作类型、操作者、操作时间、数据对象、操作前值和操作后值等)，也可增加一些内容。例如，可以在用户的磁卡中增加一个数据项——用户访问数据库的次数，即在系统中记录用户访问本系统的次数，且分别自动增加。一旦某用户的这两个数据不一致，就可抓住有潜在问题的地方。

跟踪审计往往要花费很大的代价，一般只在有较高安全要求的场合采用。在实际 DBMS 中，跟踪审计往往是一个可选项，由 DBA 决定是否采用、何时采用。

4.3.6 数据加密

数据是存储在介质上的，数据还经常通过通信线路传输。因此，既可在介质上窃取数据，也可在通信线路上窃听数据，有时，跟踪审计的日志文件中也找不到窃取数据的记录。

对敏感的数据进行加密存储是防止数据泄露的有效手段。原始的数据(称为明文 Plain text)在加密密钥的作用下，通过加密系统加密成密文(Cipher text)。明文是大家都看得懂的数据，一旦失窃，后果严重。但密文是谁也看不懂的数据，只有掌握解密密钥的人，才能在解密密钥的帮助下，由解密系统解密成明文。因此，单单窃得密文数据是没有用处的。

数据加、解密的代价也不小。因此，实际 DBMS 往往把加密特性作为一种可选功能，由用户决定是否选用。

如果选用了加密功能，用户必须要保管好自己的加密密钥和解密密钥，不能失去或泄露。失去密钥，则自己都无法知道密文的真实内容。

数据的安全性和完整性是两个不同的概念。数据的安全性是防止数据库被恶意破坏和非法存取；而数据的完整性是为了防止错误信息的输入，保证数据库中的数据符合应用环境的语义要求。安全性措施的防范对象是非法用户和非法操作，而完整性措施的防范对象是不合语义的数据。

4.4 小　结

数据库保护是一个十分重要的课题，它是数据库系统的生命线。数据库保护就是保护数据库中数据的安全可靠和正确有效，包括数据的安全性、完整性以及事务的并发控制和故障恢复等内容。本章介绍了完整性和安全性两大主题。

数据库系统必须保证数据库中的数据是完整的。完整性约束保证了合法用户对数据库的更新不会导致数据一致性的破坏。要实现数据库完整性的检查，系统除了要提供定义完整性约束条件的机制，还必须提供检查是否违背完整性约束条件的方法。当 DBMS 发现用户的操作违背了完整性约束条件时，就采取一定的控制。不同的系统有不同的控制方法。

本章讲解了 RDBMS 完整性实现的机制，包括完整性约束定义机制、完整性检查机制和违背完整性约束条件时 RDBMS 应采取的动作等。

SQL 中使用主码实现实体完整性。参照完整性约束保证一个关系的某个属性(属性组)的值必须出现在另一个关系(可以是该关系本身)某个元组的主码属性值中。基于属性或元组的约束可用来保证用户自定义完整性的实现。当更新数据库中的数据时，系统将自动检测以上各种约束。这些完整性的定义一般由 SQL 的 DDL 语句来实现，由 RDBMS 自动维护。

实现数据库完整性的一个重要方法是触发器。触发器定义了当某个时间发生而且满足相应条件时自动执行的特殊过程。它的功能非常强大，不仅可用来实现较复杂的完整性约束规则，也可用来实现数据库系统的其他功能，包括数据库安全性，以及实现应用系统的特定商业规则、审计日志等。

数据库安全问题和计算机系统的安全性是紧密联系的，计算机系统的安全性问题可分为技术安全类、管理安全类和政策法律类三大类安全性问题。本章只介绍 DBMS 中的安全措施，用来防止非法使用、窜改及破坏数据库。

只有在 DBMS 成功注册的用户才有可能成为某 DB 的合法用户。注册时，DBMS 给合法用户一个标识符。进入系统之前，用户必须向 DBMS 证明自己是合法用户。不同合法用户的权限是不同的，分为一般数据库用户、具有创建表权限的用户及具有 DBA 特权的用户等。在注册时，DBA 必须指明此用户的类别。另外，DBA 及数据对象的拥有者，还可向其他用户授权。

强制存取控制的方法用于高安全性要求的部门。视图和查询修改也是一种安全手段。跟踪审计可查出发生问题的地点。数据加密则是对敏感数据采用的有效安全手段。

习 题 4

第一组习题

1. 什么是实体完整性？SQL 中采取什么措施实现实体完整性？
2. 什么是参照完整性？SQL 中采取什么措施实现参照完整性？
3. 为实现用户自定义完整性，SQL 提供了哪些手段？
4. 什么叫触发器？触发器的作用是什么？
5. 什么是数据库的安全性？叙述 DBMS 中保证数据库安全性的一般措施。
6. SQL 语言中提供了哪些数据控制语句？请举例说明它们的使用方法。
7. 数据的安全性和完整性有何区别？
8. 简述数据库实现完整性检查的方法。
9. 在关系系统中，当操作违反了实体完整性、参照完整性和用户自定义完整性约束条件时，系统是如何分别进行处理的？

第二组习题

10. 对于成绩管理数据库，对该数据库的表结构说明中加入完整性约束说明，如表 4-3 所示。请用 SQL 语句完成表中约束的说明。

表 4-3　加入完整性约束说明后的表结构

表(一) Student

属性名	数据类型	可否为空	含义	完整性约束
Sno	Char(7)	否	学号	主码
Sname	VarChar(20)	否	学生姓名	
Ssex	Char(2)	否	性别	男或女，默认为男
Sage	Smallint	可	年龄	大于 14，小于 65
Clno	Char(5)	否	学生所在班级号	外部码，级联更新

表(二) Course

属性名	数据类型	可否为空	含义	完整性约束
Cno	Char(1)	否	课程号	主码
Cname	VarChar(20)	否	课程名称	
Credit	Smallint	可	学分	1、2、3、4、5、6

表(三) Class

属性名	数据类型	可否为空	含义	完整性约束
Clno	Char(5)	否	班级号	主码
Speciality	VarChar(20)	否	班级所在专业	
Inyear	Char(4)	否	入校年份	
Number	Integer	可	班级人数	大于1，小于100
Monitor	Char(7)	可	班长学号	外部码

表(四) Grade

属性名	数据类型	可否为空	含义	完整性约束
Sno	Char(7)	否	学号	主属性，外部码，级联
Cno	Char(1)	否	课程号	主属性，外部码，级联
Gmark	Numeric(4,1)	可	成绩	大于0，小于100

11. 对于成绩管理数据库，为成绩管理数据库中的 Student 表创建一触发器：当向表中插入或删除记录时，修改 Class 表中相应班级的人数。

12. 为 Student 表再建一更新触发器：当更新班长学号时，检查新输入的学号是否为同一班级的学生学号，若不是，给出适当的提示信息。

13. 创建商品表、仓库表、库存商品表分别如下：

Product(Pno，Pname，Price)，分别为商品号、商品名称、价格；

Warehouse(Whno，Whname，Whaddress)，分别为仓库号、名称、地址；

WhProduct(Whno，Pno，Number)，分别为仓库号、商品号、库存数量。

请设计触发器，当新增商品时，自动生成该商品在所有仓库的库存记录，库存数量为0；当新增仓库时，自动生成该仓库所有商品的库存记录，库存数量为0。

14. 针对成绩管理数据库中的表，完成以下操作：

(1) 用户张勇对 Student 表和 Course 表有 SELECT 权限。

(2) 把对表 Student 的 INSERT 和 DELETE 权限授予用户张三，并允许他再把此权限授予其他用户。

(3) 把查询 Course 表和修改属性 Credit 的权限授给用户李四。

(4) 授予用户李勇敏对 Student 表的所有权限(读、插、删、改)，并具有给其他用户授权的权限。

(5) 撤消(1)中对张勇所授予的所有权限。

(6) 撤消(2)中对张三所授予的所有权限。

第5章 数据库编程

第 3 章介绍了关系数据库的标准语言 SQL 的基本内容，包括定义数据表和索引，进行数据更新和查询以及定义视图的 SQL 语句。在第 4 章中描述了如何实现主码、参照码等数据完整性约束。接下来，本章将讨论应用程序访问数据库的各种技术。

5.1 节概述数据库应用系统的体系结构。5.2 节介绍数据库编程技术，概述性提出应用程序实现访问数据库的各种技术。5.3 节讨论把 SQL 语句嵌入到一种通用程序设计语言时该遵循的规则。

5.4 节介绍用于数据库访问的应用程序编程接口(Application Programming Interface，简称 API)，着重讨论了开放数据库互连(Open DataBase Connectivity，简称 ODBC)和 Java 数据库连接(Java DataBase Connectivity，简称 JDBC)这两种接口技术。

与应用程序设计语言相比，非过程化的查询语言标准 SQL 缺少流控制能力，难以实现应用业务中的逻辑控制。因此，各个商业 RDBMS 提供了 SQL 的过程化扩展，SQL 编程技术可实现复杂的应用业务。5.5 节和 5.6 节分别介绍了存储过程和用户定义函数的编程技术。

值得注意的是，数据库编程是个非常广泛的课题。本书中，仅介绍一些主流的数据库编程技术，并不涉及详细学习某一种特定的方法和系统实现。因此，当实现一个特定的应用系统时，建议读者还应阅读更多的专门介绍各种数据库编程技术的书籍。

5.1 客户机/服务器体系结构

随着数据库的大型化，同时为了使数据和资源实现共享，数据库系统的体系结构经历了以下几个重要的阶段。

1. 集中式系统(Mainframe-Terminal)

20 世纪 60 年代早期，出现了采用宿主机与多个终端连网的形式，由分时系统支配共享主机的集成数据处理，用户通过终端访问、共享主机上的数据。起初，终端只具有简单的输入、输出功能，所有的处理都由主机完成，所以也称为"哑终端"。这就是集中式数据处理系统，也称为主机/终端(Master/Terminal)模式。其网络结构如图 5-1 所示。

图 5-1　集中式系统结构图

2．文件服务器系统(File Server)

到 20 世纪 80 年代中期，局域网技术发展很快，出现了文件服务器和网络工作站(PC 机)构成的分散式网络应用系统。文件服务器中存放可共享的数据库，各个用户通过自己的 PC 机访问服务器。每当工作站有数据请求的时候，就会打开服务器上的数据库，通过网络将整个数据库(文件)传到工作站；工作站处理完以后，再将整个数据库(文件)传送回服务器。这样，联机事务处理的响应时间和网络上的无效传输就大大增加，从而增加了网络的负担，降低了响应速度，影响了整个服务器的性能。人们称这种模式为文件服务器模式。其构成如图 5-2 所示。其中工作站安装 DBMS 和 DBAP 等应用软件，共享的数据文件安装在服务器上。

1—工作站向服务器发出修改数据的
　请求；
2—服务器将与数据有关的整个文件
　通过网络传给工作站；
3—工作站将修改后的文件发回服务
　器保存

图 5-2　文件服务器模式的工作原理

3．客户机/服务器系统(Client/Server)

20 世纪 90 年代初，随着计算机工业的不断进步，客户机/服务器结构逐渐支配所有形式的网络运算。并且，由于其在商业领域和局域网中的实现而成为了客观上的标准。其中，客户端常被称为前台，服务器称为后台。

所谓的 C/S 结构，就是由一台(或多台)数据库服务器和众多用户的计算机形成的客户机组成的系统结构。服务器负责存储信息，并对信息的管理、安全性和完整性进行控制，客户机则负责运行应用程序，实现与用户的交互，两者由网络连接。当用户想使用后台信息时，通过客户端(应用程序)将请求发给服务器，服务器在处理完请求之后，把客户需要的数据返回给客户端(而不是整个数据文件)，最后将用户在客户端处理完的信息再存储回服务器上，并可供其他客户使用。可见，实际在网络上传输的只有 SQL 语句和结果数据。

在 C/S 模式中：

(1) DBMS 和 DB 都安装在服务器上，客户端只安装 DBAP；

(2) 客户机向服务器发出修改数据的请求；

(3) 服务器把与数据文件有关的数据(记录或记录集)通过网络传给客户机；

(4) 客户机把修改后的数据发回服务器。

客户机的主要工作是：

(1) 管理用户界面，实现与用户的交互；

(2) 处理应用程序；

(3) 产生对后台数据库的请求，并向服务器发出请求；

(4) 接受服务器返回的结果，并以应用程序的格式输出结果；

(5) 数据回送服务器。

服务器的主要工作是：

(1) 接受客户机提出的数据请求，并根据请求处理数据库；

(2) 将处理后的结果传回请求的客户机；

(3) 接受并保存客户机处理后回送的数据；

(4) 保证数据库的安全性和完整性；

(5) 维护数据字典、索引等资源；

(6) 实现查询优化处理。

C/S 模式的目的是在客户机和服务器之间适当地分配工作任务，并减少传递信息所需的网络带宽。

C/S 模式的数据库系统大大提高了系统的联机事务能力，增强了系统的开放性和可扩充性。由于数据的各种操作和维护都在服务器端进行，而用户在客户端根据授权来使用服务器中的数据，这样便为数据提供了强有力的安全保证。同时，对数据的可靠性管理以及维护也带来了方便。因此，C/S 模式在管理信息系统(MIS)中得到了广泛的应用。

但传统的客户机/服务器模式存在一定的局限性。首先是安装维护比较麻烦。除了要安装服务器软件，对每台客户机都要安装客户软件的一份拷贝。当系统升级时，需要重新安装所有的客户端软件。所有 C/S 的管理维护费用都比较高。

其次，满足不了客户端跨平台的要求。一般来说，客户端的操作系统是不同的，与此对应的客户端程序也是不同的。但是，为每一种操作系统设计一个客户端程序是不现实的。而要求客户放弃已有的操作系统来购买一新的操作系统会使客户付出很大的代价。

另外，由于大部分的业务逻辑要在客户端应用程序中实现，因此客户机的性能成为系统性能的一个制约因素。

为了克服传统 C/S 结构的上述缺点，人们在传统 C/S 结构的中间增加一层，把原来客户机所负责的功能交给中间层来实现，这个中间层即为 Web 应用服务器层。这样，客户端就不负责原来的数据存取，用户只需在客户端安装浏览器就可以了，而把原来的服务器作为数据库服务器，在数据库服务器上安装数据库管理系统和创建数据库。Web 服务器的作用就是对数据库进行访问，并通过 Internet/Intranet 网传递给浏览器。这样，Web 服务器既是用户浏览器的服务器，又是数据库服务器的客户端。这就是目前流行的浏览器/服务器(B/S)结构。其构成如图 5-3 所示。

一般采用的 B/S 结构，实际上是三层的 C/S 结构。

B/S 结构同 C/S 结构相比较，具有以下优点：

(1) 可以非常容易地实现多用户监控；

(2) 开发环境与应用环境分离，便于系统的管理与升级；

(3) 应用环境为标准的浏览器，简化了传统系统中较为复杂的 GUI 的开发，降低了对用户的培训、安装、维护等费用；

(4) 易于实现跨平台的应用。

图 5-3 浏览器/服务器结构示意图

5.2 数据库编程方法

大多数数据库管理系统都有一个交互式界面，通过这个界面，用户可直接输入 SQL 命令，数据库管理系统运行该命令并在该交互界面中输出结果，比如 Microsoft SQL Server 环境下的查询分析器 Query Analyzer 就是这样一个交互式界面。

但是，大多数的应用是通过应用程序访问数据库的，这些应用程序通常都是用一种通用程序设计语言开发的，比如 C/C++或 Java。下面介绍一些主要的数据库编程方法。

1．嵌入式 SQL

在嵌入式 SQL 编程方法中，将 SQL 语句嵌入到通用程序设计语言中实现数据库的交互，通常把这种 SQL 语句称为嵌入式 SQL。如果程序中包含 SQL 语句，则这个通用程序设计语言称为宿主语言，而称 SQL 语句为数据子语言。嵌入到宿主程序设计语言中的 SQL 语句要用一个特殊前缀加以标识。例如，嵌入式 SQL 的前缀是字符串 EXEC SQL，宿主程序设计语言中所有 SQL 命令前面都有此字符串。预编译器(Precompiler)先扫描源程序代码，找出 SQL 语句，然后将这些 SQL 语句抽取出来提交给数据库管理系统来执行。

2．使用数据库函数库

通用程序设计语言通过使用函数库来实现数据库的调用，即该语言为应用程序访问数据库提供了一种接口，通常称为应用编程接口(Application Programming Interface，简称 API)。这类函数库包括连接数据库的函数和执行 SQL 语句的函数等。在这类函数中，实际被执行的数据库查询或者更新等 SQL 命令都是以函数的参数形式包含在函数调用中的。本章主要探讨 ODBC 和 JDBC 这两种接口技术。

3．各商业 RDBMS 自带的高级数据库编程

各商业 RDBMS 自带的高级数据库编程技术允许在现有的 SQL 语言中支持一些复杂的程序设计结构，比如循环、条件等流控制语句，从而构成一些程序模块，比如存储过程和函数等，并将这些模块存储在数据库管理系统中并调用执行之。

5.3 嵌入式 SQL 的使用

前面介绍 SQL 语句时，都将其作为独立的数据语言，以交互的方式使用。而实际开发应用系统时，为了缩短开发周期、美化用户界面，应用系统的开发常常借助于面向对象的前台开发工具，它们使用的是某种高级语言(例如 C#、C/C++、Java 等)。但是，当需要在程序中完成对后台数据库的处理时，又使用了能高效处理数据的 SQL 语言(包括后台 DBMS 的某些函数)。这种方式下使用的 SQL 语言称为嵌入式 SQL(Embedded SQL)，其中传统的高级语言称为宿主语言(或主语言)。

SQL 是非过程的、面向集合的数据操纵语言，大部分语句的使用都是独立的，与上下文条件无关，而在事务处理中，常常需有流程控制，即需要程序根据不同的条件执行不同的任务，如果单单使用 SQL 语言，很难实现这类应用。另一方面，高级语言在涉及数据库操作时，不能高效地进行数据的存取。所以，嵌入式 SQL 的使用结合了高级语言的过程性和 SQL 语言的数据操纵能力，可提高数据库应用程序的效率。

DBMS 有两种方法处理嵌入式 SQL 语言：预编译和扩充编译程序法。预编译是由 DBMS 的预编译器对源程序进行扫描，识别出其中的 SQL 语句，把它们转换为宿主语言调用语句，使宿主语言编译器能够识别，最后由编译器将整个源程序编译为目标代码。而扩充编译程序法是修改和扩充宿主语言的编译程序，使其能够直接处理 SQL 语句。目前使用较多的是预编译方法，其处理过程如图 5-4 所示。

图 5-4　预编译处理过程

其中关键的一步，是将嵌有 SQL 的宿主语言源代码通过预编译器(Precompiler)变成纯宿主语言源代码。RDBMS 除了提供 SQL 语言接口外，一般都提供一批用宿主语言编写的 SQL 函数，供应用程序调用 DBMS 的各种功能，如建立与 DBMS 的连接及连接的环境、传送 SQL 语句、执行 SQL 语句、返回执行结果和状态等等。这些函数组成了 SQL 函数库。预编译器将 SQL 语句编译成宿主语言对 SQL 函数的调用，从而把嵌有 SQL 的宿主语言源代码变成纯宿主语言源代码，在编译连接后执行。

使用嵌入式 SQL 必须解决以下几个问题：

(1) 预编译器不能识别和接受 SQL 语句，因此，嵌入式程序中应有区分 SQL 语句与宿主语言语句的标记；

(2) DBMS 和宿主语言程序(程序工作单元)如何进行信息传递；

(3) 一条 SQL 语句原则上可产生或处理一组记录，而宿主语言一次只能处理一个记录，必须协调这两种处理方式。

5.3.1 嵌入式 SQL 的一般形式

在交互式和嵌入式两种不同的使用方式下，SQL 语言的语法结构基本相同。

各个商业 RDBMS 在实现嵌入式 SQL 时，对不同的宿主语言所用的方法基本上是相同的。但由于宿主语言的差异，在实现时也各有特点。

在图 5-4 中，预编译器不能够检查宿主语言的语法合法性，它所能做的是查找表示"嵌入式 SQL 从这里开始"或"嵌入式 SQL 在这里结束"的信号。所以嵌入式 SQL 语句一般都具有一个前缀和一个结束符。一般地，对嵌入的 SQL 语言加前缀 EXEC SQL，而结束标志则随宿主语言的不同而不同：

Ada	EXEC SQL...;
C	EXEC SQL…;
COBOL	EXEC SQL… END EXEC
FORTRAN	EXEC SQL…\<no end>(即没有显式结束符)
MUMPS	&SQL(…);
PASCAL	EXEC SQL…;
PL/I	EXEC SQL…;

下面以 SQL 嵌入 C 语言为例，说明实现嵌入式 SQL 的一般方法。

在 C 语言中嵌入 SQL 语句以 EXEC SQL 开始，以分号";"结尾：

EXEC SQL \<SQL 语句>；

EXEC SQL 本身不区分大小写。在 EXEC SQL 和分号之间只能包含有效的 SQL 语句，不能有任何宿主语言语句。

嵌入式 SQL 语句按照功能的不同，可分为可执行语句和说明性语句。宿主语言程序中，任何允许说明性编程语句出现的地方，都可以出现说明性 SQL 语句；任何可出现可执行编程语句的地方，都允许出现可执行 SQL 语句。其中，可执行 SQL 语句又可以分为数据定义、数据控制和数据操纵三种。

5.3.2 嵌入式 SQL 与宿主语言之间的信息传递

在 DBMS 和宿主语言程序之间的数据传递是通过宿主语言程序变量，简称主变量(Host Variable)来实现的。

1. 主变量

当 SQL 语句引用主变量时，变量前应加冒号"："，以区别于数据库对象名(如列名、表名、视图名等)，因此主变量可与数据库变量同名。在宿主语言中引用主变量时，不须加冒号。

通过主变量，宿主语言可向 SQL 语句提供参数，如指定向数据库中插入(或修改)的数据；另一方面，SQL 语句应能对主变量赋值或设置状态信息返回给应用程序，使应用程序得到 SQL 语句的结果和状态。

在嵌入式程序中，所有的主变量，除系统定义的外，都必须预先加以说明，说明放在两个嵌入式 SQL 语句之间：

```
      EXEC SQL BEGIN DECLARE SECTION;
        ⋮
      EXEC SQL END DECLARE SECTION;
```

中间的内容称为说明段。说明段中变量说明的格式必须符合宿主语言的要求，而且，变量的数据类型应该是宿主语言和 SQL 都能处理的类型，如整数、实数、字符串等，C 语言中不允许主变量为数组或结构。

2．SQL 通信区

在主变量中，有一个系统定义的主变量，叫 SQL 通信区(SQL Communication Area，简称 SQLCA)。SQLCA 是一全局变量，供应用程序和 DBMS 通信时用。SQLCA 变量不需加以说明，只需在嵌入的可执行 SQL 语句前加 INCLUDE 语句就能使用，其格式为

```
      EXEC SQL INCLUDE SQLCA;
```

SQLCA.SQLCODE 是 SQLCA 的一个分量，属于整数类型，供 DBMS 向应用程序报告 SQL 语句的执行情况。每执行一条 SQL 语句，就返回一个 SQLCODE 代码。因此在应用程序中，每执行一条 SQL 语句后，都应测试 SQLCODE 的值，用来了解该 SQL 语句的执行情况，并执行相应的操作。

不同的系统，SQLCODE 代码值的含义可能不完全相同。一般约定：

(1) SQLCODE 为零，表示语句执行成功，无异常情况；

(2) SQLCODE 为负整数，表示 SQL 语句执行失败，具体负整数的值表示错误的类别；

(3) SQLCODE 为正整数，表示 SQL 语句已执行，但出现了例外情况。如 SQLCODE=100，表示语句已执行，但无数据可取(如 DB 中无满足条件的数据)。

例 5.1　以下是一段嵌入 SQL 语句的 C 语言程序，根据用户输入的职工号和项目编号，向 Item_emp 表中输入记录。

```
        ⋮
      EXEC SQL INCLUDE SQLCA;....................................①定义 SQL 通信区
      EXEC SQL BEGIN DECLARE SECTION;... ................. ②主变量说明开始
          char eno[4];
          char ino[6];
          int emp_num;
          int item_num;
      EXEC SQL END DECLARE SECTION; ........................③主变量说明结束
          /*提示用户输入职工号*/
          printf("Enter Employee number: ");
          scanf("%s"，eno);
          /*判断输入的职工号是否存在*/
      EXEC SQL SELECT COUNT(*) INTO :emp_num     ......④将表中该职工号的记录个数
              FROM Employee WHERE eno = :eno;                放入 emp_num 主变量中
          if(emp_num<1)
          {
              printf("The Employye number is not exist! ")
```

```
              break;
        };
         /*提示用户输入参加的项目编号*/
        printf("Enter item number:");
        scanf("%s"，ino);
         /*判断输入的项目号是否存在*/
        EXEC SQL SELECT COUNT(*) INTO: item_num ……⑤将表中该项目号的记录个数
            FROM item WHERE ino = :ino;                        放入 item_num 主变量中
        if(item_num<1)
        {
              printf("The item number is not exist!")
              break;
        };
        EXEC SQL INSERT INTO Item_emp(eno，ino)……⑥将记录插入 Item_emp 表中
                VALUES(:eno，:ino);
        if(sql.sqlcode<>0) ……………………………………⑦利用 SQLCA 中状态信息判断
            break;                                        插入语句执行是否成功
        printf("Inserted successful!!");
  ⋮
```

说明：在本程序中，判断职工号(项目号)是否存在的方法是：用 SQL 函数 COUNT()统计 Employee(item)表中该职工号(项目号)的元组数，并用 INTO 子句将统计值放入主变量 emp_num(item_num)中，如果小于 1，说明该职工号(项目号)不存在。其中，带 INTO 子句的 SELECT 语法是嵌入式 SQL 特有的。

3．指示变量

一个主变量可以附带一个指示变量(Indicator Variable)。指示变量也是一种主变量，它跟在某个主变量之后，用来"指示"该主变量的取值情况。由于主变量不能直接接受空值(NULL)，因此指示变量常常用来描述它所指的主变量的空值情况。

指示变量是一个短整数。若指示变量为 0，说明有关字段值非空，并且将此值置入相应的主变量中；若指示变量为负，说明有关字段值为空(NULL)。此时，若主变量为输出主变量，即由 SQL 语句对其赋值(或设置状态信息)，返回给应用程序，空值将不置入主变量中(因为有些宿主语言并不能处理空值)，由应用程序确定下面的操作；若主变量为输入主变量，即由应用程序对其赋值，给 SQL 语句引用，且相应的字段置空。例如：

```
        EXEC SQL SELECT Dept INTO: department: dd
                FROM Employee
                WHERE Ename =: name: nn;
```

其中，dd 和 nn 分别是主变量 department 和 name 的指示变量，在此，department 为输出主变量，name 为输入主变量。该 SQL 语句执行后的情况如下：

(1) dd、nn 的值均为 0。那么，说明根据确定的职工姓名得到了该职工确定的部门名。

(2) dd 的值为负，nn 的值为 0。说明该职工还没有被分配到哪个部门(或不知道在何部

门)，不能将空值置入 department 中，department 还保持原值不变。

(3) nn 的值为 0。该查询等价于下面的 SQL 语句：

    EXEC SQL SELECT Dept INTO: department: dd

        FROM Employee

        WHERE Ename IS NULL;

显然，上述查询语句实际使用意义不大(因为一般职工姓名不能为空)。

指示变量的其他用法同主变量，应在嵌入的 SQL 语句 BEGIN DECLARE SECTION 与 END DECLARE SECTION 之间进行说明。

5.3.3 游标

SQL 语言和宿主语言的不同之处是，SQL 语言的数据处理方式是通过游标(Cursor)来协调的。游标是系统为用户开设的一个数据缓冲区，用于存放 SQL 语句的执行结果。每个游标都有一个名字。用户可以用 SQL 语句逐一从游标中获取记录，并赋给主变量，由宿主语言作进一步的处理。

游标的操作包括四个步骤。

1. 说明游标

使用 DECLARE 语句为一条 SELECT 语句定义游标，其格式为

    EXEC SQL DECLARE <游标名> CURSOR FOR <SELECT 语句>;

其中，SELECT 语句既可以是简单查询，也可以是连接查询或嵌套查询，它的结果集是一个新的关系。当游标向前"推进"(Fetch)时，可以依次指向该新关系的每条记录。

说明游标仅仅是一条说明性语句，此时 DBMS 并不执行 SELECT 指定的查询操作。

2. 打开游标

使用 OPEN 语句可以打开指定游标，其一般格式为

    EXEC SQL OPEN <游标名>;

打开游标后，将执行相应的 SELECT 语句，把满足查询条件的所有记录从表中取到缓冲区中。此时游标被激活，指针指向结果集中的第一条记录。

3. 推进游标指针并取当前记录

使用 FETCH 语句，可以将缓冲区中的当前记录取出送至主变量供宿主语言进一步处理，同时，把游标指针向前推进一条记录。其语句的一般格式为

    EXEC SQL FETCH <游标名> INTO <主变量名列表>;

主变量名列表由逗号分开，它与 SELECT 语句中的目标列表达式必须一一对应。

推进游标的目的是为了取出缓冲区中的下一条记录。因此，FETCH 语句通常用在一个循环结构语句中，逐条取出结果集中的所有记录进行处理。如果记录已被取完，则 SQLCA.SQLCODE 返回值为 100。

不同 DBMS 的 FETCH 语句的用法可能会有些不同。目前大部分的商业 RDBMS 都对 FETCH 语句进行了扩充，允许向不同方向以指定的步长移动游标指针。

4. 关闭游标

使用 CLOSE 语句关闭游标，释放结果集占用的缓冲区及其他资源。但是，被关闭的游

标可以用 OPEN 语句重新初始化，与新的查询结果相联系。关闭游标的一般格式为

      EXEC SQL CLOSE <游标名>;

    例 5.2   查询某个部门的职工年龄和职称，要查询的部门号由用户在查询运行过程中输入，存放在主变量 dept_no 中。

      ⋮

      EXEC SQL INCLUDE SQLCA; ....①定义 SQL 通信区

      EXEC SQL BEGIN DECLARE SECTION; .... ②主变量说明开始

          char dept_no[2];

          char ename[8]

          int age;

          char title[10];

      EXEC SQL END DECLARE SECTION;

      /* 提示用户输入部门号 */

      printf("Enter Department number:");

      scanf("%s"，dept_no);

      EXEC SQL DECLARE cur_emp CURSOR FOR................③定义游标

          SELECE ename，age，title

          FROM Employee

          WHERE dno=:dept_no;

      EXEC SQL OPEN cur_emp; ....④打开游标

      /*用循环逐条取出并处理结果集中的记录*/

      while(1)

      {

          EXEC SQL FETCH cur_emp INTO :ename，:age，:title;

          ....⑤推进游标指针，取出当前行并送相应主变量

          if(sql.sqlcode<>0)

          break;

          /*由宿主语言对取出的值加以处理*/

          ⋮

      }

      EXEC SQL CLOSE cur_emp;.................⑥关闭游标

      ⋮

有些嵌入式 SQL 语句可直接嵌入宿主语言，而不需要使用游标。这些语句有：

(1) 说明性语句；

(2) 数据定义语句；

(3) 数据控制语句；

(4) INSERT 语句(见例 5.1)；

(5) 查询结果为单记录的 SELECT 语句(见例 5.1)；

(6) 对满足条件的当前记录(或记录集)，系统根据用户要求进行修改或删除的 UPDATE

和 DELETE 语句。有些书上也把 UPDATE 或 DELETE 语句这种使用形式称为非 CURRENT 形式。

例 5.3   在宿主语言中创建和删除表 test。

EXEC SQL CREATE TABLE test

   (CHAR column1[10];

   INT column2);

   EXEC SQL DROP TABLE test;

例 5.4   在宿主语言中将全体高工的物价补贴(Price)全部置为 150 元。

EXEC SQL UPDATE Salary

   SET Price="150"

   WHERE eno in

            (SELECT eno FROM Employee

                WHWRE title='高工');

需要使用游标的 SQL 语句有：

(1) 查询结果为多条记录的 SELECT 语句(见例 5.2)；

(2) 对满足条件的结构集中记录分别进行修改或删除的 UPDATE、DELETE 语句，也称为 CURRENT 形式的 UPDATE、DELETE 语句(下面将进行具体介绍)。

5.3.4   通过游标的更新和删除

例 5.4 中对满足条件的记录，即所有职称为高工的工资记录，进行一次性处理，不需要使用游标。如果只想修改或删除其中的某条(或某几条)记录，则需要使用带游标的 SELECT 语句先查出满足条件的结果集，然后再从中找出需要修改或删除的记录，进行修改或删除。

用 UPDATE 语句或 DELETE 语句修改或删除游标指向的记录时，要用

   WHERE CURRENT OF <游标名>

子句来指明游标指针指向的记录。

在定义游标时，如果是为使用游标的 UPDATE 语句说明游标，在 SELECT 语句中要用

   FOR UPDATE OF <列名>

指明检索出的数据在指定列是可修改的。但是为使用游标的 DELETE 语句定义游标时，则不必使用该子句。

例 5.5   查询全部未婚职工的信息，然后根据用户的要求修改其中某些职工的婚姻状况。

   ⋮

EXEC SQL INCLUDE SQLCA;

EXEC SQL BEGIN DECLARE SECTION;

   char   eno[4];

   char   ename[8]

   int   age;

   int   marry;

```
          char   newmarry[1];
 EXEC SQL END DECLARE SECTION;
 /*定义游标 cur_update_emp，使其与查询结果集相联系*/
 EXEC SQL DECLARE cur_update_emp CURSOR FOR
          SELECE ename，age，marry
          FROM Employee
              FOR UPDATE OF marry;
 /*打开游标*/
 EXEC SQL OPEN cur_update_emp;
 /*用循环结构逐条处理结果集中的记录*/
 while(1)
 {
          /*从结果集中取当前行，送相应主变量，并推进游标*/
          EXEC SQL FETCH cur_update_emp
          INTO :ename，:age，:marry;
          /*如果查询结果已处理完或出现错误，则退出循环*/
          if(sql.sqlcode<>0)
            break;
          /*打印职工信息*/
          printf("%s%s%s"，ename，age，marry);
          printf("Update the states of marryage? ");
          scanf("%c"，&yn);
          /*要求修改当前职工记录婚姻状况*/
          if(yn='y' or yn='Y')
          {
              printf("Input 1 or 0: 1 Means Married，0 Means not Married");
              scanf("%c"，newmarry);
              /*修改当前职工记录的婚姻状况*/
              EXEC SQL UPDATE employee
                  SET marry=:newmarry
                  WHERE CURRENT OF cur_update_emp;
          }
     ⋮
 }
 /*关闭游标*/
 EXEC SQL CLOSE cur_update_emp;
  ⋮
```

例 5.6　按职工号查询职工所参加的项目，然后根据用户的要求删除其中的某些记录。职工号由主变量 eno 给出。

```
        ⋮
    EXEC SQL INCLUDE SQLCA;
    EXEC SQL BEGIN DECLARE SECTION;
        char    eno[4];
        char    ino[1];
    EXEC SQL END DECLARE SECTION;
    printf("Enter Employee number: ");
    scanf("%s", eno);
    /*定义游标 cur_delete_item, 使其与查询结果集相联系*/
    EXEC SQL DECLARE cur_delete_item CURSOR FOR
            SELECE eno, ino
            FROM item_emp
            WHERE eno=:eno
            ORDER BY ino;
    /*打开游标*/
    EXEC SQL OPEN cur_delete_item;
    /*用循环结构逐条处理结果集中的记录*/
    WHILE(1)
    {
            EXEC SQL FETCH cur_delete_emp INTO :eno, ino;
            if(sql.sqlcode<>0)
                    break;
            printf("%s%s", eno, ino);
            printf("Delete this Record? ");
            scanf("%c", &yn);
            if(yn='y' or yn='Y')
                    EXEC SQL DELETE FROM item_emp
                            WHERE CURRENT OF cur_delete_item;
        ⋮
    }
    /*关闭游标*/
    EXEC SQL CLOSE cur_delete_item;
        ⋮
```

例 5.6 在定义游标时, 把取出的结果集按照 ino 分量进行了排序。

5.3.5 动态 SQL 介绍

嵌入式 SQL 语句为编程提供了一定的灵活性, 使用户可以在程序运行过程中根据实际需要输入查询中某些变量的值。这些 SQL 语句的共同特点是, 语句中主变量的个数与数据类型在预编译时都是确定的，只有主变量的值是在程序运行过程中动态输入的，这类嵌入式 SQL 语句称为静态 SQL 语句。静态 SQL 语句必须在编译前全部确定，并交由嵌入式 SQL 预处理器编译。

静态 SQL 语句提供的编程灵活性仍有限制。有时需要编写更为通用的程序，这就需要使用动态 SQL 技术。动态 SQL 语句允许用户在程序运行时动态构造、提交 SQL 语句。下面是 C 程序中使用动态查询语句的例子：

```
⋮
EXEC SQL BEGIN DECLARE SECTION;
char sqlstring[100];
char emp_no[4];
char sqlstring = "UPDATE salary SET price = price*1.5 WHERE eno = ? "
EXEC SQL prepare dynprog from :sqlstring;
char emp_no[4] = "1004 "
EXEC SQL execute dynprog using :emp_no;
⋮
```

该动态 SQL 程序包含有一个 "?"，这是占位变量，其所在位置的值在 SQL 程序执行时由主变量 emp_no 提供。在动态 SQL 语句中，也可包含多个占位变量，在执行时，将按其在语句中出现的先后次序，依次用 USING 后的宿主变量取代。

一般在预编译时下列信息不能确定的，需要使用动态 SQL 技术：

(1) SQL 语句正文；

(2) 主变量的个数；

(3) 主变量的数据类型；

(4) SQL 中引用的数据库对象(如列、基本表、视图等)。

5.4 数据库接口技术

在网络数据库应用系统中，应用程序要访问的数据可能由多种 RDBMS 所管理。这就提出了一个问题：在同一个应用系统中，怎样访问多个不同的 RDBMS 中的数据；或者在不同的应用系统中怎样访问同一个 RDBMS 中的数据。因为不同的应用系统可能由不同的开发工具所开发，每一种开发工具提供的访问数据库的方法是不同的，而每一种 RDBMS 所支持的 SQL 语言也不完全相同。

本节将介绍如何使用 ODBC 和 JDBC 来实现应用程序对数据库的访问。使用 ODBC 编写的应用程序其可移植性好，能同时访问不同的数据库，共享多个数据资源。

5.4.1 开放数据库互连——ODBC

开放数据库互连(Open DataBase Connectivity，简称 ODBC)是微软公司开发的一套开放数据库系统应用程序的公共接口。它建立了一组规范，并提供了一组对数据库访问的标准

API(应用程序编程接口)。

ODBC 提供了一个与产品无关的在前端应用和后端数据库服务器之间的接口。利用 ODBC 开发的应用系统可以方便地在不同厂商的数据库服务器上进行移植，从而提高了数据的共享性，使应用程序具有良好的可移植性。

一个完整的 ODBC 由下列几个部件组成：

(1) 应用程序(Application)；

(2) ODBC 驱动程序管理器(ODBC Driver Administrator)；

(3) ODBC 驱动程序(ODBC Driver)；

(4) 数据源(Data Source)。

ODBC 部件之间的关系如图 5-5 所示。

图 5-5　ODBC 系统结构

1) 应用程序

应用程序要访问一个数据库，首先必须用 ODBC 数据源管理器注册一个数据源，管理器根据数据源提供的数据库位置、数据库类型及 ODBC 驱动程序等信息，建立起 ODBC 与具体数据库的联系。这样，只要应用程序将数据源名提供给 ODBC，ODBC 就能建立起相应数据库的连接。

2) ODBC 驱动程序管理器

ODBC 驱动程序管理器由 Microsoft 提供，它位于 Windows 操作系统下的控制面板中。ODBC 驱动程序可从 Microsoft 提供的操作系统中或数据库提供商那里获得。只要安装了新的 ODBC 驱动程序，应用系统就可访问新的后台数据库。

驱动程序管理器是一个动态连接库，用来加载 ODBC 驱动程序，调度驱动程序的工作。在 ODBC 中，ODBC API 不能直接访问数据库，必须通过驱动程序管理器与数据库交换信息。驱动程序管理器负责将应用程序对 ODBC API 的调用传递给正确的驱动程序，而驱动程序在执行完相应的操作后，将结果通过驱动程序管理器返回给应用程序。

3) ODBC 驱动程序

在访问 ODBC 数据源时需要具体的 ODBC 驱动程序的支持。如果应用程序访问的是 SQL Server 服务器，则 ODBC 驱动程序管理器调用 SQL Server 的驱动程序建立应用系统与数据源的连接，并向数据源提交用户请求的 SQL 语句，进行数据格式的转换，向应用程序返回处理结果等。

　　4) 数据源

　　每一个数据源(Data Source Name，简称 DSN)都有一个数据源名。数据源包含了数据库的物理位置、数据库名、数据库类型、用户名等信息，它实际上是一种数据连接的抽象。

　　假如学校要开发一个管理信息系统，有两个数据库，一个是 Foxpro 数据库，包括了教职工信息、财务信息和科研信息等；另一个是 SQL Server 数据库，包含了学生信息等。为了方便应用系统与这两个数据库的通信，可以创建两个 ODBC 数据源，一个命名为 Teacher，指向 FoxPro 管理的数据库；另一个数据源命名为 Student，指向另一个 SQL Server 管理的数据库。当应用程序要访问数据库中的数据时，只需指明数据源名称，而不必指明所使用的驱动程序、服务器名、数据库名等。

　　由以上内容可知，建立数据源是在开发 ODBC 数据库应用程序时首先要完成的工作。

5.4.2　ODBC 实例分析

　　一般地，编写 ODBC 程序主要有以下几个步骤。

　　(1) 分配 ODBC 环境。对于编写任意的 ODBC 应用程序来说，第一步的工作是装载驱动程序管理器，然后初始化 ODBC 环境，分配环境句柄。

　　程序中先声明一个 SQLHENV 类型的变量，再调用函数 SQLAllocHandle，驱动程序分配一个结构用来存放环境信息，然后返回对应于该环境的环境句柄。实现代码如下：

　　　　SQLHENV henv;

　　　　SQLAllocHandle(SQL_HANDLE_ENV,SQL_NULL_HANDLE,&henv);

　　(2) 分配连接句柄。分配环境句柄后，在建立至数据源的连接之前，必须分配一个连接句柄。每一个到数据源的连接对应于一个连接句柄。

　　程序先定义了一个 SQLHDBC 类型的变量，用于存放连接句柄，然后调用 SQLAllocHandle 函数分配句柄。实现代码如下：

　　　　SQLHDBC hdbc;

　　　　SQLAllocHandle(SQL_HANDLE_DBC,henv,&hdbc);

　　(3) 连接数据源。当连接句柄分配完成后，可以设置连接属性。所有的连接属性都有缺省值，也可以通过调用函数 SQLSetConnectAttr() 来设置连接属性，并用函数 SQLGetConnectAttr() 获取这些连接属性。

　　完成对连接属性的设置之后，就可以建立到数据源的连接了。对于不同的程序和用户接口，可以用不同的函数建立连接，如 SQLConnect、SQLDriverConnect、SQLBrowseConnect。

　　SQLConnect 函数提供了最为直接的程序控制方式，只要提供数据源名称、用户名和口令就可以进行连接。其函数格式如下：

　　　　sqlreturn sqlconnect(sqlhdbc connectionhandle,sqlchar servername,

　　　　　　　　　　sqlsmallint namelength1,sqlchar username,sqlsmallint namelength2,

　　　　　　　　　　sqlchar *authentication,sqlsmallint namelength3);

　　其中：connectionhandle 为连接句柄；servername 为数据源名称；namelength1 为数据源名称长度；username 为用户 id；namelength2 为用户 id 长度；authentication 为用户口令；

namelength3 为用户口令长度。返回值有 sql_success、sql_success_with_info、sql_error 或 sql_invalid_handle，其中连接成功返回 sql_success。

(4) 构造和执行 SQL 语句，并取得执行结果。应用程序的绝大部分数据库访问工作都是通过执行 SQL 语句完成的，在执行 SQL 语句之前，必须要先分配一个语句句柄，然后设置相应语句的语句属性，再执行 SQL 语句。当一个语句句柄使用完成后，调用函数 SQLFreeHandle()释放该句柄。实现代码如下：

```
SQLHSTMT hstmt = SQL_NULL_HSTMT;
SQLFreeHandle(SQL_HANDLE_STMT, hdbc, &hstmt);
```

从数据源取回的数据存放在应用程序定义的变量中，因此，必须首先分配与记录集中字段相对应的变量，然后通过函数 SQLBindCol 将记录字段同程序变量绑定在一起。

(5) 断开同数据源的连接。当完成对数据库的操作后，就可以调用 SQLDisconnect 函数关闭同数据源的连接。

(6) 释放 ODBC 环境。最后一步就是释放 ODBC 环境参数了。

例 5.7 编写 ODBC 程序实现数据库操作中的添加、修改和删除，采用直接执行方式和参数预编译执行方式两种方式。数据源名称为 test，分别实现执行 SQL 语句：

(1) 向表中插入已知数据值：INSERT into Item_Emp values('200101', '1004')。

(2) 查询 Employee 表中全部职工号 Eno：SELECT Eno FROM Employee。

具体实现程序如下：

```
#include <stdio.h>
#include <string.h>
#include <windows.h>
#include <sql.h>                         //包含有基本的 ODBC  API 的定义
#include <sqlext.h>                      //包含有扩展的 ODBC 的定义
#include <sqltypes.h>
#include <odbcss.h>
SQLHENV henv = SQL_NULL_HENV;            //分配 ODBC 环境句柄
SQLHDBC hdbc = SQL_NULL_HDBC;            //分配连接句柄
SQLHSTMT hstmt = SQL_NULL_HSTMT;         //分配 SQL 语句句柄，每次执行完成后释放
int main(){
RETCODE retcode;
UCHAR szDSN[SQL_MAX_DSN_LENGTH+1] ="test";      //ODBC 数据源
UCHAR szUID[MAXNAME] = "sa";            //SQL 登录用户名
UCHAR szAuthStr[MAXNAME] = "";          //密码
// SQL 语句(1)：向表中插入已知数据值
UCHAR sql1[50]="INSERT into Item_Emp values('200101', '1004')";
// SQL 语句(2)：查询全部记录
UCHAR sql2[50]="SELECT Eno FROM Employee";
/*连接数据源*/
//分配环境句柄
```

```
retcode = SQLAllocHandle(SQL_HANDLE_ENV,NULL,&henv);
retcode=SQLSetEnvAttr(henv,SQL_ATTR_ODBC_VERSION,(SQLPOINTER)SQL_OV_ODBC3,
SQL_IS_INTEGER);
```
//分配连接句柄，每一个到数据源的连接对应于一个连接句柄

//首先定义了一个 SQLHDBC 类型的变量 hdbc，用于存放连接句柄，然后调用 SQLAllocHandle
函数分配句柄

```
retcode = SQLAllocHandle(SQL_HANDLE_DBC, henv, &hdbc);
```
//建立到数据源的连接
```
retcode = SQLConnect(hdbc,szDSN,4,szUID,2,szAuthStr,0);
```
//判断连接是否成功
```
if((retcode!= SQL_SUCCESS)&&(retcode!=SQL_SUCCESS_WITH_INFO)){
    printf("连接失败!\n");}
else{
    /*创建并执行一条或多条 SQL 语句，由分配一个语句句柄(statement handle)、创建 SQL 语句、
执行语句、销毁语句几部分构成*/
    retcode = SQLAllocHandle(SQL_HANDLE_STMT, hdbc, &hstmt);
    /*直接执行添加操作 INSERT into Item_Emp values('200101', '1004')*/
    SQLExecDirect (hstmt,sql,44);*/
```
//执行查询语句 SELECT Eno FROM Employee，并全部输出查询结果
//确认一个结果集是否可用
```
    SQLExecDirect(hstmt,sql2,24);
```
//将结果集的列绑定在适当的变量上
```
    char list[4];
    SQLBindCol(hstmt1,1,SQL_C_CHAR,list,4,0);
    do{
        retcode = SQLFetch(hstmt1);
        if(retcode == SQL_NO_DATA){
            break;
        }
        printf("%s\n",list);
    }while(1);
    printf("操作成功!");
```
//释放语句句柄
```
    SQLCloseCursor (hstmt);
    SQLFreeHandle (SQL_HANDLE_STMT, hstmt);
}
```
/*断开数据源*/
//断开与数据源的连接
```
SQLDisconnect(hdbc);
```

```
//释放连接句柄
SQLFreeHandle(SQL_HANDLE_DBC, hdbc);
//释放环境句柄 (如果不再需要在这个环境中作更多连接)
SQLFreeHandle(SQL_HANDLE_ENV, henv);
return(0);
}
```

5.4.3　Java 数据库连接——JDBC

JDBC 表示"Java DataBase Connectivity"，即允许 Java 程序访问 SQL 数据库。Java 程序能够在安装了 Java 解释器的任意操作系统上运行，也正鉴于 Java 的这种可移植性，大多数 RDBMS 开发商都提供了 JDBC 驱动程序，以实现通过 Java 程序来访问 SQL 数据库。因此，JDBC 驱动程序就是特定 RDBMS 所提供的 JDBC 应用程序接口(API)中所制定的函数调用的实现。

使用 JDBC 函数调用实现数据库访问，首先要做以下工作：

(1) 必须将 JDBC 类库导入到 Java 程序中，这些类库称为 java.sql.*，实现语句如下：

　　import java.sql.*

(2) 加载将要使用的 RDBMS 相关驱动程序。这一步可能需要依赖于安装实现，结果将产生一个叫做 DriverManager 的对象。

以 Microsoft SQL Server 为例，首先可以在 Microsoft 的网站(http://www.microsoft.com/sql)选择下载 SQL Server 2000 Driver for JDBC 后并安装。安装完成后，在安装目录 C:\Program Files\Microsoft SQL Sever 2000 Driver for JDBC 的 lib 目录下有三个 jar 文件 msbase.jar、mssqlserver.jar 和 msutil.jar，所有需要的类都在这三个文件中。因此，需要将这三个文件的路径加入到 classpath 中。

(3) 建立与数据库的连接。使用 DriverManager 类的方法 getConnection 创建一个连接对象，那么就创建了一个 Connection 类型的变量。

创建连接的 Java 语句如下：

　　Connection myConn = DriverManager.getConnection(<URL>,<name>,<password>);

上述语句中 getConnection 将希望连接的数据库的 URL、用户名和密码作为参数。它返回 Connection 类型的对象，对象名称是 myConn。注意：Java 的编程风格是在一条语句中指定 myConn 的类型和值。

通过把合适的方法应用到诸如 myConn 的连接中，可以创建语句对象，将 SQL 语句"置入"这些对象，然后将值绑定到 SQL 语句参数，执行 SQL 语句并且逐个检查元组。

Statement 主要的功能就是与数据库沟通，它能够将 SQL 命令传送至数据库执行，并接收返回的结果。由于与数据库沟通的方式有好几种，于是 JDBC API 也提供了不同的 Statement，PreparedStatement 主要用来提供条件式的 SQL 命令，CallableStatement 则多用于执行存储过程。

Statement 最主要的用途为传送静态的 SQL 命令给数据库执行，并返回一个 ResultSet 类型的对象存储数据库执行 SQL 命令的数据结果。其具体流程如：

(1) 利用 Connection 对象的 createStatement 方法建立一个 Statement 对象。有两种方法可以施加于一个连接，它们的名字相同，但是参数数量不同。

① createStatement()返回 Statement 类型的对象。该对象没有相关的 SQL 语句，该调用接受一个连接句柄，返回一个语句句柄。

② createStatement(string sql)返回 PreparedStatement 类型的对象，此处 sql 是一个作为字符串被传递的 SQL 查询。实现语句如下：

Public Statement createStatement() throws SQLException

(2) 利用 Statement 对象的 executeUpdate 方法或者 executeQuery 方法来执行 SQL 命令。JDBC 中有一个通用方法 execute，还有两个特殊方法分别是 executeUpdate 和 executeQuery。

① 如果是插入、修改或删除的 SQL 命令，使用 executUpdate 方法并返回一个整型值来表示执行 SQL 命令所影响的记录条数，如更新的记录数或者删除的记录数。实现语句如下：

Public int executeUpdate(string sql)throws SQLException

② 而属于查询的 SQL 命令，则使用 executeQuery 方法，并返回一个 SQL 命令所产生的 ResultSet 类型的对象。实现语句如下：

Public ResultSet executeQuery (string sql) throws SQLException

另外，executeUpdate()和 executeQuery()均无参数，分别被利用于 PreparedStatement 对象。

例5.8 假设有一个连接对象 myConn，希望执行查询：

SELECT Ename, Title FROM Employee;

一种方法是创建 execStat 语句对象，接着用它直接执行查询。结果集被置于 ResultSet 类型的对象 Worths 中，实现代码如下：

Statement execStat = myConn.createStatement();

ResultSet Worths = execStat.executeQuery("SELECT Ename, Title FROM Employee");

另一种方法是立即准备查询然后再执行查询。如果要重复地执行相同的查询，则这个方法更好些，因为 RDBMS 不需要重复准备相同的查询而可以多次执行，实现代码如下：

PreparedStatement execStat = myConn.createStatement("SELECT Ename, Title FROM Employee");

ResultSet Worths = execStat.executeQuery();

5.5 SQL 中的存储过程

目前，大部分的商业 RDBMS 都提供了存储过程和用户定义函数，用来解决应用中的一些较复杂的业务规则。由于在 SQL-92 中，没有存储过程和用户定义函数的标准，所以不同的系统中，此类 SQL 语句在语法和功能上是稍有差别的。

在 C/S 和 B/S 结构的软件开发中，SQL 语言是前台应用程序和后台数据库服务器之间的主要编程接口。使用 SQL 程序时，可用两种方法存储和执行程序。一是可以在前台存储程序，并创建向后台服务器发送命令并处理及返回结果的应用程序；二是将程序存储在数据库中保存为存储过程，在前台创建执行存储过程并处理及返回结果的应用程序。

数据库中的存储过程与其他编程语言中的过程类似，存储过程可以：

(1) 接受输入参数并以输出参数的形式将多个值返回至调用过程或批处理。

(2) 包含执行数据库操作(包括调用其他过程)的编程语句。

(3) 向调用过程或批处理返回状态值，以表明成功或失败(以及失败原因)。

存储过程是由一组 SQL 语句组成的，预先编译后存储在数据库中，可供前台应用程序多次调用。使用存储过程既能方便软件开发，又能减少解释执行 SQL 语句时句法分析和查询优化的时间，提高了效率。在 C/S 结构下，应用程序(客户端)只需向服务器发出一个调用存储过程的请求，服务器上就可执行一批 SQL 命令，中间结果不用返回客户端，大大降低了网络流量和服务器的开销。

存储过程相对于其他的数据库访问方法有以下的优点：

(1) 可以重复使用。存储过程可以重复使用，从而可以减少数据库开发人员的工作量。

(2) 提高性能。存储过程在创建的时候就进行了编译，将来使用的时候不用再重新编译。一般的 SQL 语句每执行一次就需要编译一次，所以使用存储过程提高了效率。

(3) 减少网络流量。存储过程位于服务器上，调用的时候只需要传递存储过程的名称以及参数就可以了，因此降低了网络传输的数据量。

(4) 增加安全性。参数化的存储过程可以防止 SQL 注入式的攻击，而且可以将 Grant、Deny 以及 Revoke 权限应用于存储过程。

5.5.1 存储过程的定义

存储过程的定义主要包括两部分：一是过程名及参数的说明；二是过程体的说明。创建存储过程的语句形式如下：

> CREATE PROCEDURE <存储过程名>
>> [<参数列表>]
> AS
>> <过程体>;

其中：<参数列表>由一个或多个参数说明组成，每个参数说明包括参数名和参数的数据类型，当然，存储过程也可以没有任何参数；<过程体>是实现存储过程功能的一组 SQL 语句。

例 5.9 设计一存储过程，要求该过程能根据职工姓名查询出该职工所参加的全部项目名称。

```
CREATE PROCEDURE proc_EmpJoinItems_1
    @emp_name VARCHAR(20)
AS
    SELECT Iname FROM Item i，Employee e
    WHERE i.Eno=e.Eno and e.Ename=@emp_name;
```

注：在商业 RDBMS 中，一般用符号@说明局部变量，如例 5.9 中的@emp_name 是该存储过程的变量(参数)，可在调用存储过程时传递职工姓名。此例中参数说明句法遵循 Microsoft SQL Server 的语法。

为了使存储过程的设计更方便，功能更强大，SQL 中增加了一些流程控制语句，主要有以下几种：

(1) 赋值语句，可将 SQL 表达式的值赋值给局部变量。

(2) 分支语句，用于设计分支程序，如 IF…THEN…ELSE…语句、CASE 语句等。

(3) 循环语句，如 FOR、WHILE、REPEAT 等语句。

(4) 调用存储过程语句 CALL 或 EXECUTE 和从存储过程返回语句 RETURN。

不同厂商的 DBMS 在具体的语句语法上稍有不同。

例 5.10 要求将例 5.9 改为首先判断该职工是否存在，若存在再判断该职工参加了几个项目。

```
--说明存储过程名及参数
CREATE PROCEDURE proc_EmpJoinItems_2
    @emp_name       VARCHAR(20)
AS
    --定义变量
    DECLARE @count    int，
            @msg      varchar(50)
    --判断该职工是否存在
    SELECT @count = count(*)
    FROM Employee
    WHERE name = @emp_name
    --如果该职工不存在，返回 0
    IF @count=0
        RETURN 0
    ELSE
        BEGIN
    --求出该职工参加的项目数
            SELECT @count = count(*)
            FORM Employee e，Item i
                WHERE i.eno = e.eno and e.name = @emp_name;
            --返回该职工参加的项目数
                RETURN @count
        END
```

注：例 5.10 中参数说明句法和流程控制语句都遵循 Microsoft SQL Server 的语法。

例 5.11 在存储过程中使用游标实现为不同职称的职工加薪也有所不同：具有"高工"职称的职工加薪 30%；有"工程师"职称的职工加薪 20%；"助工"职称的职工加薪 10%。

```
CREATE PROCEDURE proc_raise
AS
    --声明游标变量
        DECLARE emp_cursor CURSOR FOR
```

```
        SELECT Eno,Title FROM Employee
    --声明存放临时变量薪水增长幅度 increment
    DECLARE @increment DECIMAL(2,1)
    --声明存放临时变量 eno
    DECLARE @eno char(4)
    --声明存放临时变量 title
    DECLARE @title char(6)
    --打开游标
    OPEN emp_cursor
    --获取游标，将实际值赋给变量
    FETCH next FROM emp_cursor into @eno,@title
    --循环开始
    WHILE(@@fetch_status=0)
    BEGIN
        --根据查询所得职称，设置变量增长幅度@increment 的值
        IF @title='高工' set @increment=0.3
            ELSE IF @title='工程师' set @increment=0.2
            ELSE IF @title='助工' set @increment=0.1
        --为该职工加薪
        UPDATE Salary
        SET Basepay=Basepay*(1+@increment)
        WHERE Eno=@eno
        FETCH next FROM emp_cursor into @eno,@title
    END
    --关闭游标
    CLOSE emp_cursor
    --释放游标
    DEALLOCATE emp_cursor
GO
```

注：例 5.11 中涉及的编程语法都遵循 Microsoft SQL Server 的语法。

5.5.2 存储过程的执行

存储过程一旦创建，就作为数据库的一个对象保存在数据库中。用户可以在 RDBMS 中执行存储过程，但更多的时候是在前台应用程序中调用。有些开发工具(如 Visual Basic、Delphi 等)提供了专门的控件调用服务器的存储过程，这时可通过设置控件的属性指明调用的存储过程的名字、传入的参数值等。也有些开发工具提供了专门的语句执行存储过程，如 CALL 语句、EXECUTE 语句等，使用的方法与在 RDBMS 中直接执行的方法相似。下面使用 Microsoft SQL Server 的语句格式，说明存储过程的执行方法。

(1) 执行例 5.9 的存储过程，查询出职工"张小华"所参加的全部项目名称。

    EXECUTE   proc_EmpJoinItems_1 @emp_name="张小华"

或   EXECUTE   proc_EmpJoinItems_1 "张小华"

(2) 执行例 5.10 的存储过程，判断职工"李安"是否存在，并给出相应的提示信息。

    DECLARE   @retvalue int

    EXECTUE   @retvalue = proc_EmpJoinItems_2 "李安"

    IF   @retvalue = 0

        Print "The employee you put in is not exist! "

    ELSE

        Print "The items he joined in is " + @count

5.6　SQL 中的用户定义函数

为了使用户对数据库进行查询和修改时更加方便，各商业 RDBMS 都在 SQL 语言中提供了许多内部函数以供调用，同时，也支持用户根据自己的需要来创建函数。

函数可以由系统提供，也可以由用户创建。系统提供的函数称为内置函数，也叫系统函数，它为用户方便快捷地执行某些操作提供帮助；用户创建的函数称为用户定义函数，它是用户根据自己的特殊需求而创建的，用来补充和扩展内置函数。

使用用户定义函数的优点有：

(1) 允许模块化程序设计。只需创建一次函数并将其存储在数据库中，以后便可以在程序中调用任意次。用户定义函数可以独立于程序源代码进行修改。

(2) 执行速度更快。与存储过程相似，用户定义函数通过缓存计划并在重复执行时重用它来降低代码的编译开销。这意味着每次使用用户定义函数时均无需重新解析和重新优化，从而缩短了执行时间。

(3) 减少网络流量。基于某种无法用单一标量表达式表示的复杂约束来过滤数据的操作，可以表示为函数。然后，此函数便可以在 WHERE 子句中调用，以减少发送至客户端的字数或行数。

本节所讨论的各类函数定义语句的基本格式和各实例的语法都遵循 Microsoft SQL Server 的语法。

5.6.1　函数的定义

从 Microsoft SQL Server 2000 以后的版本，均允许用户创建用户定义函数，用户定义函数可以有返回值。

用户定义函数分为标量函数和表值函数。如果函数定义中的 RETURNS 子句指定返回的是一种标量数据类型的值，则函数为标量函数，可以使用多条 Transact-SQL 语句定义标量值函数；如果 RETURNS 子句指定的是 TABLE 数据类型的返回值，则函数为表值函数。

表值函数又可分为内联表值函数和多语句表值函数。如果 RETURNS 子句指定的

TABLE 不附带列的列表定义,则该函数为内联表值函数;如果 RETURNS 子句指定的 TABLE 类型带有列表及其数据类型,则该函数是多语句表值函数。

函数的定义可以主要分成三个部分:

(1) 函数名及参数的说明;

(2) RETURNS 返回值的说明;

(3) 函数体的说明。

创建用户定义函数的语句形式如下:

```
CREATE FUNCTION <函数名>
        [<参数列表>]
RETURNS <返回值>
AS
        <函数体>;
```

其中:<函数名>有时需指定该函数的拥有者,尤其在标量函数中;<参数列表>由一个或多个参数说明组成,每个参数说明包括参数名和参数的数据类型,当然也支持无参数函数;<返回值>说明可以是标量型数据类型,也可以是表结构型数据类型;<函数体>是实现函数功能的一组 SQL 语句,其中必定包含 RETURN 语句。

1. 标量函数

1) 语句基本格式

标量函数语句的基本格式如下:

```
CREATE FUNCTION <函数名>[<参数列表>]
RETURNS <标量型数据类型>
[AS]
BEGIN
        <函数体>
        RETURN <标量型表达式>
END
```

2) 说明

<参数列表>:定义一个或多个参数的名称。一个函数最多可以定义 1024 个参数,每个参数前用符号"@"标明。参数的作用范围是整个函数。参数只能替代常量,不能替代表名、列名或其他数据库对象的名称。用户定义函数不支持输出参数。

<标量型数据类型>:指定标量型返回值的数据类型,可以为除 TEXT、NTEXT、IMAGE、CURSOR、TIMESTAMP 和 TABLE 类型外的其他数据类型。

<标量型表达式>:指定标量型用户定义函数返回的标量值表达式。

例 5.12 根据输入的职工姓名查询该职工的职称。

```
CREATE FUNCTION dbo.func_emp_title(@ename CHAR(8))
--返回单个数据值,即该职工@ename 的职称@title
RETURNS CHAR
AS
BEGIN
```

```
DECLARE @title CHAR(6)
SELECT @title=title FROM Employee WHERE Ename=@ename
RETURN(@title)
END
```

2. 内联表值函数

1) 语句基本格式

内联表值函数的语句基本格式如下：

```
CREATE FUNCTION <函数名> [<参数列表>]
RETURNS TABLE
[AS]
    RETURN <查询语句>
```

2) 说明

TABLE：指定返回值为一个表。

<查询语句>：单个 SELECT 语句，确定返回表的数据。

例 5.13 根据输入的职工姓名查询该职工参与项目的研究情况。

```
CREATE FUNCTION dbo.func_emp_item(@ename CHAR(8))
--返回表由查询语句所得列名和数据值构成
RETURNS TABLE
AS
    RETURN (SELECT Ename,Iname,Start_date,End_date
            FROM Employee, Item_Emp,Item
            WHERE Employee.Eno=Item_Emp.Eno AND Item_Emp.Ino=Item.Ino
            AND Ename=@ename)
```

3. 多语句表值函数

1) 语句基本格式

多语句表值函数语句的基本格式如下：

```
CREATE FUNCTION <函数名> [<参数列表>]
RETURNS <返回表变量> TABLE <表定义>
[AS]
BEGIN
    <函数体>
    RETURN
END
```

2) 说明

<返回表变量>：一个 TABLE 类型的变量，用于存储和累积返回表中的数据行。

其余参数与标量型用户定义函数相同。

在多语句表值函数的函数体中允许使用下列 Transact-SQL 语句：赋值语句，流控制语句，定义作用范围在函数内的变量和游标的 DECLARE 语句，SELECT 语句，编辑函数中定义的表变量的 INSERT、UPDATE 和 DELETE 语句以及在函数中允许涉及诸如声明游标、打开游标、关闭游标、释放游标等操作。对于读取游标而言，除非在 FETCH 语句中使用 INTO 从句来对某一变量赋值，否则不允许在函数中使用 FETCH 语句来向客户端返回数据。

例 5.14　根据输入的部门号查询该部门里每个职工参与项目的总经费。

```
CREATE FUNCTION dbo.func_emp_outlay(@dno CHAR(8))
--重新定义返回表的构成列和数据类型
RETURNS @emp_outlay_tab TABLE(ename CHAR(8),sumoutlay DECIMAL(5,2))
AS
BEGIN
    INSERT INTO @emp_outlay_tab
    SELECT Ename,SUM(Outlay)
    FROM Employee, Item_Emp,Item
    WHERE Employee.Eno=Item_Emp.Eno AND Item_Emp.Ino=Item.Ino
            AND Dno=@dno
    RETURN
END
```

5.6.2　函数的调用和执行

根据用户定义函数类型的不同，用户定义函数的调用和执行也有很大不同。

1．标量函数

和内置系统函数一样，可以调用返回标量类型数据值的用户定义函数。标量函数可以出现在查询语句的 SELECT 列表、WHERE 或者 HAVING 子句的条件表达式、GROUP BY 子句、ORDER BY 子句中；也可以出现在更新数据 UPDATE 语句的 SET 子句中；还可以出现在增加数据的 INSERT 语句的 VALUES 中。

也可在赋值运算表达式中调用用户定义函数，以便在指定为有操作数的表达式中返回标量值。还可在流控制语句的布尔表达式中调用返回标量值的用户定义函数等等。

可采用与存储过程相同的方式执行返回标量值的用户定义函数，执行时，尤其要注意参数的传递。参数的传递可以指定参数的名称，使得参数所传递的具体值所出现的顺序不必和函数定义时参数出现的顺序一致；也可以不指定参数的名称，此时要求参数值的顺序必须与参数定义时的顺序一致。

例 5.15　执行例 5.12 中定义的函数 dbo.func_emp_title。

```
DECLARE @var_title CHAR(6)
EXECUTE @var_title = dbo.func_emp_title('胡一民');
SELECT @var_title
```

2．表值函数

调用表值函数，可以在 SELECT、INSERT、UPDATE 或 DELETE 语句的 FROM 子句中允许使用表名的位置调用返回 TABLE 表值的用户定义函数。在调用返回表的用户定义函数后可以加上可选的表别名。

例 5.16 在 SELECT 语句的 FROM 子句中调用例 5.13 所定义的表值函数 dbo.func_emp_item。

```
SELECT Ename,Iname,Start_date,End_date
FROM dbo.func_emp_item("胡一民");
```

5.6.3 函数与存储过程

在商业 RDBMS 自带的高级数据库编程中，用户定义函数和存储过程有类似的功能，都可以创建捆绑 SQL 语句，存储在数据库服务器中供以后使用，这样能够极大地提高工作效率。函数与存储过程都存在以下优点：

(1) 重复使用编程代码，减少编程开发时间。

(2) 隐藏 SQL 细节，把 SQL 繁琐的工作留给数据库设计人员，而程序开发员则集中处理高级编程语言。

(3) 模块化设计使得修改集中化。可以在一个地方作业务上的逻辑修改，然后让这些修改自动应用到所有相关程序中。

乍看之下，用户定义函数和存储过程的功能似乎一样。但是，其实这两者之间还有一些虽然细微但是很重要的差异：

(1) 存储程序的权限是允许用户和程序去执行存储过程，而不允许其存取表格，这样能够增强程序的安全性。例如，有一个库存表，每次卖出一个货物，收银员都要对该表进行一次更新(从库存表中把该货品减去一件)。你可以给收银员设置权限，允许其使用某一个存储过程，而该过程执行任务就是修改货品的存货。这样，就可以很好地保证任意修改原表格的权限而无需授权给收银员。

(2) 函数必须始终返回一个值(一个标量值或一个表格)；而存储过程可以返回一个标量值、一个表值或无需返回值。

(3) 存储过程的返回值不能被直接引用；而用户定义函数的返回值可以被直接引用。

(4) 存储过程是使用 EXEC 命令独立调用的；而用户定义函数是在另一个 SQL 语句中调用的。

5.7 小 结

本章是 SQL 数据库编程的高级篇。本章首先介绍了目前数据库应用软件的体系结构：客户机/服务器结构，它的实质是在客户机和服务器之间适当地分配工作任务、各尽所能，并减少传递信息所需要的网络带宽；浏览器/服务器是对客户机/服务器结构的改进，在客户端和数据库服务器端增加了一个(或多个)中间层，在中间层上完成用户界面和业务逻辑，用户只需在客户端使用浏览器通过中间层上的应用程序，访问数据库服务器上的数据。这样，既保证了数据库的安全性，同时又减轻了客户机的负担，方便系统的管理和维护。

接着概要介绍了数据库编程技术实现中的一些主要技术方法，并在接下来的各节中较为深入详细地讨论了各种数据库编程技术的具体实现。

嵌入式 SQL 语言使用编程语言的过程性结构，弥补了 SQL 语言实现复杂应用方面的不足，这是在 C/S 或 B/S 应用程序开发中 SQL 语言最常用的使用方法。在 5.3 节中，使用了以 C 语言作为宿主语言的具体案例来讨论嵌入式 SQL 的通用技术。在嵌入式 SQL 中，预编译器通常用来从程序中提取 SQL 命令提交给 RDBMS 处理，并使用对 RDBMS 编译代码的函数调用来代替它们的执行。同时，也介绍了游标在嵌入式 SQL 中的运用，并简单介绍了动态 SQL 技术。

ODBC 是微软公司开发的、连接前端应用程序和后端数据库服务器之间的一种接口，利用 ODBC 开发的应用系统可以方便地在不同厂商的数据库服务器上进行移植，从而提高了数据的共享性，使应用程序具有良好的可移植性。接下来讨论了如何通过函数调用来访问 SQL 数据库，此项技术比嵌入式 SQL 具有更强的灵活性，主要以 C 语言为宿主语言，通过 ODBC 接口技术实现对 SQL 数据库的访问，包括：查询字符串参数是如何被传递的；查询参数在运行时是如何被赋值的；结果是如何返回给程序变量的。接着又概要介绍了 Java 程序如何使用 JDBC 接口来实现访问 SQL 数据库。

在许多应用中，如果能够创建数据库的程序模块，即存储过程或者函数，并将这些程序模块存储在数据库服务器上的 RDBMS 中，需要时执行，这样会使得整个应用系统更加有效。存储过程或函数是由一组 SQL 语句组成的，经编译后存储在数据库中，供应用程序多次调用。使用存储过程或函数可提高数据库应用程序的效率，减少网络流量。在本章的最后概要介绍了大多数 RDBMS 自带的高级数据库编程(存储过程和用户定义函数)，这类编程技术允许在现有的 SQL 语言中支持一些复杂的程序设计结构。

习 题 5

第一组习题

1. 简要说明客户机/服务器系统的体系结构。
2. 说明在客户机/服务器结构中客户机和服务器的主要任务是什么。
3. 简述 ODBC 的体系结构。
4. 什么是存储过程？使用存储过程的优点是什么？
5. 在嵌入式 SQL 中如何区分 SQL 语句和宿主语句？
6. 在嵌入式 SQL 中如何解决数据库工作单元与源程序工作单元之间的通信？
7. 在嵌入式 SQL 中如何协调 SQL 语言的集合处理方式和宿主语言的单记录处理方式？
8. 什么是游标？游标的使用有哪几个步骤？
9. Microsoft SQL Server 中的用户定义函数分为哪几类？用户定义函数和存储过程有什么相同点和不同点？

第二组习题

10. 创建一存储过程: 根据学生学号查询该学生所有选修课的成绩, 学号作为参数输入。

11. 创建一存储过程, 用来输入的参数: 班级名, 判断该班级中是否已有学生存在。若有, 存储过程返回 1; 若没有, 存储过程返回 0。

12. 使用 C 语言和嵌入式 SQL 语言编写程序: 查询某个班级全体学生的信息。要查询的班级号由用户在程序运行过程中指定(班级号由主变量 classno 指定)。

13. 使用 C 语言和嵌入式 SQL 语言编写程序: 查询某个班学生的信息(班级号由主变量 classno 指定), 然后按用户的要求修改其中某些记录的年龄属性。

14. 将习题 10 和习题 11 的存储过程分别改用用户定义函数来实现。

第6章　关系数据模型及其运算基础

在商业数据处理应用中，关系模型仍是当今主要的数据模型。关系模型与早期的数据模型相比，以其简易性简化了编程者的工作而占据了主导地位。第 2 章已经详细介绍了关系模型的相关重要概念。关系模型由关系数据模型结构——关系、关系操作集合和关系的三类完整性约束组成。关系和三类完整性约束已在 2.5 节做了详细介绍。本章将详细介绍关系数据模型中关系操作的集合，即关系代数。这也是关系数据库所具有的与数据查询处理相关的理论基础部分。

任何实际关系语言都向用户提供了一整套的关系操作语句，第 3 章介绍的 SQL 就是如此。评价实际语言的理论是关系代数和关系演算。实际的关系语言有的是基于关系代数的，有的是基于关系演算的，有的是介于两者之间的，SQL 就属于最后一类。关系演算又分为元组关系演算和域关系演算两种。理论已证明，关系代数、元组关系演算和域关系演算三者是等价的。

首先，6.1 节从集合操作的角度来理解关系模型，并在 6.2 节提供一个非常简单且有效的表示方法(即关系模式)来描述数据。

本章将重点介绍关系代数，对元组关系演算和域关系演算只作一般性介绍。6.3 节介绍了关系代数中用于查询的操作符号描述，但这类关系代数应用在实际商业 RDBMS 中又有所演变，其支持的操作关系不再是基于集合，而是基于包，也就是说关系中可以含有重复的元组。这一概念将在 6.4 节中有所介绍。又由于现代查询语言(如 SQL 语言)对关系代数操作在多个方面进行了扩展来满足更复杂的数据查询，6.5 节将讨论这些扩展关系代数运算。6.6 节将描述关系数据库的另一种主要语言关系演算。

对于一个给定的复杂查询，通常会有许多可能的查询策略，查询优化就是从中找出最有效的查询执行计划的一种处理过程。6.7 节主要讨论关系代数系统中如何找出一个与给出的关系代数表达式等价但执行起来更为有效的表达式来优化查询。

关系型数据库系统是目前应用最广泛的数据库系统。但各实际关系系统的功能都是有差异的。为此，6.8 节介绍了关系系统的相关基本准则、定义及分类。

6.1　关系模型的基本概念

关系操作是集合操作。操作的对象是集合，操作的结果也是集合。因此，关系操作的基础是集合代数。

1. 笛卡尔积(Cartesian Product)

1) 定义

设 D_1，D_2，$\cdots$，D_n 都是有限集合，则 D_1，D_2，$\cdots$，D_n 上的笛卡尔积为

$$D_1 \times D_2 \times \cdots \times D_n = \{(d_1, d_2, \cdots, d_n) \mid d_i \in D_i, i=1, 2, \cdots, n\}$$

其中每一个元素 $(d_1, d_2, \cdots, d_n)$ 叫做一个 n 元组(n-tuple)，简称元组(Tuple)。一个元组在集合 D_i 上的值 d_i 称为该元组在 D_i 上的分量(Component)。

一个元组是组成该元组的各分量的有序集合，而决不仅仅是各分量的集合。

若 D_i 的基数(Cardinal Number)为 m_i，则 $D_1 \times D_2 \times \cdots \times D_n$ 的基数为

$$M = \prod_{i=1}^{n} m_i$$

2) 举例

例 6.1 设有两个集合：职工={张三，李四，王五}；项目={管理，程控，数控}。则职工、项目上的笛卡尔积为

职工×项目={(张三，管理), (张三，程控), (张三，数控), (李四，管理), (李四，程控),

(李四，数控), (王五，管理), (王五，程控), (王五，数控)}

笛卡尔积实际上就是一张二维表。例 6.1 的笛卡尔积"职工×项目"的对应二维表如表 6-1 所示。

表 6-1 二维表

职 工	项 目
张三	管理
张三	程控
张三	数控
李四	管理
李四	程控
李四	数控
王五	管理
王五	程控
王五	数控

例 6.1 中，职工的基数为 3，项目的基数为 3，则笛卡尔积"职工×项目"的基数为 3×3=9。对应二维表也有 9 个元组。

2. 关系(Relation)

笛卡尔积 $D_1 \times D_2 \times \cdots \times D_n$ 的任意一个子集称为 D_1，D_2，$\cdots$，D_n 上的一个 n 元关系，简称关系，又称为表(必须指出的是，笛卡尔积中元组的分量是有序的，因此，其子集也是有序的，但在这里，我们去掉了有序这一特性)。每个关系都有一个关系名。

关系是笛卡尔积的子集，所以关系也是一个二维表。二维表的表名就是关系名。二维表的每一列称为属性(Attribute)。因此，n 元关系有 n 个属性。一个关系中每一个属性都有一个属性名，且各个属性的属性名都不相同。一个属性的取值范围 $D_i(i=1, 2, \cdots, n)$ 称为该属

性的域(Domain)。不同属性可以有相同的域。二维表的每一行值对应于一个元组。在关系中，列与列次序的交换、元组与元组次序的交换是不重要的。

由前述内容可知，实际的关系有三种类型：基本表(Table)、查询表(Query)和视图表(View)。基本表是实际存在的表；查询表是查询结果对应的表；视图表是由基本表和/或已定义视图导出的表，是虚表，只有定义，实际不存在。

在2.5.1节中已介绍了有关关系的其他术语，如主码，主属性等，这里不再重复介绍。

6.2 关 系 模 式

在2.5.1节中已介绍过一个关系的关系模式是该关系的关系名及其全部属性名的集合，一般表示为关系名(属性名1，属性名2，…，属性名n)。可见，关系是值；而关系模式是型，是对关系的描述。关系模式是稳定的；关系是变化的，关系是某一时刻关系模式的内容。关系模式常简称为关系。

但上述关系模式的定义还不全面(虽然一般情况下都是这样定义的)，完整的关系模式定义为

$$R(U, D, dom, F)$$

其中：R为关系名；U为该关系所有属性名的集合；D为属性组U中属性所来自的域的集合；dom为属性向域映像的集合；F为属性间数据依赖关系的集合，将在第7章对其进行详细介绍。

关系模式常简记为

$$R(U) \quad 或 \quad R(A_1, A_2, \cdots, A_n)$$

其中：R为关系名；$A_i(i=1, 2, \cdots, n)$为属性名。域名及属性向域的映像一般即为定义中属性的类型和长度。

一个应用范围内，所有关系的集合就形成了一个关系数据库。对关系数据库的描述称为关系数据库模式，也称为关系数据库的型。

一个关系数据库模式包括：全部域的定义及在这些域上定义的全部关系模式。全部关系模式在某一时刻的值的集合(全部关系的集合)为关系数据库的值，简称为关系数据库。

6.3 关 系 代 数

关系代数(Relational Algebra)与商业RDBMS所提供的实际语言并不完全相同。关系代数是一种抽象的查询语言，但它是评估实际语言查询能力的标准。关系代数中给出的功能在实际语言中应该都能直接或间接实现。

关系代数是通过对关系的运算来表达查询的。它的运算对象是关系，运算结果也是关系。

关系代数的运算可分为两类。

(1) 基于传统集合运算的关系运算：并、差、交和广义笛卡尔积，其运算符号分别为∪、—、∩和×；

(2) 特殊的关系运算：投影、选择、连接和除，其运算符号分别为 Π、σ、$\bowtie$ 和 $\div$。其中，投影和选择是一元操作，其他是二元操作。

在两类集合运算中，还将用到两类辅助操作符。

(1) 比较运算符：$>$、$\geqslant$、$<$、$\leqslant$、$=$、$\neq$；

(2) 逻辑运算符：$\vee$(或)、$\wedge$(与)、$\neg$(非)。

6.3.1 基于传统集合运算的关系运算

与传统的集合运算相同，基于传统集合运算的关系运算都是二目运算，但对参加并、差和交运算的关系是有一些规定的。设关系 R 和 S 的目都是 n(都有 n 个属性)，且相应属性取自同一域。

(1) 关系 R 和 S 的并(Union)为

$$R \cup S = \{t \mid t \in R \vee t \in S\}$$

其含义为任取元组 t，当且仅当 t 属于 R 或 t 属于 S 时，t 属于 $R \cup S$。$R \cup S$ 仅是一个 n 目关系。

(2) R 和 S 的差(Difference)为

$$R - S = \{t \mid t \in R \wedge t \notin S\}$$

其含义为当且仅当 t 属于 R 并且不属于 S 时，t 属于 R–S。R–S 也是一个 n 目关系。

(3) R 和 S 的交(Intersection)为

$$R \cap S = \{t \mid t \in R \wedge t \in S\}$$

其含义为当且仅当 t 既属于 R 又属于 S 时，$t \in R \cap S$。

(4) 广义笛卡尔积(Extended Cartesian Product)不要求参加运算的两个关系具有相同的目(自然也就不要求来自同样的域)。设 R 为 n 目关系，S 为 m 目关系，则 R 和 S 的广义笛卡尔积为

$$R \times S = \{\widehat{t_r t_s} \mid t_r \in R \wedge t_s \in S\}$$

其中，$\widehat{t_r t_s}$ 表示由两个元组 t_r 和 t_s 前后有序连接而成的一个元组。

任取元组 t_r 和 t_s，当且仅当 t_r 属于 R 且 t_s 属于 S 时，t_r 和 t_s 的连接即为 $R \times S$ 的一个元组。这里有两点需加以说明：

① 虽然在表示上(以及为了方便起见，在说法上)，我们把 R 的属性放在前面，把 S 的属性放在后面，连接成一个元组，但在结果关系中，属性间前后交换次序是无关的。

② 若 R 和 S 有同名属性，在理论上必须先进行属性更名。一般地，我们在同名属性前加上"<表名>."来区分。

R 和 S 的广义笛卡尔积是一个(n+m)目的关系。其中任何一个元组的前 n 列是关系 R 的一个元组，后 m 列是关系 S 的一个元组。若 R 有 K_1 个元组，S 有 K_2 个元组，则 $R \times S$ 有 $K_1 \times K_2$ 个元组。

实际操作时，可从 R 的第一个元组开始，依次与 S 的每一个元组组合，然后，对 R 的下一个元组进行同样的操作，直至 R 的最后一个元组也进行完同样的操作为止，即可得到 $R \times S$ 的全部元组。

例 6.2 表 6-2 给出了两个关系 R 和 S，以及它们进行并、差、交和笛卡尔积后的结果关系。

表 6-2　关系 R、S 及它们的传统集合结果

R

A	B	C
a1	b1	c1
a1	b2	c2
a2	b2	c1

S

A	B	C
a1	b2	c2
a1	b3	c2
a2	b2	c1

R∪S

A	B	C
a1	b1	c1
a1	b2	c2
a2	b2	c1
a1	b3	c2

R∩S

A	B	C
a1	b2	c2
a2	b2	c1

R×S

A	B	C	A	B	C
a1	b1	c1	a1	b2	c2
a1	b1	c1	a1	b3	c2
a1	b1	c1	a2	b2	c1
a1	b2	c2	a1	b2	c2
a1	b2	c2	a1	b3	c2
a1	b2	c2	a2	b2	c1
a2	b2	c1	a1	b2	c2
a2	b2	c1	a1	b3	c2
a2	b2	c1	a2	b2	c1

R−S

A	B	C
a1	b1	c1

6.3.2　投影(Projection)

设<属性名表>中的所有属性都是关系 R 的属性，则 R 在<属性名表>上的投影为 R 中各元组只保留在<属性名表>上的诸分量形成的新关系(但重复元组只能保留一个)，记为

$$\prod_{<属性名表>}(R)$$

投影的实际操作方法为从 R 中逐次取出一个元组，先去掉不在<属性名表>上的诸属性值，接着，按<属性名表>的次序重新排列剩下各分量后，作为一个新元组送入投影结果(但若投影结果关系中已有此元组，则必须舍弃之)。这是从列的角度进行的运算。

例 6.3　查询职工的姓名和职称。

$\prod_{Ename,Title}$(Employee)或者 $\prod_{2,6}$(Employee)即表 3-1 中的职工表在职工姓名和职称两属性列上的投影，结果如表 6-3 所示。

为了方便起见，投影表达式的<属性名表>中，可用属性在原表中的序号代替属性名。这种方法是常用的，但却是不正规的。因为关系中属性之

表 6-3　职工表在职工姓名和
职称上的投影

Ename	Title
胡一民	工程师
王爱民	高工
张小华	工程师
宋文彬	工程师
胡民	工程师
黄晓英	助工
李红卫	助工
丁为国	助工

间是无次序的。如例 6.3 中下角标"2"和"6"分别代表 Employee 表中的 Ename 和 Title 的属性序列。

投影不仅仅取消了原关系中的某些列，还可能会去掉某些元组(有重复时)。

例 6.4 查询职工表在部门号上的投影。结果如表 6-4 所示。

$$\prod_{\text{Dno}}(\text{Employee})$$

表 6-4 职工表在部门号上的投影

Dno
01
03
02

6.3.3 选择(Selection)

选择运算是在一个关系中，选取符合某给定条件的全体元组生成的新关系，记为

$$\sigma_{<条件>}(\text{关系名})$$

<条件>是个布尔表达式。实际上，选择运算是从关系 R 中选取使<条件>为真的元组。这是从行的角度进行的运算。

<条件>的基本形式为 $X_i \theta Y_i$。

其中 X_i 和 Y_i 可以是属性名、常量或简单函数；属性名也可以用序号来代替；θ 表示比较运算符，可以是>、≥、<、≤、＝ 或≠。<条件>也可以是由多个布尔表达式进行的逻辑运算，即逻辑与、逻辑或或者逻辑非运算。

例 6.5 查询"01"号部门的全体职工信息。

$$\sigma_{\text{Dno}='01'}(\text{Employee})$$

例 6.6 查询"01"号部门中已结婚(即婚否＝"1")的职工信息。

$$\sigma_{\text{Dno}='01' \wedge 5='1'}(\text{Employee})$$

规范书写形式为

$$\sigma_{\text{Dno}='01' \wedge \text{Is\_Marry}='1'}(\text{Employee})$$

其中，Employee 表中的第 5 列 Is_Marry 字段表示是否已婚，若取值为 1 则表示已婚，若取值为 0 则表示未婚。

结果关系的所有属性名都是原关系的属性名，结果关系中各元组都是原关系中的元组。

不难证明，下面等式是成立的：

$$\sigma_{<条件 1>}(\sigma_{<条件 2>}(R)) = \sigma_{<条件 2>}(\sigma_{<条件 1>}(R)) = \sigma_{<条件 1> \wedge <条件 2>}(R)$$

6.3.4 连接(Join)

连接也称 θ 连接，是从两个关系的广义笛卡尔积中选取满足某规定条件的全体元组形成一个新的关系，记为

$$R \underset{A\theta B}{\bowtie} S = \sigma_{A\theta B}(R \times S)$$

其中：A 是 R 的属性组(A_1, A_2, …, A_k)；B 是 S 的属性组(B_1, B_2, …, B_k)。AθB 的实际形式为

$$A_1\theta_1 B_1 \wedge A_2\theta_2 B_2 \wedge \cdots \wedge A_k\theta_k B_k$$

A_i 和 B_i(i=1, 2, …, k)不一定同名，但必须可比(即它们的域必须相同)。θ_i(i=1, 2, …, k)∈ {>, <, ≤, ≥, =, ≠}。

1. 等值连接(Equivalence Join)

等值连接属于连接，当一个连接表达式中，所有的θ_i都是"="符时，称此连接为等值连接。等值连接是较常用的连接。

2. 自然连接(Natural Join)

1) 自然连接的由来

设关系 R 和 S 共有 m 个相同的属性名，把这 m 个相同属性名的集合记为 A，则 R 和 S 在属性组 A 上的等值连接为

$$R\underset{R.A=S.A}{\bowtie}S$$

这个等值连接的缺点在于：R.A 和 S.A 是完全相同的，即有 m 个冗余列。

2) 自然连接的定义

设关系 R 和 S 共有 m 个相同的属性名，则 R 和 S 在这 m 个属性上进行等值连接后，又删除 m 个冗余列，所得结果称为 R 和 S 的自然连接，记为

$$R\bowtie S$$

自然连接与等值连接的差别在于：

(1) 自然连接要求相等的分量必须有共同属性；等值连接则不要求。

(2) 自然连接要求把结果中的所有重复属性名都去掉一个；等值连接却不这样做。

可以证明，关系代数操作集 $\{U，-，\prod，\sigma，\times\}$ 是完备的操作集，任何其他关系代数操作都可以用这五种操作的组合来表示。任何一个 DBMS，只要它能完成这五种操作，则称它是关系完备(Relationally Complete)的。当然，完备操作集并不只有这一个。

例 6.7　表 6-5 中(a)和(b)分别给出了关系 R 和 S，求 R 和 S 的一般连接、等值连接和自然连接。表 6-5(c)为一般连接 $R\underset{C<E}{\bowtie}S$ 的结果，表 6-5(d)为等值连接$R\underset{R.B=S.B}{\bowtie}S$的结果，表 6-5(e)为自然连接$R\bowtie S$的结果。

表 6-5　两个关系的连接运算

R

A	B	C
α	a	7
α	b	9
β	d	6
γ	c	10

(a)

S

B	E
a	8
b	9
a	4
c	6
b	7
e	3

(b)

$R\underset{C<E}{\bowtie}S$

A	R.B	C	S.B	E
α	a	7	a	8
α	a	7	b	9
β	d	6	a	8
β	d	6	b	9
β	d	6	b	7

(c)

$R\underset{R.B=S.B}{\bowtie}S$

A	R.B	C	S.B	E
α	a	7	a	8
α	a	7	a	4
α	b	9	b	9
α	b	9	b	7
γ	c	10	c	6

(d)

$R\bowtie S$

A	B	C	E
α	a	7	8
α	a	7	4
α	b	9	9
α	b	9	7
γ	c	10	6

(e)

例 6.8 表 6-6 中(a)和(b)分别给出了两个关系 R 和 S，求 R 和 S 的自然连接。表 6-6(c) 为自然连接R⋈S的结果。(关系 R 和 S 中有多个属性列名相同。)

表 6-6　多个属性名相同的两个关系自然运算

R

A	B	C	D
α	1	α	a
β	2	γ	a
γ	4	β	b
α	1	γ	a
δ	2	β	b

(a)

S

B	D	E
1	a	α
3	a	β
1	a	γ
2	b	δ
3	b	ε

(b)

R⋈S

A	B	C	D	E
α	1	α	a	α
α	1	α	a	γ
α	1	γ	a	α
α	1	γ	a	γ
δ	2	β	b	δ

(c)

两个关系 R 和 S 在做自然连接时，选择两个关系在公共属性上值相等的元组构成新的关系。此时，关系 R 中某些元组有可能在 S 中不存在公共属性上值相等的元组，从而造成 R 中这些元组在操作时被舍弃，如例 6.7 中，表 6-5(e)中显示 R 与 S 的自然连接时 R 的第 3 行元组被舍弃。同理，S 中某些元组也可能被舍弃，如表 6-5(e)中显示原 S 关系的第 6 行元组被舍弃。

3. 外连接(Outer Join)

如果把舍弃的元组也保存在结果关系中，而在其他属性上填空值(NULL)，那么这种连接叫做外连接。

外连接运算是连接运算的扩展，可以用来处理缺失的信息，避免信息的丢失。外连接运算有三种形式：左外连接(Left Outer Join 或 Left Join)，用R⟕S表示；右外连接(Right Outer Join 或 Right Join)，用R⟖S表示；全外连接(Full Outer Join)，用R⟗S表示。

左外连接取出了左侧关系中所有与右侧关系的任一元组都不匹配的元组，用空值填充所有来自右侧关系的属性，再把产生的元组加到自然连接的结果上，如表 6-7(a)中显示的第 6 行元组。即所有来自左侧关系(如表 6-7(a)中的 R 关系)的元组在左外连接结果中都得到保留。

例 6.9 对表 6-5(a)和(b)中所给出的两个关系 R 和 S，作出左外连接、右外连接和全外连接。左外连接R⟕S，结果见表 6-7(a)；右外连接R⟖S，结果见表 6-7(b)；全外连接 R⟗S，结果见表 6-7(c)。

表 6-7　对表 6-5 中关系 R 和 S 的外连接运算结果

R⟕S

A	B	C	E
α	a	7	8
α	a	7	4
α	b	9	9
α	b	9	7
γ	c	10	6
β	d	6	NULL

(a)

$R \bowtie S$

A	B	C	E
α	a	7	8
α	a	7	4
α	b	9	9
α	b	9	7
γ	c	10	6
NULL	e	NULL	3

(b)

$R \bowtie S$

A	B	C	E
α	a	7	8
α	a	7	4
α	b	9	9
α	b	9	7
γ	c	10	6
β	d	6	NULL
NULL	e	NULL	3

(c)

右外连接与左外连接相对称，即用空值填充来自右侧关系的所有与左侧关系的任一元组都不匹配的元组，将结果加到自然连接的结果上，如表 6-7(b) 中显示的第 6 行元组。因此，右侧关系(如表 6-7(b)中的关系 S)的所有元组在右外连接结果中都得到保留。

全外连接完成左外连接和右外连接的操作，既填充左侧关系中与右侧关系的任一元组都不匹配的元组，又填充右侧关系中与左侧关系的任一元组都不匹配的元组，并把结果都加到自然连接的结果上，如表 6-7(c)即为 R 与 S 关系的全外连接的结果。

6.3.5　更名(Rename)

在自身连接查询中，需要对同一关系进行连接查询。对关系进行更名运算可得到具有新名字的一个相同的关系，把先后查询的同一关系区分开来。对给定关系 R 作更名为 S 的运算，记为

$$\rho_s(R)$$

例 6.10　查询年龄大于职工"胡一民"年龄的职工号和职工姓名。结果如表 6-8 所示。

$$\Pi_{S.Eno,\ S.Ename}(\ \sigma_{R.Ename='胡一民'\wedge S.Age>R.Age}(R \times \rho_s(R)))$$

表 6-8　年龄比胡一民大的职工的职工号和姓名

Eno	Ename
1004	王爱民
1005	张小华

6.3.6　除(Division)

本质上，除法是乘法(广义笛卡尔积)的逆运算。

1. 除法的简单形式

任给关系 R(X，Y)，X、Y 为属性组，若 R(X，Y) == $\Pi_X(R) \times S(Y)$，则

$$R(X，Y) \div S(Y) = \Pi_X(R)$$

此时也必有：$S(Y) = \Pi_Y(R)$。

上述定义中的条件，可以理解为 S(Y)能"整除"R(X，Y)。但现实世界中此情况极少出现，故有必要参照数学上整数域中除法的定义(不能"整除"时)给予扩充。

2. 除法的常用定义

给定两关系 R(X，Y)和 S(Y)，其中 X、Y 是属性组，则

$$R \div S = T(X) = \{t \mid t \in \Pi_X(R) \wedge \{t\} \times S(Y) \subseteq R\}$$

例 6.11 表 6-9 给出了两个关系：学生选课和课程，求学生选课÷课程的结果。

表 6-9 两个关系的除法运算

学生选课			课程		学生选课÷课程

姓名	课程
张航	数学
王昆	数学
李跃山	数学
张航	物理
李跃山	物理
曲军	物理

课程
数学
物理

姓名
张航
李跃山

在学生选课关系中，学生有张航、王昆、李跃山和曲军 4 人。

由例 6.11 可见，除运算是方便处理涉及带"全部条件"的查询而定义的。但实际上，大多数 RDBMS 的 SQL 语言实现中并不直接实现除运算。因此，我们也可以用基本运算的组合运算来定义除运算，即

$$R \div S = \Pi_X(R) - \Pi_X(\Pi_X(R) \times \Pi_Y(S) - R)$$

对例 6.11，我们还可以将完成"查询选修所有课程的学生"所需的查找过程分解成以下步骤来完成。

第一步，求关系：全选课。

全选课 = $\Pi_{姓名}$(学生选课) × $\Pi_{课程}$(课程)，该笛卡尔积运算所得全选课关系中存放了所有学生都选修了全部课程的理想状态数据。

第二步，求关系：学生未全选课。

学生未全选课 = 全选课 – 学生选课 = $\Pi_{姓名}$(学生选课) × $\Pi_{课程}$(课程) – 学生选课，运算所得学生未全选课关系中存放了实际不存在的学生选课信息。

第三步，求解$\Pi_{姓名}$(学生未全选课)。

学生未全选课即表示查询了未选修全部课程的学生姓名。

最后，求解$\Pi_{姓名}$(学生选课) – $\Pi_{姓名}$(学生未全选课)。

所得查询结果即表示选修了全部课程的学生的姓名。

学生选课 ÷ 课程 = $\Pi_{姓名}$(学生选课) – $\Pi_{姓名}$($\Pi_{姓名}$(学生选课) × $\Pi_{课程}$(课程) – 学生选课)

3. 除法的完整形式

给定两关系 R(X, Y) 和 S(Y, Z)，其中 X、Y 和 Z 是属性组。两关系中的 Y 可以有不同的属性名，但必须出自相同的域集，则

$$R \div S = R(X, Y) \div \Pi_Y(S) = T(X) = \{t \mid t \in \Pi_X(R) \land \{t\} \times \Pi_Y(S) \subseteq R\}$$

6.3.7 综合运算举例

例 6.12 表 6-10 给出了两个关系，求它们之间专门的关系运算。

表 6-10 关系及其关系运算

职工

姓名	部门	级别
胡一民	技术科	6
王爱民	车间	7
张小华	设计所	7
宋文彬	技术科	7
黄小英	车间	8
李红卫	设计所	9
范笑笑	技术科	7

工资

级别	工资
6	166
7	228
8	269
9	300
10	350

$\Pi_{级别}$（职工）

级别
6
7
8
9

$\sigma_{工资级别=7}$（职工）

姓名	部门	级别
王爱民	车间	7
张小华	设计所	7
宋文彬	技术科	7
范笑笑	技术科	7

职工 ⋈ 工资（职工.级别＝工资.级别）

姓名	部门	职工.级别	工资.级别	工资
胡一民	技术科	6	6	166
王爱民	车间	7	7	228
张小华	设计所	7	7	228
宋文彬	技术科	7	7	228
黄小英	车间	8	8	269
李红卫	设计所	9	9	300
范笑笑	技术科	7	7	228

职工 ⋈ 工资

姓名	部门	级别	工资
胡一民	技术科	6	166
王爱民	车间	7	228
张小华	设计所	7	228
宋文彬	技术科	7	228
黄小英	车间	8	269
李红卫	设计所	9	300
范笑笑	技术科	7	228

下面以表 3-1 所示数据库为例，讨论几个多种关系代数的综合应用查询。

例 6.13 查询基本工资在 600 以上的职工号。

$$\Pi_{Eno}(\sigma_{Basepay>600}(Salary))$$

例 6.14 查询"技术科"负责人的职工号、职工姓名和职称。

$$\Pi_{Eno,Ename,Title}(Employee \underset{Eno=Manager}{\bowtie} \sigma_{Name='技术科'}(Department))$$

例 6.15 查询没有参加"200901"项目的职工号和职工姓名。

$$\Pi_{Eno,Ename}(Employee) - \Pi_{Eno,Ename}(\sigma_{Ino='200901'}(Item\_Emp) \bowtie \Pi_{Eno,Ename}(Employee))$$

例 6.16 查询参加了全部项目的职工号和职工姓名。

$$\Pi_{Eno,Ename}(Employe) \bowtie (\Pi_{Eno,Ino}(Item\_emp) \div \Pi_{Ino}(Item))$$

*6.4 包

最初的关系数据库管理系统 RDBMS 所使用的查询语言大多以关系代数作为工具。基于集合的操作运算，就意味着无论是运算的操作对象还是操作结果都将是一个不能有重复元组出现的关系。但为了提高效率，这些系统具体实现时将关系看做是包(Bag)而非集合(Set)。也就是说，除了用户明确说明查询中需要除去重复的元组，关系就允许相同的元组重复出现多次。这一节中我们将讨论基于包的关系代数运算。

如果采用基于包的关系，就将会加速实现关系的查询。

例如，当求两个关系的并时，如果采用包的概念实现，不要求消除重复元组，则只需直接把关系复制到输出；如果采用前面讲的集合来实现的话，就必须先对结果中的元组排序，或者使用其他相似操作检查来自两个不同集合的重复元组，以保证得到的结果也是一个集合。这是通过允许结果是包来加快两个关系的并操作。

又例如，执行投影操作时，允许结果关系是包，就可以简单地对每个元素作投影，然后把它加入结果当中，不用跟已经得到的其他元组作比较是否相同。如果还是基于集合的投影操作，则必须将每一个元组跟其余所有元组比较，以保证每个元组在关系中只出现一次，即需要去掉重复出现的元组。显然，这样查询的效率要比基于包的投影运算要低很多。

例 6.17 查询职工的职称。

$$\Pi_{Title}(Employee)$$

基于集合的投影运算，去掉重复元组，结果如表 6-11(a)所示。基于包的投影运算，允许重复元组出现，结果如表 6-11(b)所示。

表 6-11 职工表在职称上的投影

Title
工程师
高工
助工

(a) 基于集合的投影

Title
工程师
高工
工程师
工程师
工程师
助工
助工
助工

(b) 基于包的投影

*6.5　扩展关系代数

除了传统的关系代数，以及采用基于包的关系操作，现代查询语言(如 SQL 语言)对关系代数的操作在多个方面进行了扩展，主要有：

(1) 消除重复操作符 δ，把包中的重复元组都去掉，只保留一个副本在关系当中。

(2) 聚集运算(Aggregation Operator)，例如求和或者求平均值，常常和分组(Grouping)操作相联系。

(3) 分组运算，根据元组的值对它们在一个或多个属性上分组，然后对分好组的各个列进行聚集操作计算。分组运算符 γ 是组合了分组和聚集操作的一个运算符。

(4) 排序运算符 τ，把一个关系变成一个元组的列表，根据一个或者多个属性来排序。

(5) 广义投影(Generalized Projection)在普通投影操作上增加了一些功能，对原有的列进行一系列计算产生新的列。

(6) 外连接运算符(Outer Join)，防止了悬挂元组(即在自然连接过程中无法找到相匹配的那部分元组)的出现，在外连接结果中，对于悬挂元组用 NULL 补齐。这在 6.3.4 节中已讲解。

6.5.1　消除重复

基于包的关系运算过程中，常需用一个运算符把包转化为集合，用 δ(R)来返回一个没有重复元组的集合。消除重复在 SQL 语言中的实现，使用"DISTINCT"关键字。

例 6.18　在例 6.17 中，对于基于包的投影运算结果中，若不想出现重复元组，则使用 δ(Π_{Title}(Employee))来消除重复的元组。结果就等同于基于集合的投影运算。

6.5.2　聚集运算和分组运算

聚集运算用来汇总或者"聚集"关系中某一列的值，并返回单一的结果值。这些聚集运算有：

(1) SUM 计算一列值的总和。

(2) AVG 计算一列值的平均值。

(3) MIN 和 MAX 返回集合中的最小值和最大值。

(4) COUNT 返回集合中元素的个数，包括重复的元组。

例 6.19　根据 Item 项目表(如表 6-12 所示)，对项目经费作出各聚集运算的应用。

各项目经费总和 SUM(Outlay) = 10.0+6.5+4.8+25.0+12.0+20.0 = 78.3

各项目的平均经费 AVG(Outlay) = (10+6.5+4.8+25+12+20)/6 = 13.05

项目中的最高经费 MAX(Outlay) = 25.0

项目中的最低经费 MIN(Outlay) = 4.8

有经费项目的个数 COUNT(Outlay) = 6

表 6-12　Item 项目表

Ino	Iname	Start_date	End_date	Outlay	Check_date
200801	硬盘伺服系统的改进	3/1/2008	2/28/2009	10.0	2/10/2009
200802	巨磁阻磁头研究	6/1/2008	5/30/2009	6.5	5/20/2009
200901	磁流体轴承改进	4/1/2009	2/1/2010	4.8	3/18/2010
200902	高密度记录磁性材料研究	10/18/2009	9/30/2010	25.0	9/28/2010
201001	MO 驱动器性能研究	3/15/2010	3/14/2011	12.00	NULL
201002	相变光盘性能研究	6/1/2010	12/31/2011	20.00	NULL

例 6.19 中汇总的是 Item 表中所有项目的经费，但常常还希望能统计出每年项目经费的汇总数据，如每年的经费总和、每年的平均经费值等。这就需要在作聚集运算之前将所有的数据按照项目起始的年份进行分组，然后再分别作聚集操作。

例 6.20　根据 Employee 表(如表 6-13 所示)按照部门号进行分组，对职工的年龄作出各聚集运算的应用，得到结果如表 6-14 所示。

表 6-13　Employee 表

Eno	Ename	Sex	Age	Is_Marry	Title	Dno
1002	胡一民	男	38	1	工程师	01
1004	王爱民	男	60	1	高工	03
1005	张小华	女	50	1	工程师	02
1010	宋文彬	男	36	1	工程师	01
1011	胡民	男	34	1	工程师	01
1015	黄晓英	女	26	1	助工	03
1022	李红卫	女	27	0	助工	02
1031	丁为国	男	24	0	助工	02

表 6-14　分组聚集计算的结果

Dno	Avg_Age	Max_Age	Min_Age
01	36	38	34
02	34	50	24
03	43	60	26

表 6-14 中，Avg_Age 表示按照部门号分组聚集计算职工的平均年龄；Max_Age 表示每个部门职工的最大年龄；Min_Age 表示每个部门职工的最小年龄。

6.5.3　排序运算

通常，当进行查询的时候，希望结果是排好序的。例如，查找职工信息时，可能希望按照部门号对结果集进行排序，这样可以一目了然地看到每个部门职工的相关信息，从中得到更多有利信息。

排序运算符 τ 就是这样一个操作，可以把一个关系变成一个元组的列表，根据一个或者多个属性来排序。表达式τ_A(R)就是对关系 R 按照 R 中的属性 A 排序，它所表示的仍然是关系 R，只是以另一种排序出现。如果 A 是多个属性组构成的，比如 A_1，A_2，…，A_n，那么 R 中元组先以 A_1 排序，若 A_1 值相等，则按照 A_2 排序，依此类推。

例 6.21　对表 6-13 中的数据先按所在部门号排序，部门相同的按照职称取值排序，结果如表 6-15 所示。

$$\tau_{Dno, Title}(Employee)$$

表 6-15　对职工表的排序

Eno	Ename	Sex	Age	Is_Marry	Title	Dno
1002	胡一民	男	38	1	工程师	01
1010	宋文彬	男	36	1	工程师	01
1011	胡民	男	34	1	工程师	01
1031	丁为国	男	24	0	助工	02
1022	李红卫	女	27	0	助工	02
1005	张小华	女	50	1	工程师	02
1015	黄晓英	女	26	1	助工	03
1004	王爱民	男	60	1	高工	03

6.5.4　广义投影运算

广义投影运算是对传统投影的扩展，允许对传统投影中查询所得的投影列表中使用算数表达式的形式。其运算形式为

$$\prod_{F_1, F_2, \cdots, F_n}(E)$$

其中，F_1，F_2，…，F_n 是对关系中原有属性的算数表达式。F 表示为 E→Z，其中 E 是一个涉及 R 的属性、常量、代数运算符或者字符串运算符的表达式；Z 是表达式 E 得到的结果属性的新名字。

例如，a+b→x 作为生成一个新的属性列 x，表示属性 a 和属性 b 的和；c‖d→y 表示属性 y 是由属性 c 和属性 d 字符串连接得来的新生成列。

例 6.22　查询 Employee 表中每个职工的姓名和该职工的出生年份(假设出生年份计算为 2011−该职工的年龄)。其广义投影运算表示如下：

$$\prod_{Ename, 2011-Age \to YearofDate}(Employee)$$

结果如表 6-16 所示。

表 6-16　对职工表的广义投影运算

Ename	YearofDate
胡一民	1973
王爱民	1951
张小华	1961
宋文彬	1975
胡民	1977
黄晓英	1985
李红卫	1984
丁为国	1987

*6.6 关系演算

把数理逻辑中的谓词演算应用到关系运算中就得到了关系演算(Relational Calculas)。关系演算分为元组关系演算和域关系演算两种。前者以元组为变量，简称元组演算；后者以域为变量，简称域演算。

6.6.1 元组关系演算

元组关系演算(Tuple Calculas)是以元组为变量的，它的表达式为

$$\{t \mid \phi(t)\}$$

式中：t 为元组变量；$\phi(t)$ 为元组关系演算公式，简称公式，表示所有使 ϕ 为真的元组的集合。

$\phi(t)$ 最基本的形式称为原子公式。$\phi(t)$ 也可以是由原子公式和运算符组成的复合公式。

1. $\phi(t)$的基本形式——原子公式

原子公式有三类：

(1) R(t)。R 为关系名，意为 t 是 R 中的一个元组。

$\{t \mid R(t)\}$ 意为任取 t，只要 t 是 R 中的一个元组，t 就是结果中的一个元组。$\{t \mid R(t)\}$ 即表示关系 R。

(2) t[属性名 i] θ u[属性名 j]，其中，t 和 u 都是元组变量，θ 是算术比较符。表示 t 的属性名 i 的值和 u 的属性名 j 的值满足比较关系θ，即 t[属性名 i] θu[属性名 j]为真时，t 为结果关系中的元组。

例如 $\{ \mid R(t) \wedge t[基本工资] > t[奖金]\}$，意为对于 R 中的任一元组，当且仅当其基本工资属性值大于奖金属性值时，它就是结果关系的一员。

(3) t[属性名 i]θ C 或 C θ t[属性名 i]，C 为常数。表示 t 的属性名 i 的值与常数 C 之间满足 θ 比较符，即 t[属性名 i]θ C 或 Cθ t[属性名 i]为真时，t 为结果关系中的元组。

例如 $\{t \mid R(t) \wedge t[性别] = '男'\}$，意为对 R 中的元组，当且仅当其性别属性值为"男"时，它就是结果关系中的一个元组。

2. $\phi(t)$的完整定义

$\phi(t)$ 的完整定义如下：

(1) 单个原子公式是公式。

(2) 若 ϕ_1 和 ϕ_2 为公式，则 $\phi_1 \wedge \phi_2$ 为公式。仅当 ϕ_1、ϕ_2 都为真时，它才为真。

(3) 若 ϕ_1 和 ϕ_2 为公式，则 $\phi_1 \vee \phi_2$ 为公式。ϕ_1 和 ϕ_2 中有一个为真即为真。

(4) 若 ϕ 为公式，则 $\neg \phi$ 为公式。当ϕ为假时，$\neg \phi$ 为真；否则，为假。

(5) 若 ϕ 为公式，则∃t(ϕ)也为公式。意为只要有一个 t 使 ϕ 为真，则∃t(ϕ)也为真；否则，为假。其中，∃是存在量词符号。

(6) 若 ϕ 为公式，则∀t(ϕ)也为公式。意为只有所有 t 都使 ϕ 为真时，∀t(ϕ)才为真；否则，为假。其中，∀是全称量词符号。

3. 公式中各种运算符的优先次序

加括号时，括号中的运算符优先。同一括号内：

(1) 算术比较运算符的优先级最高；

(2) 量词次之，且∃的优先级高于∀的优先级；

(3) 逻辑运算符的优先级最低，┐的优先级高于∧的优先级，∧的优先级高于∨的优先级。

4．元组关系演算与关系代数的等价性

关系代数的运算都可用元组关系演算表达式表示，反之亦然。

下面给出关系代数的五种基本运算的关系演算表达式。

(1) 并：

$$R \cup S = \{t \mid R(t) \lor S(t)\}$$

(2) 差：

$$R - S = \{t \mid R(t) \land \neg S(t)\}$$

(3) 广义笛卡尔积：

$$R \times S = \{t^{(n+m)} \mid (\exists u^{(n)})(\exists v^{(m)})(R(u) \land S(v) \land (\forall u[<属性名>])\}$$

$$t[1] = u[1] \land \cdots \land t[n] = u[n] \land t[n+1] = v[1] \land \cdots \land t[n+m] = v[m]\}$$

式中：R 为 n 目关系；S 为 m 目关系；$t^{(n+m)}$表示 t 有(m+n)目。

(4) 投影：

$$\prod_{<属性名表>}(R) = \{t[<属性名表>] \mid (R(t)\}$$

(5) 选择：

$$\sigma_F(R) = \{t \mid R(t) \land F(t)\}$$

式中：F(t)为把 t 的有关分量代入逻辑表达式 F 后的具体式子。

5．安全表达式

上面定义的元组关系演算可能会出现无限关系，如$\{t \mid \neg R(t)\}$(求出所有与 R 同目且不属于 R 的元组)，这是无意义的，做不到的。必须采取有效措施对其进行限制。

不产生无限关系的表达式称为安全表达式。其中，所有采取的措施称为安全措施。

最有效、最常见的安全措施是定义一个有限符号集 $dom(\phi)$，规定在ϕ中以及中间结果和最后结果各关系中可能出现的各种符号都必须在 $dom(\phi)$中(但 $dom(\phi)$不一定是最小集)。

当下列条件全部满足时，元组演算表达式 $\{t \mid \phi(t)\}$ 是安全的：

(1) 若 t 使$\phi(t)$为真，则 t 的所有分量都是 $dom(\phi)$的元素。

(2) 对于ϕ的每个形如$(\exists u)(w(u))$的子式，若 u 使 w(u)为真，则 u 的所有分量必都属于 $dom(\phi)$。可见，元组 u 只要有一个分量不属于 $dom(\phi)$，则 w(u)为假。

(3) 对于ϕ的每个形如$(\forall u)(w(u))$的子式，若 u 使 w(u)为假，则 u 的所有分量必都属于 $dom(\phi)$。可见，若 u 有一个分量不属于 $dom(\phi)$，则 w(u)为真。

6.6.2 域关系演算

域关系演算(Domain Calculas)与元组关系演算相似，但域关系演算中的变量是元组分量变量，简称域变量。关系的属性名可以视为域变量。

域关系演算表达式的形式为

$$\{t_1 t_2 \cdots t_k \mid \phi(t_1, t_2, \cdots, t_k)\}$$

式中：$t_1, t_2, \cdots, t_k$为域变量；$\phi(t_1, t_2, \cdots, t_k)$为域关系演算公式，表示所有使$\phi$为真的$t_1, t_2, \cdots, t_k$所组成的元组的集合。

$\phi(t_1, t_2, \cdots, t_k)$的最基本形式称为原子公式。$\phi$也可以是由原子公式和运算符组成的复合公式。

1. ϕ的基本形式——原子公式

原子公式有三类：

(1) $R(t_1, t_2, \cdots, t_k)$。R 为 k 元关系，$t_i(i=1, 2, \cdots, k)$为域变量或常数。$R(t_1, t_2, \cdots, t_k)$表示由分量 t_1, t_2, $\cdots$, t_k 组成的元组属于 R。

(2) $t_i \theta u_j$。t_i 为元组 t 的第 i 个分量，u_j 是元组 u 的第 j 个分量。$t_i \theta u_j$ 表示域变量 t_i 与 u_j 之间应满足 θ 关系。

(3) $t_i \theta C$ 或 $C \theta t_i$。它表示域变量 t_i 与常数 C 之间应满足 θ 关系。

域关系演算和元组关系演算具有相同的运算符，也有"自由域变量"和"约束域变量"的概念。

2. 公式的完整定义

公式的完整定义如下：

(1) 单个原子公式是公式。

(2) 若ϕ_1 和ϕ_2 是公式，则$\phi_1 \wedge \phi_2$、$\phi_1 \vee \phi_2$、$\neg \phi_1$ 也是公式。

(3) 若ϕ是公式，则$(\exists t_i) \phi$也是公式。其中，$i=1, 2, \cdots, k$。

(4) 若ϕ是公式，则$(\forall t_i) \phi$也是公式。其中，$i=1, 2, \cdots, k$。

域关系演算中，也有与元组关系演算中相类似的安全条件。

3. 关系代数和关系演算的等价性

(1) 每一个关系代数表达式都有一个等价的安全的元组演算表达式。

(2) 每一个安全的元组演算表达式都有一个等价的安全的域演算表达式。

(3) 每一个安全的域演算表达式都有一个等价的关系代数表达式。

所以，在安全的条件下，关系代数、元组关系演算、域关系演算是等价的，可相互转换。

6.7 查 询 优 化

关系模型有着非关系模型无法比拟的优点，例如，通俗易懂、易操作、有坚实的理论基础等。但关系模型也有一些缺点，其中最主要的是查询效率较低。如果不解决这个问题，则关系模型也很难得到推广。

查询效率不高并非是关系模型特有的问题，而是所有非过程化语言都存在的问题。在过程化语言中，用户在请求系统"做什么"时，还必须指明"怎么做"，也就是说必须向系统指明达到目标的途径。在过程化语言中，系统向用户提供选择最佳存取路径的手段，用户则根据当时的实际情况和要求设计出最佳的模型(及存取路径)，因此，效率可达到较高的水平。即使效率不高，也是因为用户没有设计出最佳模型。

在非过程化语言(关系语言)中，用户只需指明"做什么"，而不需指明"怎么做"。"怎么做"是系统的事情。因此，用户使用是方便了，系统的负担却重了，但这又是数据独立性高的表现。可见，系统效率和数据独立性、用户使用的便利性和系统实现的便利性都是互相矛盾的。为了解决这些矛盾，必须使系统能自动进行查询优化，使关系系统在查询的性能上达到甚至超过非关系系统。

关系系统的优化器不仅能进行查询优化，而且可以比用户在程序中的"优化"做得更好。其原因在于：

(1) 优化器中可以包含很多有效的优化技术，而这些高级技术一般只有最好的程序员才能掌握。

(2) 优化器可以从几百种不同的执行方案中选取一个最好的，但再好的程序员也只能考虑有限的几种方案。

(3) 优化器可以获得系统当时的全部信息，并根据这些信息来选择一个较好的执行方案，但用户程序对此是无能为力的。也即，优化器可以根据变化了的当前信息，自动选择一个对当时情况较有利的执行计划。但用户程序是不可能有此性能的，用户程序的执行计划是不会随系统当时的实际情况而变化的。

查询优化的目标是：选择有效策略，等价变换给定的关系表达式，使结果表达式求解(程序)的代价较小。

查询优化步骤一般有以下四个：

(1) 把查询转换成内部表示形式，一般是语法树。

(2) 选择合适的等价变换规则，把语法树转换成优化形式。

(3) 选择低层的操作算法，根据存取路径、数据的存储分布情况等，为语法树中的每个操作选择合适的操作算法。

(4) 生成查询执行方案。由以上三条最后生成了一系列的内部操作。根据这些内部操作要求的执行次序，需要确定一个执行方案。一般地，可以有多个执行方案。这就需对每个方案计算执行代价，并选取代价最小的一个。主要应考虑磁盘读写的次数。

6.7.1 查询处理概述

DBMS 进行查询处理的过程如图 6-1 所示。

图 6-1 查询处理过程图

(1) 查询分析和检查。由扫描器(Scanner)对所提交的 SQL 查询语句进行扫描，识别查询语句中的语言标记，如 SQL 关键字、属性名和关系名等进行词法分析，并提交至语法分析器(Parser)进行语法检查，判断查询语句是否符合语法规则。随后还将根据数据字典检查查询语句中的数据库对象名(如属性名和关系名)是否存在和有效。

(2) 生成查询树。查询树是一种对应于关系代数表达式的数据结构，查询树的叶节点表示的是查询的输入表，中间节点表示关系代数操作。这样，执行查询树就是当某个中间节点的操作对象可用时，执行该节点所表示的关系代数操作，然后用得到的新关系代替该节点。当执行完根节点并生成了该查询的结果关系时，查询执行终止。在这一步骤中，查询语句在通过查询分析和检查之后，建立了查询的内部表示，通常用这种称为查询树的树形数据结构表示，并将它提交给 DBMS 的查询优化器。

(3) 查询优化。每个查询一般都会有多个可供选择的执行策略，查询优化就是要从中选择适当的查询处理策略。查询优化器(Query Optimizer)将完成代数优化和存取路径的优化。

(4) 生成执行计划。由代码生成器(Code Generator)的预编译模块生成执行这个查询计划的代码。

(5) 运行查询代码。在合适的时间提交给运行时数据库处理器(Runtime Database Processor)处理执行查询代码，并生成查询结果。如果运行时发生错误，将生成一条错误消息。

(6) 最后将执行结果返回给用户。

6.7.2　关系代数等价变换规则

关系代数是各种数据库查询语言的基础，各种查询语言都能够转换成关系代数表达式。由于不同语言的查询效率有差异，人们就对关系代数的等价变换规则进行了研究。两个关系代数表达式的等价是指用相同的关系代替两个表达式中相应的关系后，两个表达式得到相同的结果关系。

两个关系表达式 E_1 和 E_2 等价时，可表示为 $E_1 \equiv E_2$。

以下是一些常用的等价变换规则，用户可自行证明。

1. 连接和笛卡尔积的等价交换律

(1) 设 E_1 和 E_2 是两个关系代数表达式，F 是连接运算的条件，则

$$E_1 \times E_2 \equiv E_2 \times E_1$$
$$E_1 \bowtie E_2 \equiv E_2 \bowtie E_1$$
$$E_1 \underset{F}{\bowtie} E_2 \equiv E_2 \underset{F}{\bowtie} E_1$$

(2) 设 E_1、E_2 和 E_3 是三个关系代数表达式，F_1 和 F_2 是两个连接运算的限制条件，则

$$(E_1 \bowtie E_2) \bowtie E_3 \equiv E_1 \bowtie (E_2 \bowtie E_3)$$
$$(E_1 \underset{F_1}{\bowtie} E_2) \underset{F_2}{\bowtie} E_3 \equiv E_1 \underset{F_1}{\bowtie} (E_2 \underset{F_2}{\bowtie} E_3)$$
$$(E_1 \times E_2) \times E_3 \equiv E_1 \times (E_2 \times E_3)$$

2. 投影的串接等价变换规则

设 E 是一个关系代数表达式，A_1，A_2，$\cdots$，A_n 是属性名，并且

$$B_i \in \{A_1, A_2, \cdots, A_n\}(i=1, 2, \cdots, n)$$

则 $$\Pi_{B_1,B_2,\cdots,B_m}(\Pi_{A_1,A_2,\cdots,A_n}(E)) \equiv \Pi_{B_1,B_2,\cdots,B_m}(E)$$

3. 选择的串接等价变换规则

设 E 是一个关系代数表达式，F_1 和 F_2 是两个选择条件，则

$$\sigma_{F_1}(\sigma_{F_2}(E)) \equiv \sigma_{F_1 \wedge F_2}(E)$$

本规则说明，选择条件可合并成一次处理。

4. 选择和投影的交换等价变换规则

设 E 为一个关系代数表达式，选择条件 F 只涉及属性 A_1，A_2，$\cdots$，A_n，则

$$\sigma_F(\Pi_{A_1,A_2,\cdots,A_n}(E)) \equiv \Pi_{A_1,A_2,\cdots,A_n}(\sigma_F(E))$$

若上式中 F 还涉及不属于 A_1，A_2，$\cdots$，A_n 的属性集 B_1，B_2，$\cdots$，B_m，则

$$\Pi_{A_1,A_2,\cdots,A_n}(\sigma_F(E)) \equiv \Pi_{A_1,A_2,\cdots,A_n}(\sigma_F\Pi_{A_1,A_2,\cdots,A_n,B_1,B_2,\cdots,B_m}(E))$$

5. 选择与笛卡尔积交换的等价变换规则

设 E_1 和 E_2 是两个关系代数表达式，若条件 F 只涉及 E_1 的属性，则

$$\sigma_F(E_1 \times E_2) \equiv \sigma_F(E) \times E_2$$

若有 $F = F_1 \wedge F_2$，并且 F_1 只涉及 E_1 中的属性，F_2 只涉及 E_2 中的属性，则

$$\sigma_F(E_1 \times E_2) \equiv \sigma_{F_1}(E_1) \times \sigma_{F_2}(E_2)$$

若 F_1 只涉及 E_1 中的属性，F_2 却涉及了 E_1 和 E_2 两者的属性，则

$$\sigma_F(E_1 \times E_2) \equiv \sigma_{F_2}(\sigma_{F_1}(E_1) \times E_2)$$

及早地执行选择操作是重要的操作规则。

6. 选择与并交换的等价变换规则

设 E_1 和 E_2 有相同的属性名，则

$$\sigma_F(E_1 \cup E_2) \equiv \sigma_F(E_1) \cup \sigma_F(E_2)$$

7. 选择与差交换的等价变换规则

设 E_1 和 E_2 有相同的属性名，则

$$\sigma_F(E_1 - E_2) \equiv \sigma_F(E_1) - \sigma_F(E_2)$$

8. 投影与并交换的等价变换规则

设 E_1 和 E_2 有相同的属性名，则

$$\Pi_{A_1,A_2,\cdots,A_n}(E_1 \cup E_2) \equiv \Pi_{A_1,A_2,\cdots,A_n}(E_1) \cup \Pi_{A_1,A_2,\cdots,A_n}(E_2)$$

9. 投影与笛卡尔积交换的等价变换规则

设 E_1 和 E_2 是两个关系代数表达式，A_1，A_2，$\cdots$，A_n 是 E_1 的属性，B_1，B_2，$\cdots$，B_m 是 E_2 的属性，则

$$\Pi_{A_1,A_2,\cdots,A_n,B_1,B_2,\cdots,B_{mn}}(E_1 \times E_2) \equiv \Pi_{A_1,A_2,\cdots,A_n}(E_1) \times \Pi_{B_1,B_2,\cdots,B_m}(E_2)$$

上述这些等价变换规则，对于改善查询效率起着很好的作用。

6.7.3　查询优化的一般策略

任何策略都不能保证在所有情况下都能得到最好的方案。但下面这些规则一般都是有效的。

(1) 尽可能早地执行选择操作。在查询优化中，这是最重要、最基本的一条规则。选择运算不仅能使中间结果显著变小，而且可使执行时间成数量级地减少。

(2) 在一些使用频率较高的属性上，建立索引或分类排序可大大提高存取效率。

例如，对两个表进行自然连接操作，则可先对两表建立有关索引，然后，只要对两表进行一遍扫描即可完成自然连接操作，用时当然较少。

(3) 同一关系的投影运算和选择运算同时进行。这样做，可避免重复扫描关系，从而达到缩短时间的目的。

(4) 把选择同前面的笛卡尔积结合起来成为一个连接运算。连接运算比同样关系上的笛卡尔积要省很多时间。

(5) 把投影运算同其前后的双目运算结合起来进行，以免重复扫描文件。

(6) 找出公共子表达式，并把运算结果存于外存。需要时，再从外存读入。

6.7.4 关系代数表达式的优化算法

利用关系代数的等价变换规则，使优化后的表达式能遵循查询优化的一般规则。这就是优化算法的工作。

算法：关系代数表达式的优化。

输入：一个关系代数表达式的一棵语法树。

输出：计算该表达式的一个优化程序。

方法如下：

(1) 利用等价变换规则 3，把形如 $\sigma_{F_1 \wedge F_2 \wedge \cdots \wedge F_n}(E)$ 的内容变换为

$$\sigma_{F_1}(\sigma_{F_2}(\cdots \sigma_{F_n}(E)))$$

(2) 对于每一个选择，使用等价变换规则 3～规则 7，尽可能把它移到树的叶端(即尽可能使它早一点执行)。

(3) 对每一个投影，利用等价变换规则 2、4、8、9，把它尽可能移向树的叶端。

使用等价变换规则 2 可能会消去一些投影；使用等价变换规则 4 可能把一个投影分成两个，其中一个有可能被移向树的叶端。

(4) 利用等价变换规则 2、3、4 把选择和投影串接成单个选择、单个投影或一个选择后跟一个投影，使多个选择或投影能同时执行或在一次投影中同时完成。

(5) 将上述得到的语法树的内节点分组，每个二目运算(×、⋈、∪、−)节点与其直接祖先被分为一组(这些直接祖先由 σ、Π 表示)。如果它的子节点一直到叶节点都是单目运算(σ、Π)，则把它们并入该组。但当二目运算是笛卡尔积(×)，且后面不是能与它结合成等值连接的选择时，这些一直到叶节点的单目运算必须单独分为一组。

(6) 每个组的计算必须在其后代组计算后才能进行。根据此限制，生成求表达式的程序。

例 6.23 查询部门"设计所"中所有参加了 200901 项目职工的姓名和职称。

完成这个查询的 SQL 语句如下：

    SELECT Ename,Title

    FROM Employee, Item_Emp, Department

    WHERE Employee.Eno= Item_Emp.Eno AND Employee.Dno= Department.Dno

AND Dname='设计所' AND Ino = '200901'

根据查询 SQL 语句给出初始查询树如图 6-2(a)所示。

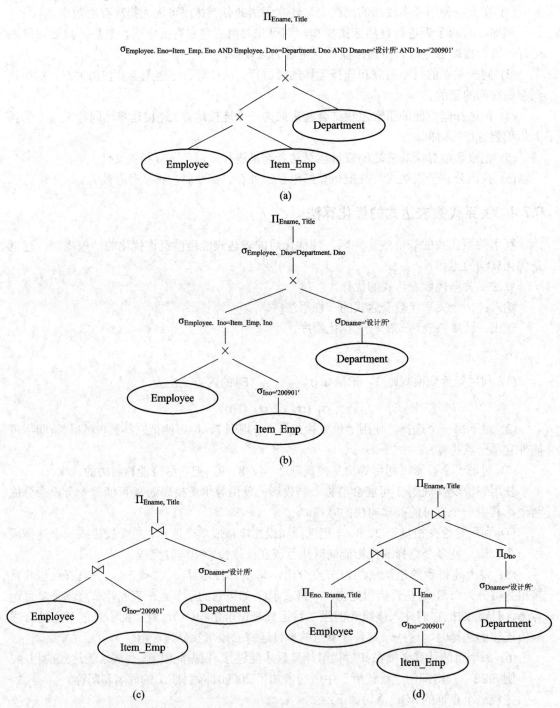

图 6-2　查询树代数优化过程

在图 6-2(a)所示的查询树中，首先将 Employee、Item_Emp 和 Department 三表作交叉连接操作，即笛卡尔积操作，得到一个非常大的临时表。然后再在这个囊括了三张表所有列以及所有行排列组合的相对很大的临时表中选择出"设计所"部门的员工参与"200901"号项目情况。

而实际上这个查询只关注到 Item_Emp 的"200901"号项目，并不关心其他别的项目，此外，这个查询也只关注隶属于"设计所"部门的员工参与项目情况，而不关心其他部门的员工。因此，在图 6-2(b)中，在执行笛卡尔积之前先作选择操作，从而减少了参与笛卡尔积的元组个数。

将笛卡尔积和条件选择运算同时做，即使用内连接运算，可以进一步提高查询树的执行效率，如图 6-2(c)所示。

如图 6-2(d)，尽可能早地减少参与连接操作的各关系表的列数，这样可以进一步缩小内连接产生的临时表大小，缩小选择范围，从而加快查询速度。

由此可见，在保证每一步转换生成的查询树是等价的前提下，可以通过代数优化方式将最初的查询树进行优化生成效率更高的查询树来执行，从而提高查询效率。

*6.8 关 系 系 统

关系型数据库系统是目前应用最广泛的数据库系统。但各实际关系系统的功能都是有差异的。为此，本节对关系系统的分类作以介绍。

6.8.1 全关系系统的基本准则

下面介绍 E.F.Codd 提出的十二条基本准则，只有遵循这些准则的系统才是全关系系统。

准则 0：一个 RDBMS 必须能完全通过自身的关系能力来管理数据库。

这意味着，一个目标为关系型的 DBMS 必须能在关系这个级别上支持数据库的插入、修改和删除操作(一次对多个记录的操作)。

准则 0 是下面十二条准则的基础。不满足准则 0 的 DBMS 都不是 RDBMS。

准则 1：信息准则。RDBMS 的所有信息都应在逻辑一级用同一个方法(即表 Table 中的值)显示出来。而且，每个表的表名、标准的列名和域名等，都是用系统内的数据字典表中的值表示的。数据字典本身是一个描述元数据的关系数据库。

准则 2：保证访问原则。依靠表名、主码和列名的组合，应保证可以逻辑方法访问关系数据库中的每个数据项(分量值)。

保证访问原则规定，关系系统不能采用面向机器的寻址法，而必须采用关系系统独有的关联寻址的访问模式。

准则 3：空值的系统化处理。空值是"不知道"或"无意义"的值，它不是一个具体的值(如零、空字符串等)。空值的概念很重要，在全关系 DBMS 中支持空值，就是要用一个系统化的方式处理空值。

准则 4：基于关系模型的动态的联机数据字典。数据库的描述在逻辑级上应和一般数据采用相同的表示方法，使得授权用户能使用查询一般数据所用的关系语言来查询数据库的描述信息。

本准则不仅使每个用户只需学习一种数据模型，而且授权用户还可方便地扩充字典，使之变成完备、主动的关系数据字典。

准则 5：统一的数据子语言准则。一个关系系统可以有几种语言和多种终端使用方法。但必须有一种语言，该语言的语句可以表示为具有严格语法规则的字符串，并能全面地支持以下定义：数据定义、视图定义、数据操作(交互式或程序式)、完整性约束、授权、事务处理功能(事务的开始、提交和退回)。

关系方法是高度动态的，很少有必要停止数据库的活动。因此，没有必要把说明的功能分为若干种语言来实现。关系数据库是一体化的数据子语言，它使程序员可先交互地调试数据库语言，调试正确后再嵌入程序中，从而可大大提高程序员的生产效率。

准则 6：视图更新准则。所有理论上可更新的视图也应该允许系统进行更新。

"一个视图在理论上是可更新的"指的是存在一个与时间无关的算法，该算法可无二义性地把对此视图的更新要求转换为对基本表的更新序列。

准则 7：高级的插入、修改和删除操作。把一个基本关系或导出关系作为单一的操作对象处理。这不仅适合于数据检索而且适合于数据的插入和删除。

以关系为操作对象不仅简化了用户查询，也为系统进行查询优化提供了很大的余地。该准则对于获得有效的分布式事务处理也是十分重要的，可避免从远程节点传送一条记录就要发出一次请求，实现一次请求传送一个关系，从而节省了通信代价。

准则 8：数据的物理独立性。无论数据库中的数据在存储表示或存取方法上作任何变化，应用程序和终端活动都保持逻辑上的不变性。

准则 9：数据的逻辑独立性。当对基本关系进行理论上信息不受损害的任何变化时，应用程序和终端活动都保持逻辑上的不变性。

准则 10：数据完整性的独立性。关系数据库的完整性约束条件必须用数据子语言定义并存储在数据字典中，而不是在应用程序中定义。

除了实体完整性和参照完整性外，具体的关系数据库还可能有反映业务政策和管理规章的完整性约束条件。这些完整性约束条件都应该能用高级的数据子语言定义，并能存入数据字典。从而，当约束条件变化时，只需改变数据字典中定义的完整性语句，而不会在逻辑上影响应用程序恶化终端活动。

准则 11：分布独立性。原来的 DBMS 只管理非分布式数据，现在需要引入分布式数据库；或者原来的 DBMS 管理分布式数据，现在需要改变原来的数据分布。在这两种情况下，由于 RDBMS 具有这样的数据子语言，能使应用程序和终端活动保持逻辑不变性。

准则 12：无破坏准则。如果一个关系系统具有一个低级(一次一个记录)语言，则该语言不能破坏或绕过完整性准则和存在用高级关系语言表达的约束条件。

以上这十二条准则都以准则 0 为基础，但仅有准则 0 是不够的。

目前，虽然还没有一个 DBMS 产品是全关系型的，但以后一定会出现越来越好的全关系型的 DBMS。

6.8.2 关系系统的定义

全关系系统的十二条基本准则是十分重要的准则。但是，什么是关系系统的最小要求，即什么样的系统就可称为关系系统呢？

当一个系统满足以下两条要求时，它就是一个关系系统：

(1) 支持关系数据结构。在用户来看，数据库是由表，并且只有表构成的。

(2) 不仅应有关系代数中的选择、投影和(自然)连接运算，而且不能要求用户定义任何物理存取路径。

上述两点构成了关系系统的最小定义。

仅仅支持关系数据结构而不支持选择、投影和连接功能的系统，不是关系系统。

虽然支持上述三种运算，但要求用户定义物理存取路径的系统，仍然不是关系系统。

关系系统的最大优点在于方便用户，而不支持上述三种运算的系统是不方便用户的。因此，支持上述三种运算也是关系系统的基本要求。

如果一个目标为关系系统的系统，要求用户定义存取路径，才能进行上述三种操作，那么，它与非关系系统在本质上差别不大。因此，关系系统必须能自动选择路径，进行查询优化，这是关系系统的关键技术。

上述三种操作并非关系代数的全部运算，但却是最重要、最有用的运算。有了这三种运算功能就能解决绝大部分的实际问题。

6.8.3 关系系统的分类

有了关系系统的定义和最小关系系统的定义，自然就应该有关系系统的分类了。

根据 E.F.Codd 的思想，关系系统可以分为图 6-3 所示的三类。

(a) (最小)关系系统　　　(b) 关系完备系统　　　(c) 全关系系统

图 6-3　关系系统的分类

其中，圆内部分表示一个关系数据模型。一个关系数据模型(圆)由三部分组成：结构 S(Structure)、完整性 I(Integrity)和数据操纵 M(Manipulation)。每一部分中阴影的大小，表示支持该内容的程度。

1. (最小)关系系统

仅支持关系数据结构和选择投影、连接运算功能并且不要求用户定义任何物理存取路径的系统为最小关系系统。很多微机型关系数据库系统都属于此类。

2. 关系完备系统

不仅支持关系数据结构，而且支持所有关系代数操作的系统为关系完备系统。

3. 全关系系统

支持关系模型所有特征的系统为全关系系统。它不仅支持数据结构中域的概念，是关系完备的，而且支持实体完整性和参照完整性，也即支持 6.8.1 节中所述的十二条基本准则。目前，很多关系系统已接近全关系系统。

6.9 小　结

关系模型是由关系、关系操作集合和三类完整性约束组成的。

关系可用表来表示，但两者是有差别的。关系中，元组之间是没有先后次序的，属性之间也没有前后次序。但在表中，它们是有次序的。因此，当用表来表示关系时，切记上述两个无次序规定。

一个关系的完整模式为

$$R(U, D, Dom, F)$$

式中：R 为关系名；U 为该关系所有属性名的集合；D 为属性组 U 的属性所来自域的集合；Dom 为属性向域映像的集合；F 为属性间数据依赖关系的集合。但关系模式常简写为 R(U)。

一个应用范围内，所有关系的集合就形成了一个关系数据库。

关系是笛卡尔积的子集(但去掉了分量的有序性)。

关系代数、关系演算都是实际关系语言的基础。关系代数为关系模型定义了一组操作，关系演算为指定关系查询提供了一个更高级的描述性表示法。关系代数和关系演算是等价的。

关系代数是通过对关系的运算来表达查询的。它的运算对象是关系，运算结果也是关系，关系代数的运算操作包括：

(1) 基于传统集合运算的关系运算，如并、差、交和广义笛卡尔积；

(2) 特殊的关系运算，如投影、选择、连接和除。

并、差、投影、选择、广义笛卡尔积组成了一个完备的操作集，其他的关系代数操作运算可用这五种操作的组合来表示。能完成这五种操作的 DBMS 是关系完备的。当然，完备操作集不止这一个。

在商业 RDBMS 中，为了提高效率，关系实际上被看做是包，也就是在关系中允许同一个元组重复出现。这就要求原先基于集合理论的关系代数操作扩展到基于包的关系代数操作，但基于集合理论的某些规则将不再适用。

商业 RDBMS 对关系操作的实现还有改进，对于原先无法用基本关系代数操作表达的很多复杂的查询，如消除重复、聚集运算、分组查询、排序运算和广义投影等，引进了一些新的扩展关系代数运算。

关系演算分为元组关系演算和域关系演算两种。元组关系演算以元组为变量，域关系演算则以域为变量。在不出现无限关系的有效安全机制下，元组关系演算、域关系演算、关系代数三者是完全等价的。本章的重点是关系代数。

本章给出了一些常用的关系代数表达式等价变换规则。它们将应用于 DBMS 的查询优化中。

关系模型有着十分明显的优点，但它也有着查询效率低等缺点。因此，必须使系统能自动进行查询优化，使关系系统在查询性能上达到甚至超过非关系系统。查询优化能等价变换用户给定的查询表达式，使结果表达式求解的代价最小。

随着关系系统的广泛使用，有必要对关系系统本身给出一个定义。本章最后给出了全关系系统的十二条基本准则，以及最小关系系统的要求。

习 题 6

1. 解释下列术语：

笛卡尔积、关系、关系模式、关系数据库。

2. 根据表 6-17 三个关系 S1、S2、S3，求运算结果：

$$S1 \cup S2、S2-S1、S1 \cap S2、\prod_{A, C}(S2)、\sigma_{A="a1"}(S1)、S2 \bowtie S3$$

表 6-17　三个关系 S1、S2、S3

S1

A	B	C	D
a1	b1	c1	d1
a1	b2	c2	d2
a2	b2	c1	d3

S2

A	B	C	D
a1	b2	c2	d1
a1	b3	c2	d2
a2	b2	c1	d3

S3

B	E
b1	e1
b2	e2
b3	e2

3. 等值连接与自然连接的区别是什么？

4. 请描述使用 SQL 语句实现关系代数中并、选择、投影、自然连接运算的方法。

5. 根据习题 3 第 10 题的成绩管理数据库，试用关系代数完成以下各项操作：

(1) 找出所有被学生选修的课程号；

(2) 找出 01311 班女学生的个人信息；

(3) 找出 01311 班、01312 班的学生姓名、性别、年龄；

(4) 找出年龄介于 14 与 20 岁之间的学生信息；

(5) 找出选修了操作系统课程的学生学号和姓名；

(6) 找出所有没有选修 1 号课程的学生姓名；

(7) 找出选修了全部课程的学生姓名。

6. 有人说除法的扩展定义的实现是：从 R 中找到一个子关系

$$R_1 = \{t \mid r \in R \wedge \prod_X \{r\} \times S \subseteq R\}$$

由于 $R_1 \div S$ 满足除法基本定义，因此：

$$R \div S = R_1 \div S = \prod_X(R_1)$$

你认为上述观点正确吗？

7. 有人说还可以根据上题中除法的扩展定义再定义一个余关系：

$$R_2 = t \mid r \in R \wedge \prod_X \{r\} \times S \nsubseteq R\}$$

使

$$R_2 \div S = \varnothing，并且 R = \prod_X(R_1) \times S + R_2$$

即被除关系等于商关系加上余关系。你认为上述观点正确吗？

8. *将关系代数中的五种基本运算用元组关系演算表达式表示。

9. *将关系代数中的五种基本运算用域关系演算表达式表示。

10. 设 R 和 S 分别是二元关系和三元关系，试把表达式 $\Pi_{1, 5}(\sigma_{2=4 \vee 1=5}(R \times S))$ 转换成等价的：

(1) 汉语查询表达式；

(2)* 元组表达式；

(3)* 域表达式。

11. 谈谈关系代数等价变换的用途。

12. 查询优化的目的是什么？常用策略有哪些？

13. 谈谈你对全关系系统和最小关系系统的认识。

14. 根据习题 3 第 10 题的成绩管理数据库，请给出以下两个查询的初始查询树和优化后的查询树。

(1) 查询选修了"操作系统"课程的学生学号和姓名；

(2) 查询选修了"数据库"课程且成绩在 90 分以上的学生姓名。

第7章 关系数据库规范化理论

一个关系数据库由一组关系模式组成，一个关系由一组属性名组成，关系数据库设计就是如何把已给定的相互关联的一组属性名分组，并把每一组属性名组织成关系的问题。然而，属性的分组不是唯一的，不同的分组对应着不同的数据库应用系统，它们的效率往往相差很远。为使数据库设计合理可靠、简单实用，长期以来形成了关系数据库设计理论——规范化理论。

7.1 节介绍关系规范化的作用，介绍什么样的关系模式需要规范化，并提出了如何规范化这一问题。7.2 节介绍函数依赖这一概念，并详细介绍函数依赖的一系列形式化特征及这些特征在实际问题中的处理。

7.3 节介绍第一范式(1NF)到 BC 范式(BCNF)的定义，并通过例子说明一个关系模式如何经过一步步的规范化最终达到 BC 范式的要求。

7.4 节介绍多值依赖和它相应的 4NF 规范化。7.5 节介绍关系的规范化程度。

7.6 节讨论函数依赖公理及关系模式分解的两个特性，无损连接和保持函数依赖，事实上也证明了函数依赖对模式分解概念的重要性。函数依赖构成了第一范式、第二范式、第三范式以及 BC 范式的基础。

最后，回顾了全部的规范化过程。

需要注意的是，虽然规范化的主要思想是数据库设计人员在设计数据库时，最终的关系模式应该向"最终"范式第 5 范式(5NF)靠拢，然而，不应以此作为定论。因为在实际工作中，有很多的利弊权衡，常常允许冗余数据的存在而降低规范化理论的级别，实际开发设计的关系模式往往只满足第三范式(3NF)的要求。设计数据库前须先熟悉规范化理论，但这并不意味着最终的关系模式必须达到最高级别的规范化。但是，规范化思想却可以用来验证设计结果是否违反了规范化理论。

7.1 关系规范化的作用

所谓规范化，就是用形式更为简洁、结构更加规范的关系模式取代原有关系的过程。

例 7.1 有三个属性的工资表(姓名、级别和工资)关系模式。对应此模式建立工资表，如表 7-1 所示。

表 7-1 存在的问题包括以下几点：

(1) 数据冗余度大。

表 7-1 中，工资是从级别推导出的，但却重复存放。数据在数据库中的重复存放称为数据冗余。

表 7-1 工 资 表

姓名	级别	工资
A	10	650
B	10	650
C	7	680
D	8	665
E	11	630
F	11	630

(2) 修改异常。

冗余度大，不仅浪费存储空间，而且在对数据进行修改时，又易造成数据的不一致性。当 10 级的工资变化时，如果表中有 K 个职工的工资为 10 级，就需要修改 K 次，一旦遗漏就使数据不一致，即产生修改异常。

(3) 插入与删除异常。

无法插入某部分信息或删除掉不应删除的信息称为插入或删除异常。例如，9 级工资为 660 元的信息就无法插入表。因为该表的码是姓名，而目前尚无某个职工的工资级别为 9 级，表中不能插入码为空值的记录。即在插入一行时，此关系模式强迫同时增加关于两个实体的数据。

又如，要删除姓名为 C 的职工记录时，又将 7 级工资的信息一起删除了。即在删除一行时，删除了关于两个实体的数据。

上述现象的产生，是由于关系模式不合理。如果一个关系中，存储了两个或两个以上实体集的数据，一般应将它分解为多个关系，使每个关系只有一个实体集。可将表 7-1 分解为两个模式表达：职工级别(姓名，级别)和级别工资(级别，工资)，分别如表 7-2 和表 7-3 所示。

表 7-2 职 工 级 别

姓名	级别
A	10
B	10
C	7
D	8
E	11
F	11

表 7-3 级 别 工 资

级别	工资
7	680
8	665
9	660
10	650
11	630

改进后的关系模式有如下好处：

(1) 数据量减少。设有 n 个职工，m 个工资级别，n >> m ，则表 7-1 有 3n 个数据，表 7-2 和表 7-3 共有 2n+2m 个数据，显然后者的数据量要少得多。

(2) 表达能力增强。表 7-1 中无法加入的信息(如 9 级工资)，在改进后的两个模式中则可加入；当删除职工 C 时，也不会丢失 7 级工资信息。

(3) 修改方便。改进后，修改某一级别工资时只要修改一处。

当然，改进后的关系模式也存在另外一个问题，当查询某个职工的工资时，需要将两个关系连接后进行查询，而关系的连接代价是很大的。

另外，也不是任何分解都是有效的。若将表 7-1 分解成(姓名，级别)和(姓名，工资)，则不能解决什么问题。

那么，什么样的关系模式需要分解？分解关系模式的理论依据又是什么？分解后能完全消除上述三种问题吗？以上问题均需要理论的指导，下面将加以详细讨论。

7.2 函 数 依 赖

7.2.1 属性间的联系

第 2 章讲到客观世界的事物间有着错综复杂的联系。实体间的联系有两类，一类是实体与实体之间的联系；另一类是实体内部各属性间的联系。在数据库建模一章中主要讨论了前一类联系，现在讨论第二类联系。

属性间的联系可分为以下三类。

1. 一对一联系(1∶1)

以职工模式为例，即职工(职工号，姓名，职称，部门)，如果该企业(或单位)中职工无重名，则属性职工号与姓名之间是 1∶1 联系。一个职工号唯一地决定一个姓名，一个姓名也可决定唯一的职工号。

设 X、Y 是关系 R 的两个属性(集)，如果对于 X 中的任一具体值，Y 中至多有一个值与之对应，且反之亦然，则称 X、Y 两属性间是一对一联系。

2. 一对多联系(1∶m)和多对一联系(m∶1)

职工模式中，职工号和职称间是一对多联系。一个职工号只对应一种职称(如胡一民只能对应工程师)，但一种职称却可对应多个职工号(如工程师可对应多名职工)。

设 X、Y 是关系 R 的两个属性(集)，如果对于 X 中的任一具体值，Y 中至多有一个值与之对应，而 Y 中的一个值却可以和 X 中的 n 个值(n≥0)相对应，则称 Y 对 X 是一对多联系。

3. 多对多联系(m∶m)

在职工模式中，职称和部门之间是多对多联系。一种职称可分布在多个部门中(如每一个部门中均可有工程师)，而一个部门中也可有多个职称。

设 X、Y 是关系 R 的两个属性(集)，如果对于 X 中的任一具体值，Y 中有 m(m≥0)个值与之对应，而 Y 中的任一个值也可以和 X 中的 n 个值(n≥0)相对应，则称 Y 对 X 是多对多联系。

上述属性间的三种联系实际上是属性值之间相互依赖又相互制约的反映，称为属性间的数据依赖。数据依赖是现实世界属性间相互联系的抽象，是世界内在的性质，是语义的体现。

数据依赖共有三种：函数依赖(Functional Dependency，简称 FD)、多值依赖(Multivalued Dependency，简称 MD)和连接依赖(Join Dependency，简称 JD)，其中最重要的是函数依赖和多值依赖。

7.2.2 函数依赖

函数依赖是属性之间的一种联系。假设给定一个属性的值，就可以唯一确定(查到)另一个属性的值。例如，知道职工号的值，可以得出其对应的职称的值。如果这种情况成立，就可以说职称函数依赖于职工号。

定义 1 所谓函数依赖是指在关系 R 中，X、Y 为 R 的两个属性或属性组，如果对于 R 的所有关系 r 都存在：对于 X 的每一个具体值，Y 都只有一个具体值与之对应，则称属性 Y 函数依赖于属性 X。或者说，属性 X 函数决定属性 Y，记作 X→Y。其中 X 叫决定因素，Y 叫被决定因素。

此定义可简单表述为如果属性 X 的值决定属性 Y 的值，那么属性 Y 函数依赖于属性 X。换一种说法是，如果知道 X 的值，就可以获得 Y 的值。

(1) 若 Y 不函数依赖于 X，记作 X↛Y。

(2) 若 X→Y，Y→X，记作 X↔Y。

前面讨论的属性间的三种联系，并不是每一种联系中都存在函数依赖。

(1) 如果两属性集 X、Y 间是 1：1 联系，则存在函数依赖：X↔Y。例如职工关系模式中，如果不允许同名职工存在，则有：职工号↔姓名。

(2) 如果两属性集 X、Y 间是 m：1 联系，则存在函数依赖：X→Y。例如，职工号→职称，职工号→部门。

(3) 如果两属性集 X、Y 间是 m：n 联系，则不存在函数依赖，即 X↛Y。例如职称与部门。

(4) 假设两属性集 X、Y 间 X→Y 成立，如果 Y⊆X，则称 X→Y 是平凡函数依赖；反之，如果 Y⊈X，则称 X→Y 是非平凡函数依赖。由于平凡函数依赖总是成立的，因此若不作特殊说明，本书后面提到的函数依赖，都不包含平凡函数依赖。

我们再以关系模式学生课程为例，来说明属性间的函数依赖。

例 7.2 设关系模式为学生课程(学生号，课程号，成绩，教师，教师办公室)。在该关系中，成绩要由学生号和课程号共同确定，假设每门课程只有一位教师授课，即教师和教师办公室由课程号即可决定，所以此关系中包含了以下四种函数依赖关系：

(学生号，课程号)→成绩

课程号→教师

课程号→教师办公室

教师→教师办公室

注意：属性间的函数依赖不是指 R 的某个或某些关系满足上述限定条件，而是指 R 的一切关系都要满足定义中的限定，只要有一个具体关系 r 不满足定义中的条件，就破坏了函数依赖，使函数依赖不成立。

例 7.3 写出表 7-1 中的工资关系的函数依赖集。

工资表(姓名，级别，工资)的函数依赖有以下三个：

    姓名 → 级别

    姓名 → 工资

    级别 → 工资

注意，函数依赖性是一个与数据有关的事务规则的概念。如果属性 B 函数依赖于属性 A，那么，若知道 A 的值，则一定有一个确定的 B 值与之对应。这并不是说可以导算出 B 的值，而是逻辑上只能存在一个 B 的值。

例如，在人这个关系中，如果知道某人的唯一标识符，如身份证号，则可以得到此人的性别、身高、职业等信息，所有这些信息都依赖于确认此人的唯一标识符。例如通过属性年龄，无法确定人的身高，从关系数据库的角度来看，身高不依赖于年龄。事实上，这也就意味着码是关系的唯一标识符。在下一节中，我们将重新对码给出形式化定义。

7.2.3 码的定义

在第 2 章中我们已对码进行了直观的定义，下面用函数依赖的概念对码作出较为精确的形式化的定义。

定义 2 设 K 是关系模式 R(U，F)中的属性或属性组，K' 是 K 的任一真子集。若 K→U，而不存在 K'→U，则 K 为 R 的候选码(Candidate Key)。

可见，如果某个属性或属性组 K 满足以下两个条件，则认为 K 是关系 R 的候选码：

(1) K 决定关系的所有其他属性，也就是说不可能存在两组不同的元组在属性组 K 上的取值相同；

(2) 没有一个 K 的真子集 K' 能够决定关系的所有其他属性。

例 7.4 对例 7.2 的关系模式，判断关系学生课程的候选码是(学生号，课程号)。

首先，要证明候选码(学生号，课程号)决定了关系中所有其他属性。由给出的前三个函数依赖，可知决定因素(学生号，课程号)除了能决定成绩外，当然也能决定教师和教师办公室。

其次，再证明(学生号，课程号)的任一真子集都不能决定关系中所有其他属性。其中，课程号是决定因素，它能决定教师和教师办公室，但不能决定成绩。

因此，(学生号，课程号)满足上述作为候选码需要满足的两个条件。

例 7.5 设关系 R(A，B，C，D)，函数依赖集 F = {A→B, C→D}，求 R 的码。

首先分析有没有可能是单属性码。假设属性 A 是码，那么 A 必须能函数决定属性 B、C、D，即以下函数依赖都要存在：A→B，A→C，A→D，显然后两个函数依赖不存在，所以属性 A 不是 R 的码。同理，属性 B、C、D 都不是 R 的码，即 R 没有单属性码。

再分析是不是双属性码，即(A，B)、(A，C)、(A，D)、(B，C)、(B，D)、(C，D)中有没有码。

由题目已知的函数依赖集可知(A，C)→B，(A，C)→D，也即(A，C)可以函数决定 R 的所有的属性，并且它的真子集 A 或者 C 不具有此属性，所以(A，C)是 R 的码。

用同样的方法分析，得知其他的双属性都不是 R 的码，并且属性组(B, C, D)、(A, B, D)也不是 R 的码。

结论：关系 R 的码是(A，C)，有时候也简记为 AC。

若候选码多于一个，则选定其中的一个为主码(Primary Key)。

包含候选码的属性集合称为超码(Super Key)，每个候选码本身就是超码。

包含在任一候选码中的属性，叫做主属性(Prime Attribute)。

不包含在任何码中的属性称为非主属性(Nonprime Attribute)或非码属性(Non-key Attribute)。

关系模式中，最简单的情况，单个属性是码，称为单码(Single Key)；最极端的情况，整个属性组是码，称为全码(All Key)。

前面我们已经多次遇到单码的情况，下面举一全码的例子。

在 2.2.4 节中有关演员、制片公司、电影的关系模式如下：

　　　　签约(演员名，制片公司名，电影名)

该关系模式反映了某个演员为某部电影与某制片公司的签约情况。由于一个制片公司可以为一部电影和多个演员签约，一个演员可以和多个制片公司签约饰演多部电影，一部电影可由不同的制片公司制作，所以此关系模式的码为(演员名，制片公司名，电影名)，即全码。

定义 3　设有两个关系模式 R 和 S，X 是 R 的属性或属性组，并且 X 不是 R 的码，但 X 是 S 的码(或与 S 的码意义相同)，则称 X 是 R 的外部码(Foreign Key)，简称外码。

设有如下两个关系模式：

　　　　职工(职工号，姓名，性别，职称，部门号)

　　　　部门(部门号，部门名，电话，负责人)

其中，部门号不是职工表的码，而是部门表的码，所以部门号在职工表中称为外码。

关系间的联系可通过同时存在于两个或多个关系中的主码和外码的取值来建立。例如要查询某个职工所在部门的详细情况，只需查询部门表中的部门号与该职工部门号相等的记录。所以主码和外部码提供了一个表示关系间联系的途径。

7.3　关系模式的规范化

7.3.1　非规范化的关系

当一个关系中的所有分量都是不可分的数据项时，该关系是规范化的。从之前讲的关系模式的特点来看，关系模式所涉及的关系都是规范化的。

例如，表 7-4 具有组合数据项，表 7-5 具有多值数据项，因此都不是规范化的表。

表 7-4　具有组合数据项的非规范化表

职工号	姓名	工　资		
		基本工资	职务工资	工龄工资
001	张三	800	3000	500

表 7-5　具有多值数据项的非规范化表

职工号	姓名	职称	系名	系办公地址	学历	毕业年份
001	张三	教授	计算机	1—305	大学 研究生	1963 1982
002	李四	讲师	信电	2—204	大学	1989

实际上，"规范化"过程到此远没结束。"进一步规范化"过程(简称"规范化"过程)是建立在"范式"这一概念上的。

根据每个关系给定的一个函数依赖集，可以找出该关系的候选码。根据这些信息连同对范式的定义条件，就可以展开相应的规范化过程。

所谓规范化过程是指通过对关系模式进行一系列的检验，以"验证"该关系模式是否满足某个特定的范式，即一个关系若满足某一特定范式所规定的一系列约束条件，它就属于该范式。这个过程以一种自顶向下的方式展开，按照各范式所规定的条件根据需要分解关系从而达到该范式要求的过程。

因此，规范化过程也可以看做基于关系模式的函数依赖和候选码，对给定关系模式进行分析和分解，以达到相应范式要求。

最初，Codd 提出了三种范式，分别是第一范式(1NF)、第二范式(2NF)、第三范式(3NF)。后来，Boyce 和 Codd 共同更新了 3NF 的定义，称为 Boyce-Codd 范式(BCNF)。所有这些范式都是基于关系中各属性之间的函数依赖展开讨论的。规范化程度还可有更高的范式：第四范式(4NF)和第五范式(5NF)将在后面介绍。

关系按其规范化程度从低到高可分为五级范式，分别称为 1NF、2NF、3NF(BCNF)、4NF、5NF。规范化程度较高者必是较低者的子集，即 1NF ⊃ 2NF ⊃ 3NF ⊃ BCNF ⊃ 4NF ⊃ 5NF。

7.3.2　第一范式(1NF)

定义 4　如果关系模式 R 中不包含多值属性，则 R 满足第一范式(First Normal Form，简称 1NF)，记作 R∈1NF。

1NF 是对关系的最低要求，不满足 1NF 的关系是非规范化关系，如表 7-4 和表 7-5 所示。

非规范化关系转化为 1NF 的方法很简单，当然也不是唯一的。对表 7-4 和表 7-5 分别进行横向和纵向展开，可分别转化为如表 7-6 和表 7-7 所示的符合 1NF 的关系。

表 7-6　消除组合数据项后的表

职工号	姓名	基本工资	职务工资	工龄工资
001	张三	800	3000	500

表 7-7　消除多值数据项后的表

职工号	姓名	职称	系名	系办公地址	学历	毕业年份
001	张三	教授	计算机	1—305	大学	1963
001	张三	教授	计算机	1—305	研究生	1982
002	李四	讲师	信电	2—204	大学	1989

7.3.3　第二范式(2NF)

表 7-7 虽然已符合 1NF 的要求，但表中存在大量的数据冗余和潜在的数据更新异常，原因是该关系的码是(职工号，学历)，姓名、职称、系名、系办公地址与学历无关，即它们只与码的一部分有关。

定义 5　设 X、Y 是关系 R 的两个不同的属性或属性组，且 X→Y。如果存在 X 的某一个真子集 X'，使 X'→Y 成立，则称 Y 部分函数依赖于 X，记作 $X \xrightarrow{P} Y$；反之，称 Y 完全函数依赖于 X，记作 $X \xrightarrow{F} Y$。

定义 6　如果一个关系 R 属于 1NF，且它的所有非主属性都完全函数依赖于 R 的任一候选码，则 R 属于第二范式，记作 R∈2NF。

例 7.6　关系模式：职工信息(职工号，姓名，职称，项目号，项目名称，项目排名)，存储了职工的信息和职工所参加的项目信息，码为(职工号，项目号)。函数依赖有：

(1) 因为职工号→姓名，所以(职工号，项目号) $\xrightarrow{P}$ 姓名；

(2) 同样，(职工号，项目号) $\xrightarrow{P}$ 职称，(职工号，项目号) $\xrightarrow{P}$ 项目名称；

(3) (职工号，项目号) $\xrightarrow{F}$ 项目排名。

因此非主属性姓名、职称、项目名称并不完全函数依赖于码，它不符合 2NF 的定义。

不符合 2NF 定义的关系模式，会产生以下几个问题：

(1) 插入异常。假如要插入一职工，但该职工还未参加任何项目，即项目号为空。根据实体完整性约束规则，关系中元组的主码属性不能为空，项目号是主属性，因此，该职工信息无法插入。

(2) 删除异常。假设有一职工，只参加了一个项目，现在又从这个项目中退出来了，该职工的此项目记录将被删除，由于项目号是主属性，该记录只能被全部删除，该职工的其他信息也会随着被删除。这样就删除了不该删除的信息，即出现了删除异常。

(3) 修改异常。当某个项目的项目名称发生变化时，必须修改多个元组，造成了修改的复杂化，一旦有遗漏，将破坏数据库中数据的一致性。

可把上述关系模式分解如下，使其符合 2NF：

职工项目(<u>职工号</u>，姓名，职称，项目号)

排名(<u>职工号</u>，<u>项目号</u>，项目排名)

项目(<u>项目号</u>，项目名称)

同样，对于表 7-7 所示的关系模式：职工信息(<u>职工号</u>，姓名，职称，系名，系办公地址，<u>学历</u>，毕业年份)，由于它也包含了部分函数依赖，不符合 2NF 的定义，可将其分解为下面两个关系模式：

职工信息(<u>职工号</u>，姓名，职称，系名，系办公地址)

学历(<u>职工号</u>，<u>学历</u>，毕业年份)

推论 1　如果关系模式 R∈1NF，且它的每一个候选码都是单属性码，则 R∈2NF。

例 7.7　设关系 R(A，B，C，D)上的函数依赖集 F = {(A，B)→C，C→D}，那么 R 达到 2NF 吗？

判断 R 的范式，首先要找出 R 的所有候选码。

由已知条件(A，B)→C，C→D，可以知道(A，B)→CD，所以 R 的候选码为 AB。非主属性有 C、D，它们对码都是完全函数依赖，所以 R 达到了 2NF。

7.3.4　第三范式(3NF)

符合第二范式的关系模式仍可能存在数据冗余、更新异常等问题。如前面从表 7-7 分解出的职工信息关系模式：职工信息(职工号，姓名，职称，系名，系办公地址)。如果一个系有 100 位职工，那么系办公地址就要重复存储 100 次，存在着较高的数据冗余。原因是此关系模式的码是职工号，而系办公地址通过系名函数依赖于职工号，即职工号→系名，系名→系办公地址，是一个传递依赖的过程。

定义 7　在关系 R 中，如果 X、Y、Z 是 R 的三个不同的属性或属性组，如果 X→Y，Y→Z，但 Y↛X 且 Y 不是 X 的子集，则称 Z 传递依赖于 X。

再看表 7-1 的关系模式，它之所以存在着数据冗余、插入或删除异常，就是因为其中存在着传递函数依赖：姓名→级别，级别→工资。

定义 8　如果关系模式 R 属于 2NF，且它的每一个非主属性都不传递依赖于任何候选码，则称 R 是第三范式，记作 R∈3NF。

推论 1　如果关系模式 R∈1NF，且它的每一个非主属性既不部分依赖、也不传递依赖于任何候选码，则 R∈3NF。

推论 2　不存在非主属性的关系模式一定为 3NF。

例 7.8　对表 7-7 中关系进行规范化过程中新分解生成的关系模式：

职工信息(职工号，姓名，职称，系名，系办公地址)

由于存在传递函数依赖：职工号→系名，系名→系办公地址，该关系模式不属于 3NF，可把它分解如下，使其符合 3NF：

职工(职工号，姓名，职称，系名)

系(系名，系办公地址)

7.3.5　改进的 3NF——BCNF

第三范式的修正形式是 Boyee-Codd 范式(Boyee-Codd Normal Form，简称 BCNF)，是由 Boyee 与 Codd 提出的。

定义 9　设关系模式 R(U，F)∈1NF，若 F 的任一函数依赖 X→Y(Y⊈X)中 X 都包含了 R 的一个码，则称 R∈BCNF。

换言之，在关系模式 R 中，如果每一个决定因素都包含码，则 R∈BCNF。

由 BCNF 的定义可以得到推论，如果 R∈BCNF，则

(1) R 中所有非主属性对每一个码都是完全函数依赖。

(2) R 中所有主属性对每一个不包含它的码，都是完全函数依赖。

(3) R 中没有任何属性完全函数依赖于非码的任何一组属性。

定理：如果 R∈BCNF，则 R∈3NF 一定成立。

证明：采用反证法。如果 R∈BCNF，但不是 3NF，则 R 中一定存在传递函数依赖，即 R 中必定存在候选码 X，非主属性 A，属性组 Y，其中 A∉X，A∉Y，Y→X，使得 X→Y→A 成立。Y 不是 R 的码，但 Y 是 R 的决定因素，根据 BCNF 的定义，R 不是 BCNF，与假设相矛盾。所以，假设不成立。

例 7.9 例 7.8 规范化过程中新分解生成的关系模式：职工(职工号，姓名，职称，系名)。

(1) 在该关系中，假定职工存在重名现象，那么候选码只能是职工号。显然，该关系属于 BCNF，因为没有其他不是候选码的决定因素存在。也可以得出，候选码只有一个且是单码的 3NF 必定属于 BCNF(读者可自行证明)。

(2) 假定在该关系中职工无重名，则候选码为职工号或姓名，除了职工号和姓名以外没有其他决定因素，即符合 BCNF 的定义，故该关系是 BCNF 的。当然，该关系中的非主属性(职称或系名)对这两个码不存在部分函数依赖和传递函数依赖，因此是 3NF 的。

但是如果 R∈3NF，R 未必属于 BCNF。3NF 比 BCNF 放宽了一个限制，即允许决定因素不包含码。

例 7.10 设职工无重名，有一新的关系模式：职工(职工号，姓名，项目号，参加天数)该关系的函数依赖有：

(职工号，项目号)→ 参加天数

(姓名，项目号)→ 参加天数

职工号↔姓名

可见，该关系的候选码是(职工号，项目号)和(姓名，项目号)。

由于存在函数依赖职工号↔姓名，即职工号和姓名都是决定因素，却都不是候选码，因此，该关系不属于 BCNF。

但根据 3NF 的定义，职工关系中的非主属性只有参加天数，显然不存在非主属性对候选码的传递函数依赖，所以该关系仍然属于 3NF。只是这里存在有主属性(姓名)不完全函数依赖于候选码(职工号，项目号)，因而造成该关系仍存在有数据冗余和更新异常。

因此可把该关系分解如下，使其符合 BCNF：

职工(职工号，姓名)

职工项目(职工号，项目号，参加天数)

例 7.11 对于授课(学生，教师，课程)，假设该校规定一个教师只能教一门课，每门课可由多个教师讲授，学生一旦选定某门课，教师就相应地固定。根据语义关系的函数依赖集为

F={教师→课程，(学生，课程)→教师，(学生，教师)→课程}

该关系的候选码为(学生，课程)或(学生，教师)，因此三个属性都是主属性，由于不存在非主属性，该关系一定是 3NF。但由于决定因素教师没包含码，该关系不属于 BCNF。

不属于 BCNF 的关系模式，仍然存在数据冗余问题。例 7.10 中如果有 100 个学生选定了某一门课，则教师与该课程的关系就要重复存储 100 次。同样，该关系还会产生删除异常。以表 7-8 数据为例，如果要删除王昆选修的物理课，则会丢失相应的王老师教授物理课的信息。产生上述数据冗余和删除异常的原因，就是教师属性是决定因素，但不是候选码。该关系可分解为如下两个 BCNF 的关系模式，消除此种冗余和删除异常：

教师(教师，课程)

学生(学生，教师)

表 7-8 授 课 表

学生	教师	课程
张航	张老师	数学
王昆	张老师	数学
李跃山	李老师	物理
王昆	王老师	物理

然而，上述分解虽然消除了数据冗余和删除异常，但是还会带来新的问题，即这两个分解产生的新关系并不相互独立。根据表 7-8 中的数据，不能在(学生，教师)中插入元组(王昆，李老师)，因为事实上，王昆同学选修了王老师的物理课，而没有选修李老师的物理课。但事实上，系统处理的时候无法体现这一点。其原因在于，分解后函数依赖(学生，课程)→教师并不能从以上新分解生成的两个关系模式中推导出来，也即不满足保持函数依赖。

由此可见，把一个关系无损分解成 BCNF 的集合和保持函数依赖这两个目的有时是相互冲突的，并不能全部满足。有关关系模式分解的"无损连接性"和"函数依赖保持性"将在 7.6.3 节中加以讨论。

例 7.12 对于考试(学生，课程，名次)，假设该关系变量满足：在同一门课程中，任何一个学生的排名都不相同。

根据语义关系，给出函数依赖集：F={(学生，课程)→名次，(课程，名次)→学生}，即给定一个学生和他选修的一门课程，都有唯一的一个名次和他对应；给定一门课程和名次，也只有一个学生与之对应。

因此，该关系有两个候选码：(学生，课程)和(课程，名次)。虽然这两个候选码也有重叠部分，但这两个候选码中的属性都是决定因素，所以该关系属于 BCNF。

一个关系模式如果达到了 BCNF，那么在函数依赖范围内，它已实现了彻底的分离，消除了数据冗余、插入和删除异常。

*7.4 多值依赖和第四范式

7.4.1 多值依赖(Multivalued Dependency)

在属性之间的数据依赖中，除了函数依赖，还有多值依赖。在讨论多值依赖之前，请先看一个例子，如表 7-9 所示。

表 7-9 教师开课一览表

课程(Course)	教师(Teacher)	班级(Class)
数据结构	王晓萍	00 级本科
	陈保乐	00 级辅修
	刘彤彤	01 级大专
数据库原理	李桂平	99 级本科
	张力	99 级辅修
网络技术	王宝钢	98 级本科
	张丽萍	99 级大专

从表 7-9 中可以得到如下的信息：哪门课由哪些教师开设，有哪些班级开设了这门课。因此，我们可以从已知的元组推出表中一定存在的其他元组。

例如，如果已知表中存在元组：

    （网络技术，王宝钢，98 级本科）

    （网络技术，张丽萍，99 级大专）

那么表中应该有元组：

    （网络技术，王宝钢，99 级大专）

    （网络技术，张丽萍，98 级本科）

将表 7-9 转化为规范化的教师开课表，如表 7-10 所示。

表 7-10　教师开课表：CTC

Course	Teacher	Class
数据结构	王晓萍	00 级本科
数据结构	王晓萍	00 级辅修
数据结构	王晓萍	01 级大专
数据结构	陈保乐	00 级本科
数据结构	陈保乐	00 级辅修
数据结构	陈保乐	01 级大专
数据结构	刘彤彤	00 级本科
数据结构	刘彤彤	00 级辅修
数据结构	刘彤彤	01 级大专
数据库原理	李桂平	99 级本科
数据库原理	李桂平	99 级辅修
数据库原理	张力	99 级本科
数据库原理	张力	99 级辅修
网络技术	王宝钢	98 级本科
网络技术	王宝钢	99 级大专
网络技术	张丽萍	98 级本科
网络技术	张丽萍	99 级大专

这种依赖关系称为多值依赖。多值依赖与函数依赖不同，函数依赖是属性值之间的约束关系，而多值依赖是元组值之间的约束关系。

定义 10　设 R(U) 是属性集 U 上的一个关系模式，X、Y、Z 是 U 的子集，且 Z=U−X−Y。如果对 R(U) 的任一关系 r，给定一对 (X, Z) 值，都有一组 Y 值与之对应，这组 Y 值仅仅决定于 X 值而与 Z 值无关，则称 Y 多值依赖于 X，或 X 多值决定 Y，记作 $X \longrightarrow\longrightarrow Y$。

在表 7-10 中，对于一对 (X, Z) 值 (数据结构，00 级本科)，有一组 Y 值 {王晓萍，陈保乐，刘彤彤} 与之对应，这组值仅决定于课程"数据结构"。对于另一个 (X, Z) 值 (数据结构，00 级辅修)，对应的仍是这组 Y 值 {王晓萍，陈保乐，刘彤彤}。因此，课程 $\longrightarrow\longrightarrow$ 教师。

多值依赖的另一个等价的形式化定义为设关系模式 R(U)，X、Y、Z 是 U 的子集，Z=U−X−Y，r 是 R 的任意一个关系，t_1、t_2 是 r 的任意两个元组。如果 $t_1[X]=t_2[X]$，在 r 中存在元组 t_3 使得 $t_3[X] = t_1[X]$，$t_3[Y] = t_1[Y]$，$t_3[Z]=t_2[Z]$ 成立，则 $X \longrightarrow\longrightarrow Y$。

上述定义中，由于 t_1、t_2 的对称性实际隐含着关系 r 中还存在着另一个元组 t_4 满足：$t_4[X] = t_1[X]$，$t_4[Y] = t_1[Y]$，$t_4[Z] = t_2[Z]$。

换句话说，如果 r 有两个元组在 X 属性上的值相等，则交换这两个元组在 Y 上的属性值，得到的两个新元组也必是 r 中的元组。

定义中如果 $Z=\Phi$(即 Z 为空集)，则称 $X \longrightarrow Y$ 为平凡的多值依赖，否则为非平凡多值依赖。

下面再举一多值依赖的例子。

例 7.13 对于关系模式：供应(项目，供应商，零件)，假设一个项目可由不同的供应商供应该项目所需要的多种零件，一个供应商也可为多个项目供应多种零件，如表 7-11 所示。

表 7-11 供 应 关 系

项目	供应商	零件
I1	S1	P1
I1	S1	P3
I1	S1	P4
I1	S2	P1
I1	S2	P3
I1	S2	P4
I2	S1	P1
I2	S3	P1

对于项目中的每一个 I_i，都有一完整的供应商集合与之对应，同时交换供应商和零件的值所得的新元组必在原关系中。因此，项目 $\longrightarrow$ 供应商，项目 $\longrightarrow$ 零件。

多值依赖具有以下性质：

(1) 对称性。若 $X \longrightarrow Y$，则 $X \longrightarrow Z$，其中 $Z=U-X-Y$。

如例 7.13 中，对于项目中的每一个 I_i，都有一完整的零件集合与之对应，因此，项目 $\longrightarrow$ 零件。

(2) 传递性。若 $X \longrightarrow Y$，$Y \longrightarrow Z$，则 $X \longrightarrow Z-Y$。

(3) 若 $X \longrightarrow Y$，$X \longrightarrow Z$，则 $X \longrightarrow YZ$。

(4) 若 $X \longrightarrow Y$，$X \longrightarrow Z$，则 $X \longrightarrow Y \cap Z$。

(5) 若 $X \longrightarrow Y$，$X \longrightarrow Z$，则 $X \longrightarrow Y-Z$，$X \longrightarrow Z-Y$。

一般来讲，当关系至少有三个属性，其中的两个是多值，且它们的值只依赖于第三个属性时，才会有多值依赖。即对于关系 R(A，B，C)，如果 A 决定 B 的多个值，A 决定 C 的多个值，B 和 C 相互独立，这时才存在多值依赖。

在具有多值依赖的关系中，如果随便删除一个元组而破坏了其对称性，那么，为了保持多值依赖关系中数据的"多值依赖"性，也必须删除另外的元组以维持其对称性。这个规则称为"多值依赖的约束规则"，这种规则只能由设计者在软件设计中加以体现，目前的 RDBMS 不具有维护此规则的能力。

函数依赖可看成是多值依赖的特例，即函数依赖一定是多值依赖；多值依赖是函数依赖的概括，即存在多值依赖的关系，不一定存在函数依赖。

7.4.2　第四范式(4NF)

定义 11　如果关系模式 R∈1NF，对于 R 的每个非平凡的多值依赖 X —→→Y(Y⊈X)，X 含有码，则称 R 是第四范式，即 R∈4NF。

一个关系模式如果属于 4NF，则一定属于 BCNF，但一个 BCNF 的关系模式不一定是 4NF，R 中所有的非平凡多值依赖实际上是函数依赖。

在前面的供应关系中，项目 —→→供应商，项目 —→→零件，且都是非平凡的多值依赖。但该关系的码是全码(项目，供应商，零件)，而项目没有包含码(只是码的一部分)，所以该关系模式属于 BCNF 而不属于 4NF。将其分解为以下两个关系，可达到 4NF：

　　　　需求(项目，零件)

　　　　供应(项目，供应商)

这两个关系中，项目 —→→零件，项目 —→→供应商，它们均是平凡多值依赖。即关系中已不存在非平凡、非函数依赖的多值依赖，所以它们均是 4NF。

一般地，如果关系模式 R(X，Y，Z)满足 X —→→Y，X —→→Z，那么可将它们分解为关系模式 R_1(X，Y)和 R_2(X，Z)。

在一般应用中，即使作数据存储操作，也只要达到 BCNF 就可以了。因为应用中具有多值依赖的关系较少，因此需要达到 4NF 的情况也就比较少。在理论上，还有与数据依赖中的连接依赖(JD)有关的第五范式(5NF)，这里就不再介绍了。

7.5　关系的规范化程度

各种规范化之间的关系为 5NF⊂4NF⊂BCNF⊂3NF⊂2NF⊂1NF。

关系规范化的目的是解决关系模式中存在的数据冗余、插入和删除异常、更新繁琐等问题。其基本思想是消除数据依赖中的不合适部分，使各关系模式达到某种程度的分离，使一个关系描述一个概念、一个实体或实体间的一种联系。因此，规范化的实质是概念的单一化。

关系规范化的递进过程如图 7-1 所示。

一般来说，规范化程度越高，分解就越细，所得数据库的数据冗余就越小，且更新错误也可相对减少。但是，如果某一关系经过数据大量加载后主要用于检索，那么，即使它是一个低范式的关系，也不要去追求高范式而将其不断进行分解。因为在检索时，又会通过多个关系的自然连接才能获得全部信息，从而降低了数据的检索效率，即数据库设计满足的范式越高，其数据处理的开销也越大。所以，规范化的基本原则是：由低到高，逐步规范，

图 7-1　关系规范化递进过程示意图

权衡利弊，适可而止。通常，以满足第三范式为基本要求。

把一个非规范化的数据结构转换成第三范式，一般经过以下几步：

(1) 把该结构分解成若干个属于第一范式的关系。

(2) 对那些存在组合码且有非主属性部分函数依赖的关系，必须继续分解，使所得关系都属于第二范式。

(3) 若关系中有非主属性传递函数依赖于码，则继续分解之，使得关系都属于第三范式。

关系模式的规范化过程是通过投影分解实现的，即用投影运算把一个模式分解成若干个高一级的关系模式。这种投影分解不是唯一的，在分解时应注意满足以下三个条件：

(1) 分解是无损连接分解，分解后既不丢失又不增加信息。

(2) 分解所得的所有关系都是高一级范式的。

(3) 分解所得关系的个数最少。

规范化过程的总体目的可以概括为以下几点：

(1) 消除某些冗余。

(2) 避免更新异常。

(3) 产生一种可以较好描述现实世界的设计，即应该是比较直观的并且方便将来扩充的数据库设计。

(4) 可以简单满足某些完整性约束。

事实上，规范化理论是在与 SQL 编程语言结合时产生的。关系理论的基本原则指出，数据库被规范化后，其中的任何数据子集都可以用基本的 SQL 操作符获取。这就是规范化的重要性所在。数据库不进行规范化，就必须通过编写大量复杂代码来查询数据。规范化规则在关系建模和关系对象建模中同等重要。

规范化过程概念本质上属于语义的概念，即关注的是数据的意义。而关系代数或者具体的 SQL 操作，所关注的是实际数据的值，这些操作实现中只需要关系模式满足 1NF，所以，进一步规范化过程可以看做是辅助数据库设计的规则。

规范化思想虽然对数据库设计很有帮助，但是也存在一些弊端：

(1) 分解方法可能并不是唯一的。

(2) BCNF 范式和保持函数依赖的目标可能是有冲突的，如"SJT 问题"。

(3) 规范化过程通过投影消除了冗余，但并不是所有的冗余都可以用这种方式来消除的。

但是，一种好的数据库设计必定都趋向于规范化的设计，因此，往往可以将规范化理论作为验证一个数据库设计结果好坏的标准。

*7.6 函数依赖公理系统

在现实应用中，对于某个给定的语义环境，往往不可能指定所有可能的函数依赖。

设有关系模式：部门(部门号，部门负责人，负责人电话)，其中，每个部门只有一个负责人，并且每个负责人也都只有唯一的电话号码。

由此，我们可以得到该关系的函数依赖集 F={部门号 → 部门负责人，部门负责人 → 负责人电话}。但是，这里显然隐含了函数依赖(部门号 → 负责人电话)，而这个函数依赖是可以由前两个函数依赖推导出来的。

下面我们来讨论函数依赖的一套推论规则，这套规则是于 1974 年由 Armstrong 提出来的，故常被称为 Armstrong 公理系统。通过这套公理系统，我们来讨论如何推导函数依赖，即从已知的函数依赖集中推导出其他隐含的函数依赖。

实际上，在规范化理论中，模式分解以及判断分解是否等价是有一定算法的，而函数依赖的公理系统就是模式分解算法的基础。

Armstrong 公理系统　设有关系模式 R(U，F)，X、Y、Z、W$\subseteq$U，则对 R(U，F)有

(1) A1(自反律)：若 Y$\subseteq$X，则 X$\rightarrow$Y；

(2) A2(增广律)：若 X$\rightarrow$Y，则 XZ$\rightarrow$YZ；

(3) A3(传递律)：若 X$\rightarrow$Y，Y$\rightarrow$Z，则 X$\rightarrow$Z。

这些规则是保真的，它们不会产生错误的函数依赖。说明：XZ 表示 X$\cup$Z。

引理 7.1　Armstrong 公理是正确的，即如果函数依赖 F 成立，则由 F 根据 Armstrong 公理所推导的函数依赖总是成立的。

证明：设 t_1、t_2 是关系 R 中的任意两个元组。

(1) A1：如果 $t_1[X]=t_2[X]$，则因为 Y$\subseteq$X，所以有 $t_1[Y]=t_2[Y]$，故 X$\rightarrow$Y 成立。

(2) A2：如果 $t_1[XZ]=t_2[XZ]$，则有 $t_1[X]=t_2[X]$，$t_1[Z]=t_2[Z]$。又已知 X$\rightarrow$Y，因此得 $t_1[Y]=t_2[Y]$。可知 $t_1[YZ]=t_2[YZ]$，故 XZ$\rightarrow$YZ 成立。

(3) A3：如果 $t_1[X]=t_2[X]$，则 $t_1[Y]=t_2[Y]$；如果 $t_1[Y]=t_2[Y]$，则 $t_1[Z]=t_2[Z]$。因此可得如果 $t_1[X]=t_2[X]$，则 $t_1[Z]=t_2[Z]$，即 X$\rightarrow$Z 成立。

定理 7.1　Armstrong 公理是正确的、完备的。

由 Armstrong 公理系统，可以得到以下三个推论。

(1) 合成规则：若 X$\rightarrow$Y，X$\rightarrow$Z，则 X$\rightarrow$YZ；

(2) 分解规则：若 X$\rightarrow$YZ，则 X$\rightarrow$Y，X$\rightarrow$Z；

(3) 伪传递规则：若 X$\rightarrow$Y，WY$\rightarrow$Z，则 XW$\rightarrow$Z。

引理 7.2　X$\rightarrow A_1A_2\cdots A_k$ 成立的充分必要条件是 X$\rightarrow A_i$ 成立(i=1，2，$\cdots$，k)。

例 7.14　设关系模式 R(A，B，C，G，H，I)，函数依赖集为 F={A$\rightarrow$B，A$\rightarrow$C，CG$\rightarrow$H，CG$\rightarrow$I，B$\rightarrow$H}，利用规则，可以得到关系中存在以下几个函数依赖：

(1) A$\rightarrow$H。由于 A$\rightarrow$B，B$\rightarrow$H，使用传递律可得到 A$\rightarrow$H。

(2) CG$\rightarrow$HI。由于 CG$\rightarrow$H，CG$\rightarrow$I，由合成律可得 CG$\rightarrow$HI。

(3) AG$\rightarrow$I。由于 A$\rightarrow$C，CG$\rightarrow$I，由伪传递律可推出 AG$\rightarrow$I。

7.6.1　闭包及其计算

某个关系模式 R(U，F)中，除了指定语义所给出的函数依赖集 F 外，通常还可能存在有其他的函数依赖集 F'。而这些函数依赖集需要从已有函数依赖集 F 中推导得出。因此，在这里，形式化地定义一个称为闭包的概念显得非常有用，它包含了可以从给定的函数依赖集合 F 中推导出所有可能存在的函数依赖。

定义 12　设关系模式 R(U，F)，U 为 R 的属性集合，F 为其函数依赖集，则称所有用 Armstrong 公理从 F 推出的函数依赖 X$\rightarrow A_i$ 中 A_i 的属性集合为 X 的属性闭包，记作 X^+，读

作 X 关于函数依赖集 F 的闭包。

由引理 7.2 可以推出下面的引理。

引理 7.3 设关系模式 R(U，F)，U 为 R 的属性集合，F 为其函数依赖集，X，Y⊆U，则从 F 推出 X→Y 的充要条件是 Y⊆X^+。

如果要判断 X→Y 是否能由 F 根据 Armstrong 公理导出，只需求出 X^+，判断 Y 是否为 X^+的子集。

算法 7.1 求属性集 X 关于函数依赖 F 的属性闭包 X^+。

输入：关系模式 R 的全部属性集 U，U 的子集 X，U 上的函数依赖集 F。

输出：X 关于 F 的属性闭包 X^+。

设 i=0，1，2，…，步骤如下：

(1) 初始化：i=0，X(i)= X(0) = X。

(2) 求属性集 A。A 的属性是在 F 中寻找尚未用过的左边是 X(i)子集的函数依赖：Y(i)⊆X(i)，并且在 F 中有 Y(i)→Z(i)，则 A=Z(1)∪Z(2)∪…∪Z(i)。

(3) X(i+1) = X(i)∪A。

(4) 判断以下条件之一是否成立，若有条件成立，则转向(5)；否则，i=i+1，转向(2)。

① X(i+1) = X(i)；

② X(i)中已包含了 R 的全部属性；

③ 在 F 中的每个函数依赖的右边属性中已没有 X(i)中未出现过的属性；

④ 在 F 中未用过的函数依赖的左边属性中已没有 X(i)的子集。

(5) 输出 X(i+1)，即为 X^+。

算法 7.1 实际是系统化寻找满足条件 A∈X^+的属性的方法。

例 7.15 设关系模式 R(U，F)，其中，U={A，B，C，D，E，I}，F={A→D，AB→C，BI→C，ED→I，C→E}，求(AC)$^+$。

(1) 令 X={AC}，则 X(0)=AC。

(2) 在 F 中找出左边是 AC 子集的函数依赖：A→D，C→E。

(3) X(1)=X(0)∪D∪E=ACDE。

(4) 很明显 X(1)≠X(0)，所以 X(i)=X(1)，并转向算法中的步骤(2)。

(5) 在 F 中找出左边是 ACDE 子集的函数依赖：ED→I。

(6) X(2)=X(1)∪I=ACDEI。

(7) 虽然 X(2)≠X(1)，但是 F 中未用过的函数依赖的左边属性已没有 X(2)的子集，所以，可停止计算，输出(AC)$^+$ = X(2)=ACDEI。

算法 7.1 可用伪 Pascal 代码书写如下(输出结果存储在变量 result 中)：

```
        result:=X;
    WHILE (result 发生变化) DO
        FOR EACH  函数依赖 Y→Z IN F DO
            BEGIN
                IF Y ⊆ result THEN result:=result∪Z;
            END
```

读者可自行验证此算法描述的正确性。

利用闭包算法，能够正确判断一个新的函数依赖能否从给定的函数依赖 F 集合中推导出来。通过闭包算法，可以从关系 R(U,F)中给定的函数依赖集合 F 推导出所有的函数依赖。

我们还可以得出结论：关系 R(U,F)中，某个给定属性集 K⊆U，当且仅当 K 关于给定函数依赖集 F 的闭包 K^+ 是 R 的所有属性集合 U 时，K 即为关系 R 的超码；当且仅当属性集 K 中不存在任一真子集 K' 的闭包$(K')^+$也是 R 的所有属性集合 U，即属性集 K 是最小属性集合构成的超码时，K 就是该关系 R(U,F)的候选码。

7.6.2　最小函数依赖集

假设有两个函数依赖集 F 和 G，如果所有被 F 所蕴含的函数依赖都被 G 所蕴含，则 F 的闭包是 G 的闭包的子集，即 $F^+⊆G^+$，G 覆盖了 F。换言之，在数据库设计中，若实现了 G 中的函数依赖，就自动实现了 F 中的函数依赖。因此，在实现某个函数依赖集 F 时，系统只要实现它的一个最小函数依赖集就足够了。接下来，我们将讨论何谓最小函数依赖集以及如何构造最小函数依赖集。

定义 13　设 F 和 G 是关系模式 R(U)上的两个函数依赖集，如果 $F^+=G^+$，则称 F 和 G 是等价的，记作 F≡G，也可称为 F 覆盖 G、G 覆盖 F 或 F、G 相互覆盖。

引理 7.4　F≡G 的充分必要条件是 $F⊆G^+$和 $G⊆F^+$。

引理 7.5　任一函数依赖集总可以为一右边都为单属性的函数依赖集所覆盖。

证明：构造 G={X→A｜X→Y∈F 且 A∈Y}。根据分解规则：$G⊆F^+$；根据合并规则：$F⊆G^+$。可得 $F^+=G^+$，即 F 为 G 所覆盖。

证毕。

定义 14　如果函数依赖集 F 满足下列条件，则称 F 为一个极小函数依赖集，也称为最小依赖集或最小覆盖。

(1) F 中任一函数依赖的右部都是单属性；

(2) F 中任一函数依赖 X→A，都不会使 F 与 F-{X→A}等价；

(3) F 中任一函数依赖 X→A，X 的任一真子集 Z，不会使 F-{X→A}∪{Z→A}与 F 等价。

条件(2)保证了 F 中不存在多余的函数依赖，条件(3)保证了 F 中每个函数依赖的左边没有多余的属性。

定理 7.2　任一函数依赖集 F 均等价于一个极小函数依赖集 F_m。

算法 7.2　计算最小依赖集。

输入：一个函数依赖集 F。

输出：F 的一个等价最小函数依赖集 G。

步骤如下：

(1) 应用分解规则，使 F 的每个函数依赖的右部属性都为单属性。

(2) 依次去除 F 的每个函数依赖左部多余的属性。设 XY→A 是 F 的任一函数依赖，在 F 中求出 X 的闭包 X^+。如果 X^+包含了 Y，则 Y 为多余属性，该函数依赖变为 X→A。

(3) 依次去除多余的函数依赖。设 X→A 是 F 的任一函数依赖，在 F-{X→A}中求出 X 的闭包 X^+。如果 X^+包含了 A，则 X→A 为多余的函数依赖，应该去除；否则，不能去除。

例 7.16　设有函数依赖集 F={A→C，C→A，B→AC，D→AC，BD→A}，计算它等价的最小依赖集。

解：(1) 化右边依赖为单属性，结果为

      F1={A→C，C→A，B→A，B→C，D→A，D→C，BD→A}

(2) 去除 F1 的函数依赖中左边多余的属性。对于 BD→A，由于有 B→A，所以是多余的。结果为

      F2={A→C，C→A，B→A，B→C，D→A，D→C}

(3) 去除 F2 中多余的依赖。因为 A→C，C→A，所以 A ←→C。故：B→A、B→C 以及 D→A、D→C 中之一是多余的。

取 F3={A→C，C→A，B→A，D→A}。在 F3 中：

① 对于 A→C，F3−{A→C}中 A^+=A；

② 对于 C→A，F3−{C→A}中 C^+=C；

③ 对于 B→A，F3−{B→A}中 B^+=B；

④ 对于 D→A，F3−{D→A}中 D^+=D。

所以，F3 中已没有多余的函数依赖，即 F 的等价最小函数依赖集为{A→C，C→A，B→A，D→A}。

注意：函数依赖集的最小集并不是唯一的，本例中还可以有以下几个答案：

      {A→C，C→A，B→A，D→A}

或   {A→C，C→A，B→C，D→A}

或   {A→C，C→A，B→C，D→C}

7.6.3 关系模式的分解

关系模式经分解后，应与原来的关系模式等价。所谓"等价"是指两者对数据的使用者来说应是等价的。即对分解前后的关系作相同内容的查询，应产生同样的结果。这是对模式分解的基本要求。

历年来，人们对等价的概念形成了三种不同的定义：

(1) 分解具有"无损连接性"(Lossless Join)；

(2) 分解具有"函数依赖保持性"(Preserve Dependency)；

(3) 分解既要具有"无损连接性"，又要具有"函数依赖保持性"。

下面分别介绍无损连接性和函数依赖保持性的含义及判断算法。

1. 无损连接性

所谓无损连接性，是指对关系模式分解时，原关系模式下的任一合法关系实例，在分解之后，应能通过自然连接运算恢复起来。无损连接性有时也称为无损分解。

定义 15 设 ρ ={R_1, R_2, …, R_k}是关系模式 R(U，F)的一个分解，如果对于 R 的任一满足 F 的关系 r，都有：

$$r = \Pi_{R_1}(r) \bowtie \Pi_{R_2}(r) \bowtie \cdots \bowtie \Pi_{R_k}(r)$$

则称分解 ρ 是满足函数依赖集 F 的无损连接。

根据算法 7.3 可以测试一个分解是否具有无损连接性(无损分解)。

算法 7.3 检验分解的无损连接性。

输入：关系模式 $R(A_1, A_2, \cdots, A_n)$；R 上的函数依赖集 F；R 上的分解 $\rho = \{R_1, R_2, \cdots, R_k\}$。

输出：ρ 是否具有无损连接性。

步骤如下：

(1) 构造一 k 行 n 列的表(或矩阵)，第 i 行对应于分解后的关系模式 R_i，第 j 列对应于属性 A_j，如表 7-12 所示。

表 7-12 中各分量的值由下面的规则确定：

$$M_{ij} = \begin{cases} a_{ij} & \text{若} A_j \in R_i \\ b_{ij} & \text{若} A_j \notin R_i \end{cases}$$

表 7-12　构造判断矩阵

	A_1	A_2	$\cdots$	A_j	$\cdots$	A_n
R_1						
R_2						
$\vdots$				$\vdots$		
R_i		$\cdots$		M_{ij}		
$\vdots$						
R_k						

(2) 对 F 中的每一个函数依赖进行反复检查和处理。具体处理方法为取 F 中一个函数依赖 XY，在 X 的分量中寻找相同的行，然后将这些行中的 Y 分量改为相同的符合。即如果其中之一为 a_j，则将 b_{ij} 改为 a_j；若其中无 a_j，则改为 b_{ij}。若两个符合分别为 b_{23} 和 b_{13}，则将它们统一改为 b_{23} 或 b_{13}。

(3) 如此反复进行，直至 M 无可改变为止。如果发现某一行变成了 $a_1, a_2, \cdots, a_n$，则 ρ 具有无损连接性；否则，ρ 不具有无损连接性。

例 7.17　设关系模式 R(U, F)中，U={A, B, C, D, E}，F={AB→C, C→D, D→E}，R 的一个分解 $\rho = \{R_1(A, B, C), R_2(C, D), R_3(D, E)\}$。试判断 ρ 具有无损连接性。

解：(1) 首先构造初始表，如表 7-13(a)所示。

表 7-13　分解的无损连接判断表

(a)

	A	B	C	D	E
$R_1(A, B, C)$	a_1	a_2	a_3	b_{14}	b_{15}
$R_2(C, D)$	b_{21}	b_{22}	a_3	a_4	b_{25}
$R_3(D, E)$	b_{31}	b_{32}	b_{33}	a_4	a_5

(b)

	A	B	C	D	E
$R_1(A, B, C)$	a_1	a_2	a_3	a_4	a_5
$R_2(C, D)$	b_{21}	b_{22}	a_3	a_4	b_{25}
$R_3(D, E)$	b_{31}	b_{32}	b_{33}	a_4	a_5

(2) 按下列次序反复检查函数依赖和修改 M：AB→C，属性 A、B(第 1、2 列)中都没有相同的分量值，故 M 值不变；C→D，属性 C 中有相同值，故应改变 D 属性中的 M 值，b_{14} 改为 a_4；D→E，属性 D 中有相同值，b_{15}、b_{25} 均改为 a_5。

结果如表 7-13(b)所示。

(3) 此时第一行已为 a_1，a_2，a_3，a_4，a_5，所以 ρ 具有无损连接性。

说明：在上述步骤后，如果没有出现 a_1，a_2，a_3，a_4，a_5，并不能马上判断 ρ 不具有无损连接性。而应该进行第二次的函数依赖检查和修改 M。直至 M 值不能改变，才能判断 ρ 是否具有无损连接性。

2．依赖保持性

定义 16　设有关系模式 R，F 是 R 的函数依赖集，Z 是 R 的一个属性集合，则 Z 所涉及到的 F 中所有函数依赖为 F 在 Z 上的投影，记为 $\Pi_Z(F)$，有

$$\Pi_Z(F) = \{ X{\rightarrow}Y \mid X{\rightarrow}Y \in F^+ \ \text{且} \ XY \subseteq Z \}$$

定义 17　设关系模式 R 的一个分解 $\rho = \{R_1, R_2, \cdots, R_k\}$，F 是 R 的依赖集，如果 F 等价于 $\Pi_{R_1}(F) \bigcup \Pi_{R_2}(F) \bigcup \cdots \bigcup \Pi_{R_k}(F)$，则称分解 ρ 具有函数依赖保持性。

一个无损连接的分解不一定具有函数依赖保持性；同样地，一个函数依赖保持性分解也不一定具有无损连接性。

检验分解是否具有函数依赖保持性，实际上是检验 $\Pi_{R_1}(F) \bigcup \Pi_{R_2}(F) \bigcup \cdots \bigcup \Pi_{R_k}(F)$ 是否覆盖 F。

算法 7.4　检验一个分解是否具有依赖保持性。

输入：关系模式 R 上的函数依赖集 F；R 的一个分解 $\rho = \{R_1, R_2, \cdots, R_k\}$。

输出：ρ 是否具有函数依赖保持性。

步骤如下：

(1) 计算 F 到每一个 R_i 上的投影 $\Pi_{R_i}(F)$，i=1，2，$\cdots$，k；

(2) FOR 每一个 X→Y∈F DO

　　　Z1=X；Z0=Φ；

　　　DO WHILE Z1≠Z0

　　　　　　Z0=Z1；

　　　　　　FOR i=1 TO k DO

　　　　　　　　Z1=Z1∪((Z1∩Ri)$^+$∪Ri)

　　　　　　ENDFOR

　　　　ENDDO

　　　IF Y-Z1=Φ　RETURN(true)

　　　RETURN(false)

　　ENDFOR

例 7.18　试判断例 7.17 中的分解 ρ 是否具有函数依赖保持性。

解：因为 $\Pi_{R_1}(F) = \{AB \rightarrow C\}$，$\Pi_{R_2}(F) = \{C \rightarrow D\}$，$\Pi_{R_3}(F) = \{D \rightarrow E\}$，所以

$$\Pi_{R_1}(F) \cup \Pi_{R_2}(F) \cup \Pi_{R_3}(F) = \{AB \rightarrow C, \ C \rightarrow D, \ D \rightarrow E\}$$

等价于 F，因此 ρ 具有函数依赖保持性。

在实际数据库设计中，关系模式的分解主要有两种准则：

(1) 只满足无损连接性；

(2) 既满足无损连接性，又满足函数依赖保持性。

准则(2)比准则(1)理想，但分解时受到的限制更多。如果一个分解只满足函数依赖保持性，但不满足无损连接性，是没有实用价值的。

7.7 小 结

在关系模式中，并非所有关系的存储质量都是一样的。规范化是把存储质量不太"好"的关系，转化为质量较"好"的关系的过程。

函数依赖是属性间的联系。在同一关系中，如果 X 的值决定 Y 的值，则 Y 函数依赖于 X，决定因素是位于函数依赖左边的由一个或多个元素组成的属性组。码是能唯一标识一个元组的包含一个或多个属性的属性组，每个关系至少有一个码。在极端情况下，码是关系中的所有属性构成的集合。码总是唯一的，但函数依赖中的决定因素则不一定。属性是否是码以及属性间的依赖关系是没有规则可言的，而是决定于用户环境的需要和数据库设计人员的理解。

为了减少数据冗余和消除更新异常，可以把一个关系分解成两个或多个关系，使它们达到一定的范式。

根据定义，每一个规范化的关系都在第一范式中。如果一个关系的所有非主属性都依赖于整个码，则该关系在第二范式中。如果一个关系在第二范式中，且没有非主属性对码传递依赖，则该关系在第三范式中。如果一个关系的所有决定因素都是候选码，则该关系在 BC 范式中。如果在函数依赖讨论范围内，BC 范式是最高范式。

如果一个关系在 BC 范式中，且没有多值依赖，则该关系在第四范式中。第五范式的定义我们没有讨论。

关系的规范化程度并非是越高越好。当一个表分解为两个或多个表时，就产生了表间的关联约束(通过外部码实现)。如果处理两个表及其关联约束的额外费用超过了避免更新异常所带来的好处，则不推荐使用规范化技术。

规范化技术的出发点是假设已存在一个单一的关系模式，这就是泛关系假设。因此，对于错综复杂的现实世界做第一次抽象(概念模型)时，并未完全把握本质内容的话，规范化技术的收效也是不大的。

习 题 7

第一组习题

1. 什么是插入异常、删除异常、更新异常？它们是如何引起的？请举例说明。

2. 定义函数依赖。

3. 给出一个两个属性间有函数依赖的例子，再给出一个两个属性间没有函数依赖的例子。

4. 定义决定因素。

5. 给出一个有函数依赖的关系，其中的决定因素有两个或多个属性。

6. 定义码。

7. 在关系中，如果一个属性是关系的码，它一定是决定因素吗？给定该属性的值，可以在关系中出现多次吗？

8. 在关系中，如果一个属性是决定因素，它一定是关系的码吗？给定该属性的一个值，可以在关系中出现多次吗？

9. 什么是非规范化的关系？举出一个非规范化关系的例子，并把它转化为规范化关系。

10. 定义第二范式，举出一个在 1NF 中但不在 2NF 中的关系的例子，并把该关系转换到 2NF 中。

11. 定义第三范式，举出一个在 2NF 中但不在 3NF 中的关系的例子，并把该关系转换到 3NF 中。

12. 定义 BC 范式，举出一个在 3NF 中但不在 BCNF 中的关系的例子，并把该关系转换到 BCNF 中。

13. 定义多值依赖，并举例说明。

14. 定义第四范式，举出一个在 BCNF 中但不在 4NF 中的关系的例子，并把该关系转换到 4NF 中。

(要求不使用本章中使用的例子)

第二组习题

15. 设有关系模式 R(A，B，C，D)，函数依赖集 F= {A→B，B→C}，试求此关系的码，并指出在函数依赖的范围内，它达到了第几范式。

16. 在函数依赖范围内，试问下列关系模式最高属于第几范式，并说明理由。

(1) R(A，B，C，D)，F = { B→D，AB→C }；

(2) R(A，B，C，D，E)，F = { AB→CE，C→D }；

(3) R(A，B，C，D)，F = { B→D，AB→C }；

(4) R(A，B，C)，F = { A→B，B→A，A→C }；

(5) R(A，B，C)，F = { A→B，C→A }；

(6) R(A，B，C，D)，F = { A→C，D→B }；

(7) R(A，B，C，D)，F = { A→C，CD→B }；

17. 试证：只有两个属性的已属于 1NF 的关系模式必属于 BCNF。

18. 试证：由关系模式中全部属性组成的集合为候选码的关系是 3NF，也是 BCNF。

19. 关系模式 Act 的定义如下：

Act(SID，Activity，Fee)，其中 SID 是学生的学号，Activity 是学生参加的活动，Fee 是参加活动所需的费用。如果一个学生只能参加一项活动，每一项活动对于所有同学的收费是相同的。请回答以下问题：

(1) 以下哪些陈述是对的？

a. SID → Activity

b. SID → Fee

c. (SID，Activity)→ Fee

d. (SID，Fee)→ Activity

e. (Activity，Fee)→ SID

f. Activity → SID

g. Fee → Activity

(2) 该关系中有哪些决定因素？

(3) 该关系的码是什么？

(4) 更新该关系时，会遇到更新异常吗？如果有，请加以描述。

(5) 该关系包含部分函数依赖吗？如果有，是什么？

(6) 该关系包含传递函数依赖吗？如果有，是什么？

(7) 在函数依赖范围内，该关系在第几范式中？

(8) 重新设计该关系，消除更新异常。

20. 如果 19 题的语义变为一个学生可以参加多项活动，每一项活动对于所有同学的收费是相同的，请重新回答 19 题中的所有问题。

21. 如果 19 题的语义变为一个学生可以参加多项活动，每一项活动对于所有同学的收费是不相同的，则关系的码是什么？该关系属于第几范式？

22. 现有一个未规范化的表(见表 7-14)：项目部件表，包含了项目、部件和部件向项目已提供的数量信息。

(1) 写出项目部件表中的函数依赖 F，该表达到了第几范式？

(2) 请采用规范化方法，将该表分解到 3NF 要求，并说明理由。

表 7-14　项 目 部 件 表

部件号	部件名	现有数量	项目代号	项目内容	项目负责人	已提供数量
205	CAM	30	12	AAA	01	10
205	CAM	30	20	BBB	02	15
210	COG	155	12	AAA	01	30
210	COG	155	25	CCC	11	25
210	COG	155	30	DDD	12	15
⋮	⋮	⋮	⋮	⋮	⋮	⋮

23. 考虑如表 7-15 所示的关系模式定义和样本数据：

Project(PID，Ename，Salary)，其中 PID 是项目名称，Ename 是参加项目的雇员名，Salary

是雇员的薪水。

表 7-15　职工参与项目表

PID	Ename	Salary
100A	胡一民	2400
100A	张小华	2100
100B	张小华	2100
200A	胡一民	2400
200B	胡一民	2400
200C	李红卫	1500
200C	张小华	2100
200D	李红卫	1500

假设所有的函数依赖和约束都已显示在数据中。

(1) 写出该关系的函数依赖集。

(2) 该关系的码是什么？

(3) 该关系属于第几范式？为什么？

24. *设关系模式 R(Course，Teacher，Time，Room，Student，Grade)，其中：Course 为课程名，Teacher 为教师名，Time 为时间，Room 为教室，Student 为学生名，Grade 为成绩。该校规定：一门课由一个教师开设，但在不同的时间可以安排在不同的教室，听课学生及其成绩只与课程有关。

(1) 写出该关系模式中的函数依赖。

(2) 写出该关系模式中的多值依赖。

25. *设关系模式 R(U，F)的属性集 U={A，B，C}，函数依赖集 F={A→B，B→C}，试求属性闭包 A^+。

26. *设关系模式 R(A，B，C，D，E)，F={A→B，E→C，C→A，CD→E}，试求属性闭包 A^+、C^+、$(CD)^+$、$(ACD)^+$。

27. *设关系模式 R(U，F)的属性集 U={A，B，C，D}，其上的函数依赖集为 F={A→C，C→A，B→AC，D→AC}，试求 F 的最小等价依赖集 F_m。

28. *设关系模式 R(A，B，C，D，E)，F={A→BC，CD→E，B→D，E→A}，ρ_1、ρ_2 是 R 的两个分解，分别如下：

　　　　ρ_1={R_1(A，B，C)，R_2(A，D，E)}

　　　　ρ_2={R_3(A，B，C)，R_4(C，D，E)}

试验证 ρ_1、ρ_2 是否具有无损连接性。

29. *设关系模式 R(A，B，C，D，E)，F={A→C，B→D，C→E，DE→C，CE→A}，试问分解 ρ={R_1(A，D)，R_2(A，B)，R_3(B，E)，R_4(C，D，E)，R_5(A，E)}是否是 R 的一个无损连接分解。

30. *设关系模式 R(A，B，C)，F={A→B，C→B}，试问分解 ρ_1={R_1(A，B)，R_2(A，C)，ρ_2{R_1(A，B)，R_2(B，C)}是否具有函数依赖保持性。

第8章 数据库设计

计算机在事务处理方面的应用已是计算机应用的主要领域。管理信息系统(Management Information Systems，简称 MIS)、决策支持系统(Decision Support System，简称 DSS)、办公室自动化系统(Office Automation System，简称 OAS)以及计算机集成生产系统(Computer Integrated Making System，简称 CIMS)等的发展，使数据库成为应用系统中数据的核心存储形式。数据库设计的方法和技术也越来越受到人们的重视。从小型的单项事务处理到大型的信息系统，都需要先进的数据库技术来保持系统数据的整体性、完整性和共享性。

实际上，在前面的各章节中已经阐述了很多与数据库设计相关的内容，第 2 章讨论了如何在现实世界中对数据进行抽象建模，内容有构造 ER 模型、ER 模型向关系模型的转换以及关系模型的具体三要素等；第 3 章到 6 章从关系代数和关系演算作为理论基础到商业 RDBMS 中的 SQL 语言以及相关程序设计实现来讨论在 RDBMS 中如何具体实现数据库及其应用；第 7 章则讨论了数据依赖理论和在此理论基础上的关系规范化过程。

接下来，我们从设计方法学的角度，宏观讨论整个数据库设计这一系统化过程。数据库设计是指利用现有的数据库管理系统，针对具体的应用对象，构造合适的数据库模式，建立基于数据库的应用系统或信息系统，以便有效地存储和存取数据，满足各类用户的需求。本章 8.1 节总体介绍数据库设计的一般策略和设计步骤，并介绍目前流行的数据库设计方法；8.2 节到 8.6 节，详细探讨在每个数据库设计阶段中所涉及到的输入、输出、设计环境、目标和方法。

当前，各种各样的设计方法学隐含在各大厂商所提供的数据库设计工具中，这类工具又称计算机辅助软件工程(Computer Aided Software Engineering，简称 CASE)工具。CASE 是一套方法和工具，可实现系统开发商规定的应用规则，并由计算机自动生成合适的计算机程序。常见的数据库设计 CASE 工具有：IBM 公司的 Rational Rose、Oracle 公司的 Oracle Designer、Computer Associates 公司的 ERWin 和 BPWin、Embarcadero Technologyes 公司的 ER Studio 以及 Sybase 公司的 Powerdesigner 等。

在 8.7 节中，主要讨论当前较为流行的面向对象系统分析设计方法中的数据库设计方法，8.7.1 节中比较传统数据库建模和统一建模语言(United Model Language，简称 UML)作系统建模的不同着眼点，简略探讨了如何将 UML 用于规范数据库设计，8.7.2 节较详细介绍了 UML 方法论中的各类图，详细给出系统需求分析、实现数据库概念和逻辑设计的一些图形表示法；在 8.8 节，介绍使用当前数据库设计中比较流行的 CASE 工具——Sysbase 公司的 PowerDesigner 工具进行数据库设计建模及数据库的实现过程。

8.1　数据库设计简介

合理的数据库结构是数据库应用系统性能良好的基础和保证，但数据库的设计和开发却是一项庞大而复杂的工程。

从事数据库设计的人员，不仅要具备数据库知识和数据库设计技术，还要有程序开发的实际经验，掌握软件工程的原理和方法；数据库设计人员必须深入应用环境，了解用户具体的业务需要；在数据库设计的前期和后期还要与用户密切联系，共同开发。只有这样，才能大大提高数据库设计的成功率。

8.1.1　数据库设计的一般策略

数据库设计的一般策略有两种：自顶向下(Top-Down)和自底向上(Bottom-Up)。

自顶向下是从一般到特殊的开发策略。它是从一个企业的高层管理着手，分析企业的目标、对象和策略，构造抽象的高层数据模型。然后逐步构造越来越详细的描述和模型(子系统的模型)。模型不断地扩展细化，直到能识别特定的数据库及其应用为止。例如，可以先指定几个高级实体类型，然后在指定其属性时，把这些实体类型分裂为较低级的实体类型和联系。

自底向上的开发采用与抽象相反的顺序进行。它从各种基本业务和数据处理着手，即从一个企业的各个基层业务子系统的业务处理开始，进行分析和设计。然后将各子系统进行综合和集中，进行上一层系统的分析和设计，将不同的数据进行综合，最后对整个信息系统进行分析和设计。例如，可以先确定一些属性，然后把属性分组为不同的实体类型和联系，在设计过程中可能还需要在实体类型之间增加新的联系。

这两种方法各有优缺点。在实际的数据库设计开发过程中，常常把这两种方法综合起来使用，即在设计过程中并不遵循任何一个特定的策略，而是先根据自顶向下的策略把需求划分，然后根据自底向上的策略对每个划分的部分设计各个子模式，最后将模式的各个部分进行组合。

8.1.2　数据库设计的步骤

在确定了数据库设计的策略以后，就需要相应的设计方法和步骤。多年来，人们提出了多种数据库设计方法、设计准则和规范。

数据库是某个企业、组织或部门所涉及的数据的综合，它不仅反映数据本身的内容，而且反映数据之间的联系。在数据库中，是用数据模型来抽象、表示、处理现实世界中的数据和信息的。根据模型应用的不同目的，我们将数据模型分成两个层次：概念模型和具体的(如关系)数据模型。概念模型是用户和数据库设计人员之间进行交流的工具；数据模型是由概念模型转化而来的，按照计算机系统的观点来对数据建模。产生具体数据模型的数据库设计即为逻辑设计。

1978 年 10 月召开的新奥尔良(New Orleans)会议提出了关于数据库设计的步骤，简称新奥尔良法，是目前得到公认的、较完整较权威的数据库设计方法，它把数据库设计分为如下四个主要阶段：

(1) 用户需求分析。

(2) 信息分析和定义(概念设计)。

① 视图模型化；

② 视图分析和汇总。

(3) 设计实现(逻辑设计)。

① 模式初始设计；

② 子模式设计；

③ 应用程序设计；

④ 模式评价；

⑤ 模式求精。

(4) 物理设计。

当各阶段设计过程中发现不能满足用户需求时，均需返回到前面适当的阶段，进行必要的修正。如此经过不断的迭代和求精，直到各种性能均能满足用户的需求为止。

数据库设计一般应包括数据库的结构设计和行为设计两部分内容。数据库的结构设计是指系统整体逻辑模式与子模式的设计，是对数据的分析设计；数据库的行为设计是指施加在数据库上的动态操作(应用程序集)的设计是对应用系统功能的分析设计。虽然，数据库行为设计与一般软件工程的系统设计所产生模块化程序的过程是一致的，并且从学科划分的范畴来看，它更偏重于软件设计。但是，在系统分析中，过早地将"数据分析"和"功能分析"进行分离是不明智的，也是不可能的。因为数据需求分析是建立在功能分析上的，只有通过功能分析，才能产生系统数据流程图与数据字典，然后才能通过数据分析去划分实体与属性等，最后才能进入结构设计。

通常，"数据分析"的着眼点在于数据库设计中的问题域，而"功能分析"则侧重于数据库设计中系统责任的实现。所谓问题域是指被开发系统的应用领域，即在现实世界中由这个系统进行处理的业务范围；系统责任指的是所开发的系统应该具备的职能。

目前，较多的数据库设计专家认为，数据库结构设计的基本步骤应包括如图 8-1 所示的 5 个阶段。

图 8-1　专家认同的数据库结构设计的基本步骤

在数据库结构设计的任一设计阶段，一旦发现不能满足用户数据需求，均需返回到前面的适当阶段，进行必要的修正。经过如此的迭代求精过程，直到能满足用户需求为止。在进行数据库结构设计时，应考虑满足数据库中数据处理的要求，将数据和功能两方面的需求分析、设计和实现在各个阶段同时进行，相互参照和补充。

事实上，数据库设计中，对每一个阶段的设计成果都应该通过评审。评审的目的是确认某一阶段的任务是否全部完成，从而避免出现重大的错误或疏漏，保证设计质量。评审后还需要根据评审意见修改所提交的设计成果，有时甚至要回溯到前面的某一阶段，进行部分重新设计乃至全部重新设计，然后再进行评审，直至达到系统的预期目标为止。

8.1.3　数据库设计的主流方法

从 20 世纪 70 年代末以来，众多学者对数据库设计方法进行了深入的探讨和尝试，给出了许多各有优缺点的数据库设计方法，有基于 E-R 模型的数据库设计方法、基于 3NF 的设计方法、基于抽象语法规范的设计方法等，较实用的主流方法有以下三种。

1．数据流法

数据流法又称做结构化分析方法。其基本策略是跟踪数据流，即研究问题域中数据如何流动以及在各个环节上进行何种处理，从而发现数据流和加工。问题域被映射为由数据流、加工以及文件、端点等成分构成的数据流程图(Data Flow Diagram，简称 DFD)，并用处理说明和数据字典对数据流和加工进行详细说明。数据流程图也称为数据流图，是便于用户理解的系统数据流程的图形表示，能精确地在逻辑上描述系统的功能、输入、输出和数据存储。该工具用于需求分析中。

数据字典(Data Dictionary，简称 DD)是关于数据的信息集合。它包含了应用对象和 DBMS 运行时所需的控制和管理信息的信息库。它既可为用户服务，又可为系统服务。数据字典在需求分析阶段建立，在数据库设计过程中被不断修改、充实和完善。数据字典所描述的信息包括数据元素名、类型、字节长度、可能的别名、有效取值范围等。

数据流法运用了逐步求精的原则，一个加工可以通过细化而分解成一个下层的数据流图；还增加了对事件的分析，通过定义事件而选取加工。

但是，数据流法所研究和描述的问题域的着眼点并不是其中固有的对象，而是数据流、加工等，即只是对问题域的间接映射，很难适应于比较复杂的系统。而且它对需求变化的适应能力也比较弱，因为某个功能的变化便会引起一个加工和与它相连的许多数据流的修改，进而影响到与这次数据流相连的其他加工。同时，由于它与后续开发阶段的表示法不一致，没有一种严格的可操作的转换规则，使得从分析到设计的过渡比较困难。

2．信息建模法

信息建模法是由 P.P.S.Chen 在 1976 年提出的实体-关系法(E-R 方法)发展而来的。1981 年 M.Flavin 对 E-R 方法进行了改进并称之为信息建模法。

信息建模法的核心概念是实体和联系。实体描述问题域中的一个事物，它包含一组描述事物数据信息的属性；联系描述问题域中各个事物之间在数据方面的联系，它也可以带有自己的属性。信息建模法最基本的处理策略是：发现现实世界中的对象、对象具有的属性、对象间的联系等，用概念模型中的实体、实体的属性、实体间的联系来表示，用父类/

子类提炼属性的共性，用关联对象对关系作细化的描述。

信息建模法认识的问题域的出发点是问题域中的具体事物，在建模中用实体来构造。但是这种映射只能反映静态的数据信息，却不能反映事物的动态行为特征。

3. 面向对象法

面向对象(Object Oriented，简称 OO)是一种新兴的程序设计方法，其基本思想是使用对象、类、继承、封装、消息等基本概念来进行程序设计。简单来说，面向对象法涉及了对问题域中的事物的完整映射，包括数据库中涉及事物的结构设计(属性)和行为设计(方法)。

面向对象法的基本策略是：运用面向对象方法，对问题域和系统责任进行分析和理解，对其中的事物和它们之间的关系产生正确的认识，找出描述问题域及系统责任所需的类和对象，定义这些类和对象的属性与服务，以及它们之间所形成的结构、静态联系和动态联系，最终目的是产生一个符合用户需求，能够直接反映问题和系统责任的面向对象模型及其详细说明。

8.2 需 求 分 析

所谓需求分析是指数据库设计人员采用一定的辅助工具对应用对象的功能、性能、限制等要求所进行的科学分析。需求分析是数据库设计的第一阶段，本阶段所得的结果是下一阶段——概念结构设计的基础。如果需求分析有误，则以它为基础的整个数据库设计将成为毫无意义的工作。而需求分析也是数据库设计人员感觉最繁琐和困难的一步。

数据库需求分析和一般信息系统的系统分析基本上是一致的。但是，数据库需求分析所收集的信息却要详细得多，不仅要收集数据的型(包括数据的名称、数据类型、字节长度等)，还要收集与数据库运行效率、安全性、完整性有关的信息，包括数据使用频率、数据间的联系以及对数据操作时的保密要求等等。

8.2.1 需求调查

需求调查是指为了彻底了解原系统的全部概况，系统分析师和数据库设计人员深入到应用部门，和用户一起调查和收集原系统所涉及的全部数据。

需求调查要明确的问题很多，大到企业的经营方针策略、组织结构，小到每一张票据的产生、输入、输出、修改、查询等。需求调查的重点是以下几个方面：

(1) 信息要求：用户需要对哪些信息进行查询和分析，信息与信息之间的关系如何等。

(2) 处理要求：用户需要对信息进行何种处理，每一种处理有哪些输入、输出要求，处理的方式如何，每一种处理有无特殊要求等。

(3) 系统要求：

① 安全性要求：系统有几种用户使用，每一种用户的使用权限如何等；

② 使用方式要求：用户的使用环境是什么，平均有多少用户同时使用，最高峰时有多少用户同时使用，有无查询相应的时间要求等；

③ 可扩充性要求：对未来功能、性能和应用访问的可扩充性的要求。

需求调查的方法主要有：

(1) 阅读有关手册、文档及与原系统有关的一切数据资料。

(2) 与各种层次的用户(包括企业领导、管理人员、操作员)进行沟通。每个用户所处的地位不同,对新系统的理解和要求也不同。与他们进行沟通,可获得在查阅资料时遗漏的信息。

(3) 跟班作业。有时用户并不能从信息处理的角度来表达他们的需求,需要分析人员和设计人员亲自参加他们的工作,了解业务活动的情况。

(4) 召集有关人员讨论座谈。可按职能部门召开座谈会,了解各部门的业务情况及对新系统的建议。

(5) 使用调查表的形式调查用户的需求。

需求调查的方法很多,常常需要综合使用各种方法。对用户对象的专业知识和业务过程了解得越详细,为数据库设计所做的准备就越充分。并且设计人员还应考虑到将来对系统功能的扩充和改变,尽量把系统设计得易于修改。

8.2.2 需求分析的方法

需求调查所得到的数据可能是零碎的、局部的,需求分析师和设计人员必须进一步分析和表达用户的需求。需求分析的具体任务是:

(1) 分析需求调查得到的资料,明确计算机应当处理和能够处理的范围,确定新系统应具备的功能。

(2) 综合各种信息所包含的数据,各种数据之间的关系,数据的类型、取值范围、流向等。

(3) 将需求调查文档化,文档既要为用户所理解,又要方便数据库的概念结构设计。

需求分析的结果应及时与用户进行交流,反复修改,直到得到用户的认可。

在数据库设计中,数据需求分析是对有关信息系统现有数据及数据间联系的收集和处理,当然也要适当考虑系统在将来的可能需求。一般地,需求分析包括功能分析及数据流分析。

功能分析是指对系统如何得到事务活动所需要的数据,在事务处理中如何使用这些数据进行处理(也叫加工),以及处理后数据流向的全过程的分析。换言之,功能分析是对所建数据模型支持的系统事务处理的分析。

数据流分析是对事务处理所需的原始数据的收集及经处理后所得数据及其流向的分析,一般用数据流程图(DFD)来表示。DFD 不仅指出了数据的流向,而且还指出了需要进行的事务处理(但并不涉及如何处理,这是应用程序的设计范畴)。在需求分析阶段,应当用文档形式整理出整个系统所涉及的数据、数据间的依赖关系、事务处理的说明和所需产生的报告,并且尽量借助于数据字典(DD)加以说明。

除了使用数据流程图、数据字典以外,需求分析还可使用判定表、判定树等工具。下面介绍数据流程图和数据字典,其他工具的使用可参见软件工程等方面的图书。

1. 数据流程图

数据流程图的符号说明如下:

代表数据流,箭头表示数据流动的方向

或称为处理,代表数据的处理逻辑

| 文件 | 或称为数据库存储文件，代表数据存储 |

| 外部实体 | 代表系统之外的信息提供者或使用者 |

(1) 数据流：由一组确定的数据组成。

数据流用带名字的箭头表示，名字表示流经的数据，箭头则表示流向。

例如，"成绩单"数据流由学生名、课程名、学期、成绩等数据组成。

(2) 加工：是对数据进行的操作或处理。

加工包括两方面的内容：一是变换数据的组成，即改变数据结构；二是在原有的数据内容基础上增加新的内容，形成新的数据。

例如，在学生学习成绩管理系统中，"选课登记"是一个加工，它把学生信息和开课信息进行处理后生成学生的选课清单。

(3) 文件：数据暂时存储或永久保存的地方。

例如，学生表、开课计划表均为文件。

(4) 外部实体：指独立于系统而存在的，但又和系统有联系的实体。它表示数据的外部来源和最后的去向。确定系统与外部环境之间的界限，从而可确定系统的范围。

外部实体可以是某种人员、组织、系统或某事物。

例如，在学生学习成绩管理系统中，家长可作为外部实体存在，因为家长不是该系统要研究的实体，但它可以查询本系统中有关的学生成绩。

构造 DFD 的目的是使系统分析师与用户进行明确的交流，指导系统设计，并为下一阶段的工作打下基础。所以 DFD 既要简单，又要容易理解。

构造 DFD 通常采用自顶向下、逐层分解的方法，直到功能细化，形成若干层次的 DFD。

如图 8-2 是学校成绩管理系统的第一层数据流程图。如果需要，还可以对其中的三个处理过程分别作第二层数据流程图。

图 8-2 成绩管理系统的第一层数据流程图(部分)

2．数据字典

数据字典是以特定格式记录下来的，对数据流程图中各个基本要素(数据流、文件、加工等)的具体内容和特征所作的完整的对应和说明。

数据字典是对数据流程图的注释和重要补充，它可以帮助系统分析师全面确定用户的要求，并为以后的系统设计提供参考依据。

数据字典的内容包括：数据项、数据结构、数据流、加工、文件、外部实体等。一切在数据定义需求中出现的名称都必须有严格的说明。在数据库设计过程中，数据字典可以不断地充实、修改、完善。

下面对成绩管理数据流图中几个元素的定义加以说明。

(1) 数据项名：成绩。

别名：分数。

描述：课程考核的分数值。

定义：数值型，带一位小数。

取值范围：0～100。

(2) 数据结构名：成绩单。

别名：考试成绩。

描述：学生每学期考试成绩单。

定义：成绩清单=学生号+开课号+学期+考试成绩。

(3) 加工名：选课登记处理。

输入数据流：学期、学生号、开课号、课程号。

输出数据流：选课清单。

加工逻辑：把选课者的学生号、所处的学期号、所选的开课号、课程号录入数据库。

处理频率：根据学校的学生人数而定，具有集中性。

(4) 文件名：学生信息表。

简述：用来记录学生的基本情况。

组成：记录学生各种情况的数据项，如学生号、姓名、性别、政治面貌、专业、班级号等。

读文件：提供各项数据的显示，提取学生的信息。

写文件：对学生情况的修改、增加或删除。

需求分析这一阶段的主要任务有：

(1) 确认系统的设计范围；

(2) 调查信息需求、收集数据；

(3) 分析、综合系统调查得到的资料；

(4) 建立需求说明文档、数据字典、数据流程图。

与本阶段同步，对数据处理的同步分析应产生：数据流程图、判定树(判定表)以及数据字典中对处理过程的描述。

8.3　概念结构设计

　　数据库的概念结构设计是指对应用对象精确地抽象、概括而形成的独立于计算机系统的企业信息模型。描述概念模型最好的工具是 E-R 图。

　　概念结构设计的目标是产生反映系统信息需求的数据库概念结构，即概念模式。概念结构是独立于支持数据库的 DBMS 和所使用的硬件环境的。此时，设计人员须从用户的角度看待数据以及数据处理的要求和约束，产生一个反映用户观点的概念模式，然后再把概念模式转换为逻辑模式。各级模式之间的关系如图 8-3 所示。

图 8-3　数据库各级模式

　　描述概念结构的模型应具有以下几个特点：

　　(1) 有丰富的语义表达能力。概念模型应能表达用户的各种需求，反映现实世界中各种数据及其复杂的联系，以及用户对数据的处理要求等。

　　(2) 易于交流和理解。概念模型是系统分析师、数据库设计人员和用户之间的主要交流工具。

　　(3) 易于修改。概念模型应能灵活地加以改变，以反映用户需求和环境的变化。

　　(4) 易于向各种数据模型转换。设计概念模型的最终目的是向某种 DBMS 支持的数据模型转换，建立数据库应用系统。

　　传统的数据模型(层次、网状、关系)由于缺乏必要的语义表达手段，不适合作概念模型。人们提出了多种概念设计的表达工具，其中最常用、最著名的是 E-R 模型。

　　在需求分析中，我们已初步得到了有关各类实体、实体间的联系以及描述它们性质的数据元素，统称数据对象。在概念结构设计阶段中，首先要从以上数据对象中确认出：系统有哪些实体，每个实体有哪些属性，哪些实体间存在联系，每一种联系有哪些属性，然后就可以做出系统的局部 E-R 模型和全局 E-R 模型。

　　在第 2 章中，我们已详细讨论了建立 E-R 模型、从局部 E-R 图生成全局 E-R 图的基本方法，这里主要介绍业务规则的文档化。

　　从 E-R 模型中可以获得实体、实体间的联系等信息，但不能得到约束实体处理的业务规则。对模型中的每一个实体中的数据所进行的添加、修改和删除，应该符合预定的规则。特别是删除，往往包含着一些重要的业务规则。

例 8.1 下面是学校图书管理系统中有关读者借阅图书的业务规则：

(1) 借阅者必需持有图书馆所发的借书证，每张借书证的号码唯一；

(2) 学生的借书数最高为 10 本，教职工为 20 本；

(3) 学生的借书周期为 3 个月，教职工为 6 个月；

(4) 一旦有图书超期，学生和教职工都不能再借阅任何图书；

(5) 尚未全部归还图书的学生及教职工不能办离校手续。

业务规则是在需求分析中得到的，需要反映在数据库模式和数据库应用程序中。

概念结构设计的最后一步，把全局概念模式提交评审。评审可分为用户评审和 DBA 及设计人员评审两部分。用户评审的重点是确认全局概念模式是否准确完整地反映了用户的信息需求，以及现实世界事务属性间的固有联系；DBA 和设计人员的评审则侧重于确认全局概念模式是否完整，属性和实体的划分是否合理，是否存在冲突，以及各种文档是否齐全等。

概念结构设计阶段利用需求分析得到的数据流程图等进行工作，主要输出文档包括：

(1) 系统各子部门的局部概念结构描述；

(2) 系统全局概念结构描述；

(3) 修改后的数据字典；

(4) 概念模型应具有的业务规则。

与本阶段同步，对数据处理的同步分析应产生系统说明书，包括：新系统的要求、方案、概图和反映新系统信息流的数据流程图。

8.4　逻辑结构设计

数据库的逻辑结构设计是指将抽象的概念模型转化为与选用的 DBMS 产品所支持的数据模型相符合的逻辑模型，包括数据库模式和外模式，它是物理设计的基础。目前大多数 DBMS 都支持关系数据模型，所以数据库的逻辑设计，首先是将 E-R 模式转换为与其等价的关系模式。关系数据库的逻辑结构设计的一般步骤如图 8-4 所示。

图 8-4　关系数据库的逻辑结构设计步骤

从图 8-4 可见，逻辑结构设计阶段主要有以下输入信息：

(1) 概念结构设计阶段的输出信息：所有的局部和全局概念模式，图中用 E-R 模型表示。

(2) 处理需求：需求分析阶段产生的业务活动分析结果，包括：用户需求、数据的使用频率和数据库的规模。

(3) DBMS 特性：即特定的 DBMS 所支持的数据结构，如 RDBMS 的数据结构是二维表。

逻辑结构设计阶段需完成的任务有：

(1) 将 E-R 模型转换为等价的关系模式；

(2) 按需要对关系模式进行规范化；

(3) 对规范化后的模式进行评价，并调整关系模式，使其满足性能、存储空间等方面的要求；

(4) 根据局部应用的需要，设计用户外模式。

E-R 模型向关系模式的转换和关系模式的规范化我们已分别在第 2 章、第 7 章中讨论过，这里简要介绍模式评价、逻辑模式的修正和用户外模式的设计。

必须指出，本书介绍的数据库设计方法，针对的是事务型数据库。对事务型数据库采用规范化关系，可以提高数据库的设计质量。对于工程型的数据库(工程数据库)，规范化关系却不一定是好的，有时非规范化的模型反而更为适宜。近年来，工程数据库正在发展，其数据模型和相应的设计方法都还处于研究阶段。

8.4.1　模式评价

模式评价可检查规范化后的关系模式是否满足用户的各种功能要求和性能要求，并确认需要修正的模式部分。

1. 功能评价

关系模式中，必须包含用户可能访问的所有属性。根据需求分析和概念结构设计文档，如果发现用户的某些应用不被支持，则应进行模式修正。在涉及多个模式的连接应用时，还应确保连接具有无损性；否则，也应进行模式修正。

对于检查出有冗余的关系模式和属性，应分析产生的原因是为了提高查询效率或应用扩展的"有意冗余"，还是某种疏忽或错误造成的冗余。如果是后一种情况，应当予以修正。

问题的产生可能在逻辑设计阶段，也可能在概念设计或需求分析阶段。所以，有可能需要回溯到上两个阶段进行重新审查。

2. 性能评价

对数据库模式的性能评价是比较困难的，因为缺乏相应的评价手段。一般采用 LRA 评价技术对性能作以下估算，以提出改进意见。

LRA 是"逻辑记录存取"(Logical Record Access)的缩写，它主要用于估算数据库操纵的逻辑记录传送量及数据的存储空间。此算法是由美国密执安大学的 T.Teorey 和 J.Fry 于 1980 年提出的。

8.4.2　逻辑模式的修正

修正逻辑模式的目的是改善数据库性能，节省存储空间。

在关系模式的规范化中,很少注意数据库的性能问题。一般认为,数据库的物理设计与数据库的性能关系更密切一些,事实上逻辑设计的好坏对数据库的性能也有很大的影响。除了性能评价提出的模式修正意见外,还可以考虑以下几个方面:

1. 尽量减少连接运算

在数据库的操作中,连接运算的开销很大。参与连接的关系越多、越大,开销也越大。所以,对于一些常用的、性能要求比较高的数据查询,最好是单表操作。这又与规范化理论相矛盾。有时为了保证性能,不得不把规范化了的关系再连接起来,即反规范化。当然这将带来数据的冗余和潜在更新异常的发生,需要在数据库的物理设计和应用程序中加以控制。

2. 减小关系的大小和数据量

关系的大小对查询的速度影响也很大。有时为了提高查询速度,可把一个大关系从纵向或横向划分成多个小关系。

例如学生关系,可以把全校学生的数据放在一个关系中,也可以按系建立若干学生关系。前者可以方便全校学生的查询;而后者可以提高按系查询的速度。也可以按年份建立学生关系,如在一些学校的学生学籍成绩管理系统中,有在校学生关系和已毕业学生关系。这些都属于对关系的横向分割。

有时关系的属性太多,可对关系进行纵向分解,将常用和不常用的属性分别放在不同的关系中,以提高查询关系的速度。

3. 选择属性的数据类型

关系中的每一属性都要求有一定的数据类型。为属性选择合适的数据类型不但可以提高数据的完整性,还可以提高数据库的性能,节省系统的存储空间。

(1) 使用变长数据类型。当数据库设计人员和用户不能确定一个属性中数据的实际长度时,可使用变长的数据类型。现在很多 DBMS 都支持 Varbinary()、Varchar()和 Nvarchar()等变长数据类型。

使用这些数据类型,系统能够自动地根据数据的长度确定数据的存储空间,大大提高存储效率。

(2) 预期属性值的最大长度。在关系的设计中,必须能预期属性值的最大长度,只有知道数据的最大长度,才能为数据制定最有效的数据类型。

例如,在 SQL Server 中若关系的某一属性表示人的年龄,可以为该属性选择 tinyint 类型(2 字节);而如果属性表示书的页数,就可选择 smallint(4 字节)类型。

(3) 使用用户定义的数据类型。如果使用的 DBMS 支持用户定义数据类型,则利用它可以更好地提高系统性能。因为这些类型是专门为特定的数据设计的,能够更有效地提高存储效率,保证数据安全。

8.4.3 设计用户外模式

外模式也叫子模式,是用户可直接访问的数据模式。同一系统中,不同用户可有不同的外模式。外模式来自逻辑模式,但在结构和形式上可以不同于逻辑模式,所以它不是逻辑模式简单的子集。

在第 1 章中我们已经讨论了外模式的作用，主要有：通过外模式对逻辑模式变化的屏蔽，为应用程序提供了一定的逻辑独立性；可以更好地适应不同用户对数据的需求；为用户划定了访问数据的范围，有利于保证数据的安全性等。

在现有的各商业 RDBMS 中，都提供了视图的功能。利用这一功能设计更符合局部用户需要的视图，再加上与局部用户有关的基本表，就构成了用户的外模式。在设计外模式时，可参照局部 E-R 模型，因为 E-R 模型本来就是用户对数据需求的反映。

与设计用户外模式阶段同步，对数据处理的同步分析应产生系统结构图(或称模式结构图)。

8.5 物理结构设计

数据库的物理结构设计是逻辑模型在计算机中的具体实现方案。数据库物理结构设计阶段将根据具体计算机系统(DBMS 与硬件等)的特点，为确定的数据模型确定合理的存储结构和存取方法。

设计数据库物理结构，设计人员必须充分了解所用 DBMS 的内部特征；充分了解数据库的应用环境，特别是数据应用处理的频率和响应时间的要求；充分了解外存储设备的特性。数据库物理结构设计的环境如图 8-5 所示。

图 8-5 数据库物理结构设计环境

数据库物理结构主要由存储记录结构、存储记录的布局及访问路径(存取方法)等构成。

8.5.1 存储记录结构设计

存储记录结构包括记录的组成，数据项的类型、长度和数据项间的联系，以及逻辑记录到存储记录的映射。

在设计记录的存储结构时，并不改变数据库的逻辑结构，但可以在物理上对记录进行分割。数据库中数据项的被访问频率是很不均匀的。基本上符合公认的"80%20%规则"，即"从数据库中检索的 80%的数据由其中的 20%的数据项组成"。

当多个用户同时访问常用数据项时，会因访盘冲突而等待。如果将这些数据分布在不同的磁盘组上，当用户同时访问时，系统便可并行地执行 I/O，减少访盘冲突，提高数据库的性能。所以对于常用关系，最好将其水平分割成多个裂片，分布到多个磁盘组上，以均衡各个磁盘组的负荷，发挥多磁盘组并行操作的优势。

目前，数据库系统一般都拥有多个磁盘驱动器，如现在使用较多的廉价冗余磁盘阵列

(Redundant Array of Inexpensive Disks，简称 RAID)。数据在多个磁盘组上的分布叫做分区设计(Partition Design)。利用分区设计，可以减少磁盘访问冲突，均衡 I/O 负荷，提高 I/O 的并行性。

所以，数据库的性能不但决定于数据库的设计，还与数据库系统的运行环境有关。例如，系统是多用户还是单用户，数据库的存储是在单个磁盘上还是在磁盘组上，等等。

8.5.2　存储记录布局

存储记录的布局，就是确定数据的存放位置。存储记录作为一个整体，如何分布在物理区域上，是数据库物理结构设计的重要一环。

聚簇功能可以大大提高按聚簇码进行查询的效率。例如，有一职工关系，现要查询 1970 年出生的职工(假设全部职工元组为 10000 个，分布在 100 个物理块中，其中 1970 年出生的职工有 100 个)。考虑以下几种情况：

(1) 设属性"出生年月"上没有建任何索引，100 个 1970 年出生的职工就分布在 100 个物理块中(这是最极端的情况，但很有可能)。系统在做此类查询时需要：

① 扫描全表，访问数据需要 100 次 I/O，因为每访问一个物理块需要进行一次 I/O 操作。

② 对每一个元组需要比较出生年月的值。

(2) 设属性"出生年月"上建有一普通索引，100 个 1970 年出生的职工就分布在 100 个物理块中。查询时，即使不考虑访问索引的 I/O 次数，访问数据也要进行 100 次 I/O 操作。

(3) 设属性"出生年月"上建有一聚簇索引，100 个 1970 年出生的职工就分布在 $i(i \ll 100$，很可能就等于 1)个连续的物理块中，此时可显著地减少访问磁盘 I/O 的次数。

聚簇功能不但可用于单个关系，也适用于多个关系。设有职工表和部门表，其中部门号是这两个表的公共属性。如果查询涉及到这两个表的连接操作，把部门号相同的职工元组和部门元组在物理上聚簇在一起，则可显著提高连接的速度。

任何事物都有两面性，聚簇对于某些特定的应用可以明显地提高性能，但对于与聚簇码无关的查询却毫无益处。相反地，当表中数据有插入、删除、修改时，关系中有些元组就要被搬动后重新存储，所以建立聚簇的维护代价是很大的。

在以下情况下可以考虑建立聚簇：

(1) 聚簇码的值相对稳定，没有或很少需要进行修改；

(2) 表主要用于查询，并且通过聚簇码进行访问或连接是该表的主要应用；

(3) 对应每个聚簇码值的平均元组数既不太多，也不太少。

8.5.3　存取方法的设计

存取方法是为存储在物理设备(通常是外存储器)上的数据提供存储和检索的能力。存取方法包括存储结构和检索机制两部分。存储结构限定了可能访问的路径和存储记录；检索机制定义了每个应用的访问路径。

存取方法是快速存取数据库中数据的技术。数据库系统是多用户共享系统，对同一个关系建立多条存取路径才能满足多用户的多种应用要求。为关系建立多种存取路径是数据库物理设计的另一个任务。

在数据库中建立存取路径最普遍的方法是建立索引。

索引是用于提高查询性能的，但它要牺牲额外的存储空间以提高更新维护代价。因此要根据用户需求和应用的需要来合理使用和设计索引。所以正确的索引设计是比较困难的。

索引从物理上分为聚簇索引和普通索引。确定索引的一般顺序是：

(1) 首先确定关系的存储结构，即记录的存放是无序的还是按某属性(或属性组)聚簇存放。这在前面已讨论过，这里不再重复。

(2) 确定不宜建立索引的属性或表。凡是满足下列条件之一的，不宜建立索引：

① 太小的表。因为采用顺序扫描只需几次 I/O，不值得采用索引。

② 经常更新的属性或表。因为经常更新需要对索引进行维护，代价较大。

③ 属性值很少的表。例如"性别"，属性的可能值只有两个，平均起来，每个属性值对应一半的元组，加上索引的读取，不如全表扫描。

④ 过长的属性。在过长的属性上建立索引，索引所占的存储空间较大，有不利之处。

⑤ 一些特殊数据类型的属性。有些数据类型上的属性不宜建立索引，如大文本、多媒体数据等。

⑥ 不出现或很少出现在查询条件中的属性。

(3) 确定宜建立索引的属性。满足下列条件之一的，可以考虑在有关属性上建立索引：

① 关系的主码或外部码一般应建立索引。因为数据进行更新时，系统将对主码和外部码分别作唯一性和参照完整性的检查，建立索引可以加快系统的此类检查，并且可加速主码和外部码的连接操作。

② 对于以查询为主或只读的表，可以多建索引。

③ 对于范围查询(即以 =、<、>、<=、>=等比较符确定查询范围)，可在有关的属性上建立索引。

④ 使用聚集函数(MIN、MAX、AVG、SUM、COUNT)或需要排序输出的属性最好建立索引。

以上仅仅是建立索引的一些理由。一般地，索引还需在数据库运行测试后再加以调整。

在 RDBMS 中，索引是改善存取路径的重要手段。使用索引的最大优点是可以减少检索的 CPU 服务时间和 I/O 服务时间，改善检索效率。如果没有索引，系统只能通过顺序扫描寻找相匹配的检索对象，时间开销太大。但是，不能在频繁存储操作的关系上建立过多的索引。因为，当进行存储操作(增、删、改)时，不仅要对关系本身作存储操作，而且还要增加一定的 CPU 开销，修改各个索引。因此，关系上过多的索引会影响存储操作的性能。

最后，数据库设计人员在使用某个商业 RDBMS 时，还需要根据系统提供的手册，详细了解系统的有关物理结构形式，以便作出较好的选择决策，或通过调试选择有关的参数。

8.6 数据库的实施和维护

在数据库正式投入运行之前，还需要完成很多工作。比如，在模式和子模式中加入数据库安全性、完整性的描述，完成应用程序和加载程序的设计，数据库系统的试运行，并在试运行中对系统进行评价。如果评价结果不能满足要求，还需要对数据库进行修正设计，直到满意为止。数据库正式投入使用，也并不意味着数据库设计生命周期的结束，而是数据库维护阶段的开始。

8.6.1 数据库的实施

根据逻辑和物理设计的结果，在计算机上建立实际的数据库结构，并装入数据，进行试运行和评价的过程，叫做数据库的实施(或实现)。

1. 建立实际的数据库结构

用 DBMS 提供的数据定义语言(DDL)编写描述逻辑设计和物理设计结果的程序(一般称为数据库脚本程序)，经计算机编译处理和执行后，就生成了实际的数据库结构。

所用 DBMS 的产品不同，描述 DBMS 中数据库结构的方式也不同。有的 DBMS 提供数据定义语言 DDL，有的提供数据库结构的图形化定义方式，也有的两种方法都提供。

在定义数据库结构时，应包含以下内容：

1) 数据库模式与子模式以及数据库空间等的描述

模式与子模式的描述主要是对表和视图的定义，其中应包括索引的定义。索引在具体的 DBMS 中有聚簇与非聚簇、压缩与非压缩等之分。

使用不同的 DBMS，对数据库空间描述的差别较大。比如，在 Oracle 系统中，数据库逻辑结果的描述包括表空间(Tablespace)、段(Segment)、区间(Extent)和数据块(Data Block)。DBA 或设计人员通过对数据库空间的管理和分配，可控制数据库中数据的磁盘分配，将确定的空间份额分配给数据库用户，控制数据的可用性，并将数据存储在多个设备上，以提高数据库性能等。而在 Microsoft SQL Server 中，数据库空间描述则简单得多，可以只定义数据库的大小、自动增长的比例以及数据库文件的存放位置。

2) 数据库完整性描述

数据的完整性，指数据的有效性、正确性和一致性。在数据库设计时，如果没有一定的措施确保数据库中数据的完整性，就无法从数据库中获得可信的数据。

数据的完整性设计，应该贯穿在数据库设计的全过程中。例如，在数据需求分析阶段，收集数据信息时，应该向有关用户调查该数据的有效值范围。

在模式与子模式中，可以用 DBMS 提供的 DDL 语句描述数据的完整性。虽然每一种商业 RDBMS 提供的 DDL 语句功能都有所不同，但一般都提供以下几种功能：

(1) 对表中列的约束，包括列的数据类型和对列值的约束。其中对列值的约束又有：

① 非空约束(NOT NULL)；

② 唯一性约束(UNIQUE)；

③ 主码约束(Primary Key)；

④ 外部码约束(Foreign Key)；

⑤ 域(列值范围)的约束(如：18≥职工年龄≥65)。

(2) 对表的约束，主要有表级约束(多个属性之间的)和外部码的约束。

(3) 多个表之间的数据一致性，主要是外部码的定义。现在有些商业 RDBMS 产品提供了用来设计表间一对一、一对多关系的图表工具，如 Access 的 Edit Relationships 和 Microsoft

SQL Server 的 Diagram 数据库组件、VFP 的数据库设计器等。

(4) 对复杂的业务规则的约束。一些简单的业务规则可以定义在列和表的约束中，但对于复杂的业务规则，不同的 DBMS 有不同的处理方法。对数据库设计人员来说，可以采用以下几种方法：

① 利用 DBMS 提供的触发器等工具，定义在数据库结构中；

② 写入设计说明书，提示编程人员以代码的形式在应用程序中加以控制；

③ 写入用户使用手册，由用户来执行。

触发器是一个当预定事件在数据库中发生时，可被系统自动调用的 SQL 程序段。比如在学校学生成绩管理数据库中，如果一个学生退学，删除该学生记录时，应同时删除该学生在选课表中的记录，这时可以在学生表上定义一删除触发器来实现这一规则。

在多数情况下，应尽可能让 DBMS 实现业务规则，因为 DBMS 对定义的规则只需编码一次。如果由应用程序实现，则应用程序的每一次应用都需编码，这将影响系统的运行效率，还可能存在施加规则的不一致性。如果由用户在操作时控制，是最不可靠的。

3) 数据库安全性描述

使用数据库系统的目的之一，就是实现数据的共享。因此，应从数据库设计的角度确保数据库的安全性；否则，需要较高保密度的部门将会不愿意纳入数据库系统。

数据安全性设计同数据完整性设计一样，也应在数据库设计的各个阶段加以考虑。

在进行需求分析时，分析人员除了收集数据的信息及数据间联系的信息之外，还必须收集关于数据的安全性说明。例如，对于人事部门，人事档案中的有关数据，哪些只准哪类人员读取，哪些可由哪类人员修改或存入等等。数据安全性说明都应该写入数据需求文档中。

在设计数据库逻辑结构时，对于保密级别高的数据，可以单独进行设计。子模式是实现安全性要求的一个重要手段。我们可以为不同的应用设计不同的子模式。

在数据操纵上，系统可以对用户的数据操纵进行两方面的控制：一是给合法用户授权。目前主要有身份验证和口令识别。二是给合法用户不同的存取权限。有关这方面的知识请参见 4.3 节。

4) 数据库物理存储参数描述

物理存储参数因 DBMS 的不同而不同。一般可设置以下参数：块大小、页面大小(字节数或块数)、数据库的页面数、缓冲区个数、缓冲区大小、用户数等。详细内容请参考各 DBMS 的用户手册。

2．数据加载

数据库应用程序的设计应该与数据库设计同时进行。一般地，应用程序的设计应该包括数据库加载程序的设计。

在数据加载前，必须对数据进行整理。由于用户缺乏计算机应用背景的知识，常常不了解数据的准确性对数据库系统正常运行的重要性，因而未对提供的数据作严格的检查。所以，数据加载前，要建立严格的数据登录、录入和校验规范，设计完善的数据校验与校正程序，排除不合格数据。

数据加载分为手工录入和使用数据转换工具两种。现有的 DBMS 都提供了 DBMS 之间数据转换的工具。如果用户原来就使用了数据库系统，可以利用新系统的数据转换工具先将原系统中的表转换成新系统中相同结构的临时表，然后对临时表中的数据进行处理后插入到相应表中。

数据加载是一项费时费力的工作。另外，由于还需要对数据库系统进行联合调试，所以，大部分的数据加载工作应在数据库的试运行和评价工作中分批进行。

3. 数据库试运行和评价

当加载了部分必须的数据和应用程序后，就可以开始对数据库系统进行联合调试，称为数据库的试运行。一般将数据库的试运行和评价结合起来，目的是：

(1) 测试应用程序的功能；

(2) 测试数据库的运行效率是否达到设计目标，是否为用户所容忍。

数据库测试的目的是为了发现问题，而不是为了说明能达到哪些功能。所以，测试中一定要有非设计人员的参与。

对于数据库系统的评价比较困难，需要估算不同存取方法的 CPU 服务时间及 I/O 服务时间。为此，一般还是从实际试运行中进行评估，确认其功能和性能是否满足设计要求，对空间占用率和时间相应是否满意等等。

最后由用户直接进行测试，并提出改进意见。测试数据应尽可能地覆盖现实应用的各种情况。

数据库设计人员应综合各方的评价和测试意见，返回到前面适当的阶段，对数据库和应用程序进行适当的修改。

8.6.2 数据库的维护

只有数据库顺利地进行了实施，才可将系统交付使用。数据库一旦投入运行，就标志着数据库维护工作的开始。数据库维护工作主要有以下内容：对数据库性能的监测和改善、数据库的备份及故障恢复、数据库的重组和重构。

在数据库运行阶段，对数据库的维护主要由 DBA 完成。

1. 对数据库性能的监测和改善

性能可以用处理一个事务的 I/O 量、CPU 时间和系统响应时间来度量。

由于数据库应用环境、物理存储的变化，特别是用户数和数据量的不断增加，数据库系统的运行性能会发生变化。某些数据库结构(如数据页和索引)经过一段时间的使用以后，可能会被破坏。所以，DBA 必须利用系统提供的性能监测和分析工具，经常对数据库的运行、存储空间及响应时间进行分析，结合用户的反映确定改进措施。

目前的 DBMS 都提供一些系统监控或分析工具。例如，在 Microsoft SQL Server 中使用以下的组件都可进行系统监测和分析：SQL Server Profiler 组件、Transaction-SQL 工具、Query Analyzer 组件等。

2. 数据库的备份及故障恢复

数据库是企业的一种资源。所以，在数据库设计阶段，DBA 应根据应用要求，制定不同的备份方案，保证一旦发生故障，能很快将数据库恢复到某种一致性状态，尽量减少损失。

数据库的备份及故障恢复方案，一般基于 DBMS 提供的恢复手段。详细内容请参见

9.2 节。

3. 数据库的重组和重构

数据库运行一段时间后，由于记录的增、删、改，数据库物理存储碎片记录链过多，会影响数据库的存取效率。这时，需要对数据库进行重组和部分重组。数据库的重组是指在不改变数据库逻辑和物理结构的情况下，删除数据库存储文件中的废弃空间以及碎片空间中的指针链，使数据库记录在物理上紧连。

一般地，数据库重组属于 DBMS 的固有功能。有的 DBMS 系统为了节省空间，每作一次删除操作后就进行自动重组，这会影响系统的运行速度。更常用的方法是，在后台或所有用户离线以后(例如夜间)进行系统重组。

数据库的重构是指当数据库的逻辑结构不能满足当前数据处理的要求时，对数据库的模式和内模式的修改。

由于数据库重构的困难和复杂性，对数据库的重构一般都在迫不得已的情况下才进行，如应用需求发生了变化，需要增加新的应用或实体或者取消某些应用或实体。例如，表的增删、表中数据项的增删、数据项类型的变化等等。

重构数据库后，还需要修改相应的应用程序。并且重构也只能对部分数据库结构进行。一旦应用需求变化太大，就需要对全部数据库结构进行重组，说明该数据库系统的生命周期已经结束，需要设计新的数据库应用系统。

一个好的数据库，不仅可以为用户提供所需要的全部信息，而且还可以提供快速、准确、安全的服务，数据库的管理和维护相对也会简单。在基于数据库的应用系统中，数据库是基础，只有成功的数据库设计，才可能有成功的系统。否则，应用程序设计得再漂亮，整个系统也是一个失败的系统。

*8.7　UML 方法规范数据库设计

自 20 世纪 80 年代后期以来，相继出现了多种面向对象的分析设计方法，因此行业内一直希望能够出现针对需求分析、建模、设计、实现和开发这个完整过程的标准。

1997 年，对象管理组织(Object Management Group，简称 OMG)发布了统一建模语言(Unified Modeling Language，简称 UML)。UML 的目标之一就是为开发团队提供标准通用的设计语言来开发和构建计算机应用。UML 以图形表示法的形式和相关的语言语法提供了描述整个生命周期的一种机制。目前，UML 已经被广大软件开发人员、数据建模人员、数据库设计人员以及数据库体系结构设计人员等用以定义详细规范说明，甚至还使用 UML 指定由软件、通信和硬件组成的环境，以实现和部署应用。通过使用 UML，这些人员能够阅读和交流系统架构和设计规划，就像建筑工人多年来所使用的建筑设计图一样。

8.7.1　UML 用于数据库设计

传统数据库建模技术的基本理论主要是：数据库是系统的主干，其他各种元素是以数据库为中心组织的。传统的数据库建模主要是考虑数据库本身的问题，它们的重点往往集中在数据库的实现中，针对的是逻辑数据模型和物理数据模型，却往往忽略了系统的业务需求和功能需求。但是，数据库并不是系统的全部，如果没有应用程序，只有数据存储，那么数据将是不可用的，如果没有期望实现的某个系统业务功能，那么数据库也就失去其存在的价值了。

引入 UML 语言，意味着所从事的数据库建模必须在数据库结构上能够扩展到外部，并成为整个系统分析和设计过程的一个组成部分。UML 提供了整个开发团队使用统一的语言对系统进行建模，包括的范围有业务、应用、数据库和系统的体系结构。通过 UML 语言，开发团队的每个成员可以实现交流自己的想法、构思和需求，从而达到协同工作来理解和定义业务活动对系统进行建模。

UML 已经成为面向对象分析与设计(Object-Oriented Analysis and Design，简称 OOAD)方法的主流，但事实上，它并不仅仅局限于构造面向对象的应用，还可以用于不同类型的分析与设计模型。不论数据库和系统是否是面向对象的，UML 都可以用于项目的基础分析与设计。

图 8-6 给出了数据库设计过程不同阶段的建模要求和相关 UML 图设计。对于每个建模阶段(概念数据模型、逻辑数据模型和物理数据模型的建模阶段)，图 8-6 都给出了该阶段的主要活动以及支持该活动的主要 UML 元素。例如在逻辑数据建模中，分析和概要设计活动主要使用了 UML 的类图、时序图和状态图。其他的 UML 图也可能会用到，但是大多数活动主要集中在刚才提到的几种图。

图 8-6　建模各阶段及相关 UML 构造

类图是概念数据库设计的最终成果。类图通过展示每一个类的名称、属性和操作，以面向对象方式给出了数据库模式的结构化规范说明。类图常用于描述数据对象的汇集以及它们的内部联系。

为了得到类图，也需要使用一些用例图、时序图和状态图等来汇集和指定信息。接下来，我们首先简要介绍不同类型的 UML 图，然后根据 8.2 节中提到的具体案例来说明用例图、类图、时序图和状态图的用法。

8.7.2　各种 UML 图

UML 的内涵远不只是这些模型描述图，但是对于入门者来说，这些图对这门语言及其用法背后的基本原理提供了很好的介绍。UML 定义了 9 种类型的图，这些图从不同应用层次和不同角度为软件系统分析、设计直到实现提供了有力的支持。在不同的阶段建立不同的模型，建模的目的也各不相同。可以将这些图分为以下两大类。

(1) 结构图(Structural Diagram)：描述了组件间的结构和静态关系，包括类图(Class Diagram)、对象图(Object Diagram)、组件图(Component Diagram)和部署图(Deployment Diagram)。

(2) 行为图(Behavioral Diagram)：描述了组件间的行为和动态关系，包括用例图(Use Case Diagram)、时序图(Sequence Diagram)、协作图(Collaboration Diagram)、状态图(Statechart Diagram)和活动图(Activity Diagram)。

1. 用例图(Use Case Diagram)

用例图描述了系统提供的一个功能单元。用例图的主要目的是帮助开发团队以一种可视化的方式理解系统的功能需求，包括基于基本流程的"角色"(Actor，也就是与系统交互的其他实体)关系，以及系统内用例(Use Case)之间的关系。

用例图展示了系统可能的交互，表示出用例间的组织关系，可能是整个系统的全部用例，也可能是完成某个具体功能的一组用例。

单个用例用一个椭圆表示，代表系统需要完成的一个特定任务。角色用一个人形符号表示，它代表一个外部用户，可以是一个人，也可以是一个有代表性的用户组等。角色和用例之间的关系使用简单的线段来描述。

对第8.2节中提到的学校成绩管理系统进行业务建模和需求分析，可以用一个用例图来表达，如图8-7所示。该用例图中活动者代表外部与系统交互的角色，包括学生、教科办，用例是对系统需求的描述，表达了系统的功能和所提供的服务，包括学生信息管理、开课计划管理、成绩录入处理、重读重修处理和选课登记处理各子系统。

图8-7中模型元素之间的实线表示二者存在关联关系，是学校成绩管理系统层的用例图，只包含了最基本的用例模型，是系统的高层抽象。在开发过程中，随着对系统的认识不断加深，用例可以自顶向下不断精化，演化出更为详细的用例图。

图8-7　系统层用例图示例

2. 类图(Class Diagram)

类图表示不同的实体(人、事物和数据)如何彼此相关，换句话说，它显示了系统的静态结构，并作为其他模型的基础。

UML中类有三种主要类型：边界类、控制类和实体类。引入边界类、控制类和实体类的概念有助于分析和设计人员确定系统中不同种类的类。

边界类位于系统与外界的交界处，窗体、报表以及表示通信协议的类，直接与外部设备交互的类，直接与外部系统交互的类等都是边界类。通过用例图可以确定需要的边界类。

实体类用于保存需要持久存储的信息，所谓持久存储就是要存入到数据库、文件等可以永久存储数据的介质中。实体类可以通过事件流和交互图发现。通常，每个实体类在数据库中有相应的表，实体类中的属性对应数据库表中的属性字段。

控制类是控制其他类工作的类。每个用例通常有一个控制类，控制用例中的事件顺序。控制类也可以在多个用例间共用。其他类并不向控制类发送很多消息，而是由控制类发出很多消息。

例如在考试系统中，当学生在考试时，学生与试卷交互，那么学生和试卷都是实体类；而考试时间、规则、分数都是边界类；当考试考完后，试卷提交给试卷保管者，试卷成了边界类。

在类图中类是用包含三个部分的矩形来描述的。最上面的部分显示类的名称，中间部分包含类的属性，最下面的部分包含类的操作(或称为"方法")。如图 8-8，该学生类图中，包括学生类的属性和方法，如 sno 表示数据类型是 char 型的学生学号属性；selectCourse() 表示类的方法，实现的是学生选课功能，其中，返回值是 int 型，参数可以是学生学号 sno 和课程号 cno。

student
− sno   : char
− sname   : char
− ssex   : char
− sage   : int
− cno   : char
− speciality : char
+ getItem ()   : int
+ selectCourse () : int
+ searchScore () : int

图 8-8　类图中的某个示例类

3. 时序图(Sequence Diagram)

时序图是显示具体用例(或者是用例的一部分)的详细流程，描述了该用例中随时间推进各种对象之间消息流的交互过程，是系统的一个动态视图。

时序图有两个维度：垂直维度以发生的时间顺序显示消息调用的序列；水平维度显示消息被发送到的对象实例。

时序图的绘制非常简单。横跨图的顶部，即位于一段虚线顶部的每个方框表示某个类的实例(对象)或一个参与者。在框中，类实例名称和类名称之间用空格/冒号/空格来分隔。而这段虚线称为该对象的生命线，表示该对象随时间的存在性。常在该虚线上用矩形框来表示激活状态，即该对象正处于执行状态。如果某个类对象向另一个类对象发送一条消息，则绘制一条具有指向接收类对象的开箭头的连线，并把消息或方法的名称放在连线上面。也可以绘制一条具有指向发起类对象的开箭头的虚线，将返回值标注在虚线上。

教科办秘书录入成绩的时序图如图 8-9 所示。首先，教科办秘书登录系统并进行身份验证，通过验证后进入相应的成绩管理界面，输入将要录入成绩的学生信息，由数据库中学生信息表核实正确后，才可进行该生相关课程的录入，确定无误后提交数据库保存并返回。

图 8-9 时序图示例

4. 状态图(Statechart Diagram)

状态图表示某个类所处的不同状态和该类的状态转换信息,即描述对象的状态在相应外部事件中是如何变化的。虽然每个类都有状态,但不是每个类都应该有一个状态图。一般,只对在系统活动期间具有三个或更多潜在状态的类才进行状态图描述。

状态图的符号集包括 5 个基本元素:初始起点,用实心圆来表示;状态之间的转换,用具有开箭头的线段来表示;状态,用圆角矩形来表示;判断点,用空心圆来表示;一个或者多个终止点,用内部包含实心圆的圆来表示。要绘制状态图,首先画出起点和一条指向该类的初始状态的转换线段。状态本身可以在图上的任意位置表示,然后只需使用状态转换线条将它们连接起来。

学生请求查询成绩状态时,输入合理的查询条件,进入查询状态;进行查找后,进入返回查询结果状态,若再次查询,又回到请求查询状态;输入不合理的查询条件,回到请求查询状态,该查询子状态图如图 8-10 所示。

图 8-10 状态图示例

5. 活动图(Activity Diagram)

活动图表示在处理某个活动时,两个或者更多类对象之间的过程控制流是通过控制流建模来提供系统的一个动态视图。活动图由一些活动组成,图中同时包括了对这些活动的说明。活动是做某件事的一个状态,它可以是一个真实的进程,或者是在数据库中的某些类上执行的一个操作。当一个活动执行完毕之后,控制将沿着控制转移箭头转向下一个活动。活动图中还可以方便地描述控制转移的条件以及并行执行等要求。典型地,活动图可用于对一个应用的工作流和内部业务操作建模。

6. 组件图(Component Diagram)

组件图提供系统的物理视图。它的用途是显示系统中的软件对其他软件组件(例如库函数)的依赖关系。组件图通常由组件、接口和依赖联系组成。组件可以是源代码组件、运行组件或可执行组件。组件是系统中的一个物理构建块，接口是被组件使用的一组操作，依赖联系用于对两个组件间的联系建模。对于数据库而言，组件图代表存储数据，例如表空间或分区等，接口指使用该存储数据的应用。

7. 部署图(Deployment Diagram)

部署图表示该软件系统(即各软件组件，如可执行程序、库、表、文件等)如何部署到硬件环境中。它的用途是显示该系统不同的组件将在何处物理地运行，以及它们将如何彼此通信。

8. 对象图(Object Diagram)

对象图描述了一组对象及对象间的关系。如同类图，对象图从实例的角度也描述了系统静态设计视图或静态过程视图。也就是说，对象图给出的是系统在某一特定时刻的静态视图，通常用于测试类图的正确性。

9. 协作图(Collaboration Diagram)

协作图描述了对象间的交互作用，由对象及对象间的关系组成，并包括在对象间传递消息。协作图强调发送和接收消息的对象的结构组织的交互作用，而时序图中强调的是消息的时间顺序。协作图与时序图是同构的，可以彼此转换。

*8.8　使用 PowerDesigner 工具设计数据库

数据库设计(也即数据库建模)是一门技术。以前分析和开发人员根据数据库理论和系统业务的需求分析，手工画出系统的数据流程图、概念数据模型、物理数据模型等，设计工作不但复杂艰难，而且修改困难，模型的质量也受到很大的影响。

为解决这一问题，世界各大数据库厂商纷纷研发智能化的数据库建模工具，比较有代表性的有：Sybase 公司的 PowerDesigner、Rational 公司(现已被 IBM 收购)的 Rational Rose、Oracle 公司的 Oracle Designer、Platium 公司(现已被 CA 公司收购)的 ERWin、Embarcadero Technologyes 公司的 ER Studio 等。它们都是侧重于数据库建模的同一类型的计算机辅助软件工程(Computer Aided Software Engineering，简称 CASE)工具。

Rational Rose 是直接从 UML 发展而诞生的设计工具，它的出现就是为了对 UML 建模进行支持。Rose 主要是对开发过程中的各种语义、模块、对象以及流程、状态等的描述比较好，主要体现在能够从各个方面和角度来分析和设计，使软件的开发蓝图更清晰，内部结构更加明朗，对系统的代码框架生成有很好的支持。由于其软件体系非常庞大，具备严峻的方法论，学习时需要较完善的基础知识，上手比较困难。

ERwin 擅长以 E-R 模型建立实体联系模型，具有版本控制功能。ERWin 比较适合开发中小型数据库。PowerDesigner 集 UML 与 E-R 精华于一身，将对象设计、数据库设计和关系数据库管理系统无缝地集成在一起，在一个集成的工作环境中能完成面向对象的系统分析设计和数据库建模工作。

PowerDesigner 功能强大，使用非常方便。最新版本的 PowerDesigner15 支持超过 60 种(版本)关系数据库管理系统，包括最新的 Oracle、IBM、Microsoft、Sybase、NCR Teradata、MySQL 等；支持各种主流应用程序开发平台，如 Java J2EE、Microsoft .NET(C# 和 VB.NET)、Web Services 和 PowerBuilder 等；支持所有主流应用服务器和流程执行语言，如 ebXML 和 BPEL4WS 等。

8.8.1　PowerDesigner 简介

PowerDesigner 系列产品提供了一个完整的建模方案，业务或系统分析人员、设计人员、数据库管理员(DBA)和开发人员可以对其裁剪以满足他们的特定需要；而其模块化的结构为购买和扩展提供了极大的灵活性，从而使开发单位可以根据其项目的规模和范围来使用他们所需要的工具。PowerDesigner 灵活的分析和设计特性允许使用一种结构化的方法有效地创建数据库或数据仓库，而不要求严格遵循一个特定的方法学。PowerDesigner 提供了直观的符号表示法，使数据库的创建更加容易，并使项目组内的交流和通信标准化，同时能更加简单地向非技术人员展示数据库和数据库系统的设计。

1．模块构成

PowerDesigner 包含六个紧密集成的模块，可以更好地满足个人和开发组成员的需要。这六个模块是：

(1) ProcessAnalyst，用于数据发现，创建功能模型和数据流图。

(2) DataArchitect，用于交互式的数据库设计和构造。使用 DataArchitect，可利用实体-关系图为一个信息系统创建概念数据模型，而后选定特定 DBMS 生成物理数据模型。还可优化物理数据模型，产生指定 DBMS 所支持的 SQL 语句并可运行该 SQL 语句来实现数据库的创建。另外，DataArchitect 还可根据已存在的数据库反向生成数据模型及创建数据库的SQL 脚本。

(3) AppModeler，用于物理建模和应用对象及数据敏感组件的生成。

(4) MetaWorks，用于高级的团队开发、信息的共享和模型的管理。

(5) WarehouseArchitect，用于数据仓库的设计和实现。

(6) Viewer，用于以只读的图形化方式访问整个企业的模型信息。

2．支持的模型

PowerDesigner 是一套完整的企业建模解决方案，融合了几种标准建模技术(传统数据库建模、使用 UML 的应用程序建模和业务流程建模)，并提供了对企业业务流程模型(Business Process Model，简称 BPM)、概念数据模型(Conceptual Data Model，简称 CDM)、物理数据模型(Physical Data Model，简称 PDM)、面向对象模型(Oriented Object Model，简称 OOM)等 8 种模型的支持。

(1) 业务流程模型：主要在需求分析阶段使用，是从业务人员角度对业务逻辑和规则进行详细描述，并使用流程图表示从一个或多个起点到终点间的处理过程、流程、消息和协作协议。

(2) 概念数据模型：主要在数据库设计阶段使用，是按用户的观点来对数据和信息进行建模，利用实体-关系图(E-R 图)来实现。独立于 DBMS 的概念数据模型，可以被看做是对现实世界的抽象理解，是系统特性的静态描述。创建概念数据模型时可以完全不考虑最终选择使用的 DBMS，脱离物理实现的考虑。

(3) 物理数据模型：可以利用概念数据模型自动生成物理数据模型，然后再根据所选择的 DBMS 的具体特点对 PDM 进行详细的后台设计，包括数据库存储过程、触发器、视图和索引等。之后，可对该模型生成相应 DBMS 的 SQL 语言脚本，利用该 SQL 脚本来完成物理实现。

(4) 面向对象模型：是利用 UML 的图形来描述系统结构的模型，它从不同角度表现系统的工作状态，这些图形有助于用户、管理人员、系统分析员、开发人员、测试人员和其他人员之间进行信息交流。

3. 正向工程和逆向工程

PowerDesigner 是一个功能强大而使用简单的工具集，提供了一个复杂的交互环境，支持开发生命周期的所有阶段，从处理流程建模到对象和组件的生成。PowerDesigner 产生的模型和应用可以不断地增长，并随着系统组织的变化而变化。PowerDesigner 建模生命周期中支持的模型之间的转换如图 8-11 所示。

图 8-11　PowerDesigner 建模生命周期图

使用 PowerDesigner 进行数据库建模时，可以在概念模型、物理模型、实际数据库三者间完成同步的设计。设计时既可以按照软件工程的流程进行正向设计，即先生成概念模型，再转化为物理模型，最后生成特定 DBMS 的 SQL 脚本，或者直接在特定 DBMS 中生成数据库，这种设计也叫正向工程(Forward Engineering)；也可以按照其逆过程进行，即将某个 DBMS 中的用户数据库转化成其物理模型，再生成其概念模型，这就叫做逆向工程(Reverse Engineering)。逆向工程常用来维护、修改和升级已有的数据库。

从图 8-11 可见，使用 PowerDesigner 可以进行的正向设计有：

(1) 根据应用系统的应用框架和业务逻辑，设计系统的 OOM，再生成 Java 或者 PowerBuilder 等应用程序；

(2) 根据应用系统的应用框架和业务逻辑，设计系统的 OOM，转化成 PDM，再生成 RDBMS 的 SQL 脚本或者数据库；

(3) 根据应用系统的应用框架和业务逻辑，设计系统的 OOM，转化成 CDM，再转化成 PDM，然后生成 RDBMS 的 SQL 脚本或者数据库；

(4) 根据数据结构和业务逻辑，设计系统的 CDM，再转化成 PDM，然后生成 RDBMS 的 SQL 脚本或者数据库；

(5) 根据系统的模式定义、反规范化、优化等，设计出系统的 PDM，再生成 RDBMS 的 SQL 脚本或者数据库。

同时，PowerDsigner 也支持以上所有正向工程的逆向工程，根据已存在的数据库逆向生成 PDM、CDM 及创建数据库的 SQL 脚本。

8.8.2　概念数据模型

软件的设计和开发是一个比较复杂的过程，需要考虑很多因素。PowerDesigner 在建立概念数据模型 CDM 时，以实体-联系理论为基础，只考虑实体和实体之间的联系，不考虑很多物理实现的细节。通过模型的内部生成，可以把 CDM 转化为物理数据模型 PDM，也可以转化为面向对象模型 OOM。

在 PowerDesigner 中，实体用长方形表示，长方形分为上、中、下三个区域，每个区域代表实体的不同特征。上面区域显示实体型名称；中间区域显示实体型的属性名(有些属性也可以被设计者设计为不显示)以及属性的数据类型和其他属性的约束，M 表示强制 (Mandatory)，说明该属性不能为空值(Not Null)；下面区域显示标识符，pi 表示主标识符，ai 表示次标识符，pi 和 ai 对应于 E-R 模型中的候选码。图 8-12 是 PowerDesigner 中实体职工的表示方法。

图 8-12　PowerDesigner 中职工实体的表示

CDM 的最小单位叫做数据项(Data Item)。例如职工实体中的 eno、ename、sex、age 等属性都自动被保存为模型的数据项，设计者也可以先在模型中添加不属于任何一个实体型的数据项，然后把它添加到某个实体型上，一个数据项可以被添加到多个实体型上，数据项可以重用。

实体间的联系用一条相连的线段表示，图 8-13 表示了职工(Employee)与部门(Department) 的多对一联系，在靠近实体的两端标明了联系的基数(Cardinality)。部门上的基数是 (0，1)表示一个职工可以属于一个部门，但也可以不属于任何一个部门(非强制)；而职工上的基数(2，n)表示一个部门可以有多个职工，但至少需有 2 位职工(强制)。

图 8-13　PowerDesigner 中联系的表示

图 8-14 是职工项目系统的 CDM 图，详细的生成过程请参见附录 B。

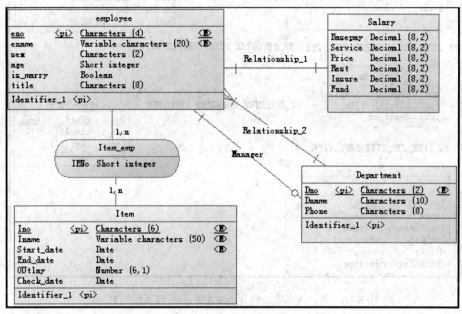

图 8-14　职工项目系统的 CDM 图

8.8.3　物理数据模型

在 PowerDesigner 中，有四种方法可以建立 PDM：根据系统需求环境直接创建 PDM；从 CDM 采用内部模型转化的方法建立 PDM；从 OOM 采用模型的内部转化方法建立 PDM；从现存的数据库或者数据库 SQL 脚本逆向工程建立 PDM。

物理模型能够直观地反应出数据库的结构，也需要考虑使用的 DBMS 的具体细节。建立 PDM 的目的是为了生成用户指定 DBMS 的 SQL 脚本，该脚本能够通过 SQL 解释执行器，直接生成与 PDM 对应的用户数据库，或者 PDM 也可以通过 ODBC 在 DBMS 中直接生成用户数据库。它们的关系如图 8-15 所示。

图 8-15　PDM 与 DBMS 的关系

PDM 中涉及的内容繁多，但很多基本对象的概念同关系数据库中的概念是相同的。PDM 中最基本的概念也是表(Table)、列(Column)、视图(View)、主码(Primary Key)、候选码(Alternate Key)、存储过程(Store Procedure)、触发器(Trigger)、规则(Check)等。图 8-16 是图 8-14 通过内部模型转化成的符合 Microsoft SQL Server 语法的 PDM。

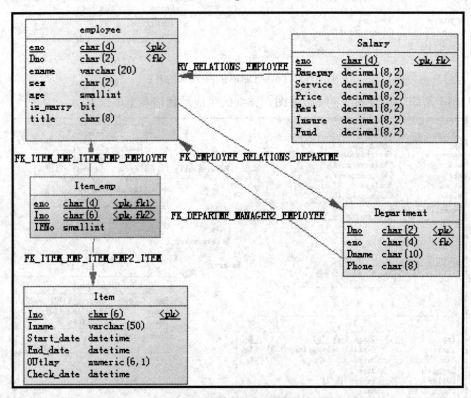

图 8-16 通过内部模型转化而来的职工项目系统的 PDM

有关 PDM 设计的详细内容请读者参考相关的教材。PowerDesigner 作为数据库建模和系统分析设计的 CASE 工具之一，在数据库系统开发中发挥着重要作用。

8.9 小　　结

本章主要讨论了数据库设计的一般方法和步骤。详细介绍了数据库设计各个阶段的输入、输出、设计环境、目标和方法。在进行数据库的结构设计时，应考虑数据库的行为设计，所以，在设计的每一阶段，都指出了同步的数据处理应产生的结果。数据库设计中最重要的两个环节是概念结构设计和逻辑结构设计。所以读者应结合第 7 章的内容进行学习。

接着介绍了 UML 语言，它可以作为数据库模型与设计规范说明的辅助工具。本章全面地介绍了 9 类图，并详细介绍了其中几种图的 UML 图表示法：用例图、顺序图、状态图和类图。最后讨论了使用当前流行的 CASE 工具 Sybase 公司的 PowerDesigner 在数据库设计中对概念数据模型和物理数据模型的建模支持。

数据库设计和开发是一项庞大的工程，是涉及多个学科的综合性技术，因此开发周期长、耗资多，失败的风险也很大。读者可将软件工程的原理和方法应用到数据库设计中。由于数据库设计技术具有很强的实践性和经验型，应多在实践中加以应用。

总之，数据库必须是一个数据模型良好、逻辑上正确、物理上有效的系统，这是每个数据库设计人员的工作目标。

习 题 8

第一组习题

1. 在设计系统的数据库结构时，要不要考虑数据库的行为设计？
2. 数据库设计一般包括哪些基本阶段？
3. 什么叫数据库逻辑结构？它在数据库设计中的地位如何？
4. 什么叫数据库的物理结构设计？它包括哪些设计？
5. 试述聚簇设计的原则。
6. 试述选择索引的原则。

第二组习题

7. 在 GradeManager 数据库中，设 Student 表中有 10000 个元组，Course 表中有 200 个元组，每位学生平均已修 10 门课程，学生的男女比例为 6：4。下面是应用中的常用查询，试为这三个关系设计合适的存取路径。

  Query1： SELECT　*

     FROM Student

     WHERE Sno='*******';

  Query1： SELECT　*

     FROM Student

     WHERE Ssex='女';

  Query1： SELECT　*

     FROM Grade

     WHERE Cno='*'

     ORDER BY Gmark;

  Query1： SELECT Sname，Course.Cname，Gmark

     FROM Student，Course，Grade

     WHERE Student.Sno=Course.Sno

       AND Course.Cno=Grade.Cno

       AND Student.Sno='*******';

8. 数据库设计：可从下面实例中任取一个需求说明进行数据库设计，要求如下：

(1) 设计出该系统的全局 E-R 图。

(2) 提交详细的数据库结构文档说明(Word 文档)，见实例 D。

(3) 提供使用 Microsoft SQL Server 或 Oracle 等 DBMS 的数据库脚本文件：*.sql。

(4) 写出数据库设计中遇到的问题及体会。

实例 A   ***公司信函处理系统

公司收到顾客信函后作跟踪记录，直至作出答复或解决。顾客信函包括顾客邮寄的函件和发送给公司特定 E-mail 地址的 E-mail。具体信息如下：

收到的邮寄函件都送到公司收发室并盖上当日的日戳，然后按例行公事送给接待员。函件和 E-mail 均由接待员打开并简单翻阅，决定下一步送到哪里，接待员记录下送给哪个分析员及日期。

每个分析员只属于一个部门。

分析员对每个信函作出答复，偶尔会发生信函送错部门，必须重新送给另一个部门的分析员，此时应订正接待员的日志簿，记下新的分析员以及信函被传送的日期。

最后，原始信函和答复一并返回给接待员，由他将两者存档并用处理完的日志更新日志簿。

系统最重要的方面，是在任何时间都能确定信函的状态。系统还应提供在一定时间内没有得到答复的信函的管理报告，由经理决定每一类信函应得到的答复的时限。如：① 文献请求需在一周内答复；② 产品订单需在两周内答复；③ 抱怨需在三天内答复。

部门经理能了解分析员的全部工作。有些部门有特殊需要的，如顾客服务部，需了解哪方面是顾客抱怨最多的。

实例 B   ***工厂信息处理系统需求说明

某工厂由若干个代理商销售自己的产品。其需求信息如下：

对于每个代理商，需要存储代理商的编码、姓名、地址、提成额以及提成的比例。

每个客户需要存储客户的编号、姓名、地址、收支差额以及贷款的限额。另外还要存储客户通过的代理商编号及姓名，并且规定每个代理商可以代理多个客户，而每个客户只能通过一个代理商。

对于产品，需要存储产品的编号、描述信息、库存量、类别、仓库编号、售价以及成本价格。

每份订单需要存储订单的编号、日期、客户编号、姓名以及地址、通过的代理商编号。另外，对于订单的每一个订货项，需要存储产品的编号、描述信息、订货的数量以及协商的价格。已经从用户方得到以下信息：

(1) 每份订单的客户都已经存在客户文件中。

(2) 每份订单只限于一个客户。

(3) 每种产品在一份订单中只能出现一次。

(4) 协商后的价格可能和产品管理文件中的相同，也可能不同，但不低于成本价。允许把同一种产品按不同的价格卖给不同的客户。

实例 C   ***培训公司课程管理系统

某培训公司希望建立一个关于本公司培训课程信息的管理系统。每年公司都会发布几个讨论会和一些培训课程的信息。每个讨论会或者培训课程都有专门的员工负责，并且由于内容、地点的不同而各不相同。

公司对每个讨论会的到会人员或者接受培训的客户代表，都要收取一定的费用。费用随着课程的不同或者客户公司委托的代表数量的不同而不同。例如，某课程如果公司派一个人参加培训，收费是 2000 元，如果公司有两个人参加，则第一个人收费是 2000 元，第二个人的费用可能就是 1800 元，这些都可以在系统中设置。每次讨论会或者课程都有一个最低参加人数和最高参加人数，一旦低于最低参加人数，则活动取消，已交的报名费用需要返回给报名者。每个客户代表可以以公司或个人的名义进行注册。每个代表都必须由某个员工进行注册。最后费用的发票要交给客户代表本人或者公司。

公司希望能随时跟踪课程开设的状态信息、客户注册课程的信息以及客户代表的付款情况信息等。

实例 D   数据库结构文档说明(Word 文档)例样

表 8-1   Student_Info(学生基本信息表)

字段名	中文含义	类型	可否空	备 注
Sid	学号	Char(12)	N	主码
Sname	姓名	Varchar (20)	N	
Sage	年级	Char(4)	N	入校年份
Scla	班级号	Char(6)	N	FK→Class(表 5)
Ssex	性别	Char (1)	N	1：男；0：女
Sbir	出生日期	Date	N	格式：YYYY/MM/DD，介于 1950/01/01 和当前年份减去 14 的日期之间
Sadd	地址	Varchar (50)	N	
Seml	电子邮件	Varchar (32)	Y	若有输入，检查其中有无@符号
Stel	电话	Varchar(20)	Y	

注：又称学生表或学生信息表，其中，Sname、Sage、Ssex、Sbir、Sadd 属性在学生入学时从招生办转入，Sid、Scla、Seml、Stel 属性由各分院学生办输入。

第9章 事务管理

事务是数据库操作中的最小逻辑工作单元,它是一系列 SQL 操作的集合。比如,转账业务中将钱从一个账户转到另一个账户就是一个事务,它包括了分别针对每个账户的更新操作。9.1 节介绍事务的概念,讨论事务的 ACID 特性,即原子性、一致性、隔离性和持久性。事务处理技术主要包括数据库恢复技术和并发控制技术。数据库恢复机制和并发控制机制作为事务管理的两个重要组成部分,彼此交错。

数据库的一个显著特点就是数据的共享,各个事务程序都可以访问数据库中的数据。如果各个事务是串行工作的,即一个事务执行结束后才能开始另一个事务,这种情况就比较简单。但在一个有多个事务并发执行的数据库系统中,如果对共享数据的更新不加以控制,事务就可能直接读取或修改由别的事务的更新引起的不一致的中间数据,这种情况会导致对数据库中数据的错误更新。这一特性即为一致性。所以,数据库系统必须提供隔离机制以保证事务不受其他事务并发执行的影响,这个特性叫做隔离性。数据库并发控制机制集中体现数据的一致性和隔离性。9.2 节主要讨论并发控制技术。

事务的所有操作要么全部执行,要么由于出错事务被整体撤消,即任何操作都没被执行,这个特性叫做原子性。而且一旦事务成功执行,其影响必须保存在数据库中,即使系统故障也不应该导致数据库忽略成功完成的事务,这个特性叫做持久性。数据库恢复机制维护了数据库的原子性和持久性。9.3 节讨论数据库恢复技术。

9.1 事务概述

事务是 RDBMS 提供的一种特殊手段。通过这一手段,应用程序将一系列的数据库操作组合在一起,作为一个整体执行,以保证数据库处于一致(正确)状态。

9.1.1 事务的概念

首先请看一个例子:假设银行有一笔转账业务,需要将账户 1 的$1000 转入账户 2 中。数据库应用程序至少需要执行以下两步完成此转账功能。

第一步:修改数据库中账户 1 的资金余额 balance1,使 balance1=balance1−1000;

第二步:修改数据库中账户 2 的资金余额 balance2,使 balance2=balance2+1000;

这两步完成后,balance1+balance2 的和应保持不变。

试想如果在执行第一步后,系统出现了故障,此时账户 1 上转出的$1000 还没来得及存入账户 2,造成了数据库状态的不一致。显然,为了保证数据库状态的一致性,这个转账操作中的两步要么全部完成,要么由于出错而全不发生。

为此，SQL 提出了事务的概念。所谓事务，就是用户定义的一个数据库操作序列，是一个不可分割的工作单位。不论有无故障，数据库系统必须保证事务的正确执行，即执行整个事务或者属于该事务的操作一个也不执行。一个事务，可以是一个 SQL 语句、一组 SQL 语句或整个程序。一般地，一个程序中可以包含有多个事务。

事务的开始和结束可以由用户显式控制。如果没有显式定义事务，则由具体的 DBMS 按缺省规定自动划分事务。在 Microsoft SQL Server 环境下的 SQL 语法中，处理事务的语句主要有三条：BEGIN TRANSACTION <事务名>、COMMIT TRANSACTION <事务名>和 ROLLBACK TRANSACTION] <事务名>。

(1) BEGIN TRANSACTION：定义事务开始。事务通常以 BEGIN TRANSACTION 开始，以 COMMIT TRANSACTION 或 ROLLBACK TRANSACTION 结束。但在大部分的 DBMS 中，当对数据库或者数据库模式进行查询或更新的任何 SQL 语句开始时，事务也就开始了。

(2) COMMIT TRANSACTION(提交)：使事务成功地结束。自从当前事务开始后 SQL 语句所造成的所有对数据库的更新将写回到磁盘上的物理数据库中(也即把改变的内容提交了)。在 COMMIT TRANSACTION 语句执行以前，改变都是暂时的，对其他事务可能可见也可能不可见。

执行了 COMMIT TRANSACTION 后，所执行事务对数据库的所有更新将永远存在，如图 9-1(a)所示。

(a) 事务的提交   (b) 事务的回滚

图 9-1   事务的提交和回滚

(3) ROLLBACK TRANSACTION(回滚)：即在事务的运行过程中发生了某种故障，事务不能继续执行，影响该事务的 SQL 语句所造成的任何改变须全部作废，回滚到事务开始前的状态，如图 9-1(b)所示。

事务可以嵌套使用。一个嵌套事务可以包含若干个子事务。嵌套的事务可形成一种树结构，如图 9-2 所示。最顶端(或最外层)的事务是一个根，根下可有一个或多个子事务，子事务还可以再包含更下一级的子事务。

在嵌套事务中，必须先完成所有的子事务，才能提交顶级事务。完成子事务包括提交或回滚子事务。如果最外层事务提交失败，则

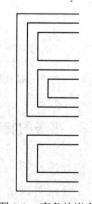

图 9-2   事务的嵌套

不管子事务是否已提交，所有的子事务都将回滚(子事务对数据的操作将被全部撤消)。

例 9.1 考虑前面的银行转账例子，设银行数据库中有一账户关系 Accounts，有属性 acctNo 和 balance，分别表示账户号和该账户的余额。以下是用 C 语言和嵌入式 SQL 语句编写的转账程序。

```
EXEC SQL BEGIN DECLARE SECTION;
        int acct1，acct2;                    /*存放两个账户号*/
        int balance1;                        /*存放第一个账户的余额*/
        int amount;                          /*存放转账的资金*/
        int code;
EXEC SQL END DECLARE SECTION;
...        /*C 代码，提示用户输入账户 1 和账户 2 以及需转账的金额*/
...        /*分别放入变量 acct1acct2 和 amount 中*/
EXEC SQL SELECT balance INTO :balance1/*读账户 1 的余额*/
        FROM Accounts
        WHERE acctNo=:acct1;
if(balance1>=amount)                         /*若余额大于转账资金，修改账户 1 余额*/
{
    EXEC SQL UPDATE Accounts
            SET balance=balance-:amount
            WHERE acctNO=:acct1;
        if(sqlca.sqlcode=0) {                /*若修改账户 1 操作正常，再修改账户 2*/
            EXEC SQL UPDATE Accounts
                    SET balance=balance+:amount
                    WHERE acctNO=:acct2;
            if(sqlca.sqlcode=0)              /*如果完成了资金的转账，提交事务*/
            EXEC SQL COMMIT TRANSACTION;
        }
        else
        EXEC SQL ROLLBACK TRANSACTION;
}
else
        EXEC SQL ROLLBACK TRANSACTION;   /*如果没有足够的钱进行转账，回滚事务*/
/***用 C 代码打印错误信息。结束程序***/
```

9.1.2 事务的特性

成功连接到一个数据库后，在进程中并没有活动的事务。没有活动事务的程序，如果执行了任何对数据库的操作(如：Select、Update、Insert、Delete、Open Cursor 等)，都会产生活动的事务，直到程序执行了 COMMIT TRANSACTION 或 ROLLBACK TRANSACTION 语句，才会终止事务。

如果在程序结束前对一个事务既没有执行 COMMIT TRANSACTION 语句，也没有执行 ROLLBACK TRANSACTION 语句，那么将执行一个缺省的动作，这一动作(COMMIT TRANSACTION 或 ROLLBACK TRANSACTION)与具体使用的 RDBMS 有关。

为了保证数据的完整性，要求数据库系统维护以下事务性质：

1. 原子性(Atomicity)

事务在逻辑上是数据库的最基本工作单位，一个事务中包含的操作，要么全部执行并正常结束；要么什么都不做，当作此事务从未发生过。

原子性要求事务必须被完整地执行，这是 DBMS 事务恢复子系统的责任。如果由于某个原因事务的执行没有完成(如在事务执行期间系统发生故障)，那么恢复时必须取消事务对数据库的任何影响。

2. 一致性(Consistency)

事务执行的结果必须是使数据库从一个一致性状态转变到另一个一致性状态。如果在事务的执行过程中，由于硬件或者软件的故障而使事务的执行中断，就会造成数据库的不一致性。因此事务的原子性是一致性的保证。

数据库状态是指在某个给定时间点上，数据库中存储的所有数据项(值)的集合。数据库的一致性状态应该满足模式所指定的约束，以及数据库必须满足的任何其他约束。在编写数据库应用程序时，应该保证如果执行事务前数据库处于一致性状态，那么在完整执行该事务后数据库仍然处于一致性状态，即假定不会发生其他事务的干扰。一致性由 DBMS 的并发控制子系统实现。

3. 隔离性(Isolation)

数据库系统中多个事务可以被同时执行(并发执行)，但必须保证一个事务的执行不能被其他事务干扰，即一个事务内部的操作及其使用的数据对其他事务是隔离的。这样，每个事务都感觉不到系统中有其他事务在并发执行。

隔离性也是由 DBMS 的并发控制子系统实现的。如果每个事务的更新在它被提交之前，对其他事务都是不可见的，则实现了一种隔离性，也就是事务执行不会受到其他事务的干扰。

4. 持久性(Durability)

持久性是指一个事务一旦提交(即正常完成)，它对数据库中数据的改变就是持久的，即使数据库因故障而受到破坏，DBMS 也应能正确地恢复之。持久性是 DBMS 恢复子系统的任务。

事务的以上四个特性也称为 ACID 特性。保证事务的 ACID 特性是数据库系统的重要任务之一。ACID 特性可能在下述两种情况下遭到破坏：

(1) 多个事务并发执行时，各自的操作交叉进行；

(2) 由于各种故障而使事务被强行终止。

当多个用户请求操作同一数据时，事务管理允许数据库系统对其进行干预，保证并发控制时事务的 ACID 特性。另外，DBMS 还必须有恢复机制，在系统发生各种故障时，能恢复数据库，保证事务的 ACID 特性。这分别是 DBMS 中并发控制机制和恢复机制的责任。

9.2 并发控制技术

就像同时会有数以百计的旅行社或者机票购买者同时使用某个机票预定系统订购机票一样，银行、保险代理、股票交易、超市收款以及其他更多的管理系统大都是多用户数据库系统，即允许多个用户同时使用数据库系统，通常都有很多用户同时并发地向系统提交事务。因此，多用户数据库系统需要为众多并发用户提供高度的可用性和快速的响应时间，更重要的是还要保证执行的正确性，即避免各个用户提交的多个事务以某种方式相互影响而产生错误的结果。这就需要事务的并发控制机制。

如果事务都是顺序执行的，即一个事务结束后才能执行另一个事务，这种执行方式称为串行访问(Serial Access)。如果多个事务可同时执行，这种方式称为并发访问(Concurrent Access)。在单 CPU 系统中，同一时间只能有一个事务占用 CPU，所谓的并发访问，实质上是多个事务交叉使用 CPU，这种并发方式称为交叉并发(Interleaved Concurrency)。在多 CPU 系统中，可以有多个事务同时占有 CPU，这种并发方式称为同时并发(Simultaneous Concurrency)。

并发操作有两个明显的好处：

(1) 提高系统的资源利用率。一个事务在不同的执行阶段需要的资源是不同的，有时需要 CPU，有时需要通信，还有时需要输入设备……如果事务只能串行操作，则会造成资源的极大空闲。事务并发执行，则可交叉使用各种资源，可以明显地提高系统资源的利用率。

(2) 改善短事务的响应时间。有两个事务 T_1 和 T_2，T_1 的执行时间很长，T_2 所需的时间很短。在串行执行的情况下，若 T_1 比 T_2 稍早执行，则 T_2 要等待很长的时间才能得到响应。所需时间较短的事务响应时间过长是不应该的。而在并发情况下，T_2 可与 T_1 并发执行，响应时间可明显缩短。

9.2.1 并发可能出现的问题

并发操作如果不加控制，虽然单个事务的执行并未发生问题，但由于其他事务的并发，可能引起数据的不一致性：丢失更新、读"脏"数据和不可重复读。

1. 丢失更新(Lost Update)

当访问相同数据库项的两个事务以某种方式交替执行时，就可能发生丢失更新问题。图 9-3(a)给出了两个事务 T_1 和 T_2 恰好都执行修改同一数据而出现丢失更新的执行过程。

① T_1 首先读入数据 A(准备修改)；

② T_2 接着也读入数据 A(与 T_1 读入的值相同)；

③ T_1 把 A 值加 100 后写回数据库，T_1 提交；

④ T_2 也把 A 值加 100 后写回数据库，T_2 提交。

A 值明明加了两个 100，但数据库中 A 值却只比原来多了 100。如果 A 值是某账号的存款余额，T_1 和 T_2 是两个客户在不同地点向该账号付款的两个不同事务，后果的严重性就显而易见了。

图 9-3　并发引起数据的三类不一致性

2. 读"脏"数据(Dirty Read)

事务更新了某个数据库项，接着由于某种原因事务又被撤消了，然而所更新的项在恢复到原值之前，另一个事务读取了该项。这个问题被称为读"脏"数据，它是由一个没有完成或没有提交的事务产生的。

图 9-3(b)给出了两个事务 T_1 和 T_2 出现读"脏"数据的执行过程。

① T_1 读入数据 B，增加 100 后写回数据库；

② T_1 在完成更新之前出现故障，此时，系统理应将数据 B 恢复原值。但在系统进行恢复操作之前，T_2 读入 T_1 临时更新过的数据 B；

③ T_1 由于某原因而被撤消(RollBack)，即数据 B 已恢复原值。

此时，T_2 所读到的 B 值已不是数据库中 B 的值，T_2 所读取的值被称为"脏"数据。这种不一致性就是读"脏"数据的结果。

3. 不可重复读(Non-Repeatable Read)

事务 T_1 需要两次读取同一个数据项，但是在两次读取操作的间隔中，另一个事务 T_2 改变了该数据项的值。因此，T_1 在两次读取同一个数据项值时却读出了不同的值，这类问题称为不可重复读。

图 9-3(c)给出了两个事务 T_1 和 T_2 不可重复读的执行过程。

① T_1 读入 C 值；

② T_2 读入 C 值，修改后，又写回数据库，T_2 提交；

③ T_1 再次读入 C 值。

但 T_1 发现此时读入的 C 值却与前面读入的 C 值不同。这就是不可重复读的含义。

上述现象的产生，其原因在于一个事务未执行完时，就开始执行另一个事务了。如果一个事务在修改数据时，其他事务不得修改同一数据，就不会产生丢失更新的情况；如果一个事务在更新数据时，其他事务不得读取该数据，则不会产生读"脏"数据的情况，也不会产生不可重复读的情况，这就是封锁(Locking)的目的。用于控制事务并发执行的主要技术就是基于数据项加锁的概念。锁是与数据项相关的一个变量，它描述了数据项的状态，也表示了可能应用于该数据项上的不同操作。

当然，在有些情况下，数据库应用时出现一些不一致也是允许的，例如读脏数据、不可重复读等，在这种情况下，对封锁的要求就可弱一些，从而增强系统并发的程度，降低系统的开销。

9.2.2 封锁(Locking)

封锁是普遍采用的一种并发控制手段，封锁可避免并发操作出现的问题。所谓封锁就是某事务在对某对象(表、记录等)执行操作前，先对此对象加上自己的锁。加锁后，其他事务对此对象的操作就受到了规定的限制。当然，该事务完成自己的操作之后，必须把加上的锁撤消，以使其他事务执行各种操作。

如果只有一种锁，锁上后其他事务不能对该对象执行任何操作，那就失去了并发的意义。因此，锁的基本类型有两种：排它锁和共享锁。

1. 排它锁

一个事务对某数据对象成功地加了排它锁(Exclusive Lock，简称 X 锁，也称写锁)后，其他事务就不能对此对象加锁，也就不能对此对象执行任何操作，只有该事务才可对此对象执行读和修改的操作。

可见，只有数据对象未被任何其他事务加锁时，对它的 X 锁请求才会成功，否则将失败。

2. 共享锁

一个事务对某数据对象成功地加了共享锁(Share Lock，简称 S 锁，也称读锁)后，其他事务不能对该对象加上 X 锁，但可以再加上自己的 S 锁。即若某数据对象上被加上了 S 锁，该数据对象不能再被加上 X 锁，但可被多个事务加上各自的 S 锁。所有对此对象加了 S 锁的事务可读取此对象，但不能修改此对象。

当一个数据对象未被任何事务加上任何锁时，一个事务发出对该数据对象的任何锁的请求都会被满足。但当该数据对象已被加上锁时，对它的其他加锁申请就不一定被满足。表 9-1 给出了在事务 T_1 已对某对象加锁的情况下，T_2 的加锁申请是否会满足的相容矩阵。

表 9-1　封锁相容矩阵

T_2 ＼ T_1	X	S	None
X	N	N	Y
S	N	Y	Y

可见，若某数据对象上有一个 X 锁，则仅有此一个锁；若有一个 S 锁，则不可能有 X 锁，但可能有多个 S 锁。

9.2.3 三级封锁协议

对数据对象加锁时，还需要一些封锁规则：何时能申请加锁、持锁的时间、何时才能释放锁等。

规定的加锁规则称为封锁协议(Locking Protocol)。要求不同，封锁协议也不同。下面介绍三级封锁协议。

1．一级封锁协议

任一事务在修改某数据之前，必须先对其加上自己的 X 锁，直至事务结束才能释放之。这就是一级封锁协议。事务结束包括正常结束(COMMIT)和非正常结束(ROLLBACK)。

一级封锁协议不采用 S 锁，不修改数据时是不需对其加锁的。因此，一级封锁协议解决了丢失更新问题，但不能保证可重复读和不读"脏"数据。

2．二级封锁协议

二级封锁协议的内容包括：

(1) 一级封锁协议；

(2) 任一事务在读取某数据(不修改)前，必须先对其加上 S 锁，读完后即可释放 S 锁。

二级封锁协议既可防止数据丢失更新，又可防止读"脏"数据，但不保证可重复读。

3．三级封锁协议

三级封锁协议的内容包括：

(1) 一级封锁协议；

(2) 任一事务在读取某数据(不修改)前，必须对其加上 S 锁，直至事务结束才释放此 S 锁。

三级封锁协议既防止了丢失更新和不读"脏"数据，又防止了不可重复读问题。

使用封锁机制可解决丢失更新、读"脏"数据和不可重复读等不一致性问题，如图 9-4 所示。

图 9-4　使用封锁机制解决三类数据不一致性问题

9.2.4　加锁请求的选择策略和活锁

当一个数据对象 R 已被一个事务 T 封锁时，其他任何事务对该数据 R 进行封锁的请求只能等待。直至 T 释放了对 R 的封锁后，系统才会执行其他事务对 R 进行的封锁请求。但是，如果有多个事务都在等待封锁 R，该选择哪个事务的封锁请求呢？这就应该有一个选择策略，如果选择策略不合理，就有可能产生活锁问题。

1．活锁

事务 T 申请对数据 R 进行封锁，但由于加锁请求选择策略的问题而导致事务 T 长时间甚至永远处于等待状态，这就是活锁。

若选择策略为随机选择，那么事务 T 对数据 R 的封锁请求有可能长时间不能选中，也有可能永远不能选中。

若选择策略为先申请后选择，那么最先的封锁请求很可能永远不能选中。

2. 选择策略

最简单有效的选择策略是先来先服务的策略。封锁子系统按请求在时间上的先后次序对事务排序，数据对象上原有的锁一释放，便执行队列中第一个事务的封锁请求。此方法简单地避开了活锁问题。

也可在排队的基础上，对事务加上优先级。优先级高的事务可以适当前插，从而显著减少它的等待时间。

9.2.5 死锁

虽然选择策略是合理的，但仍然不可能选中的封锁申请称为死锁。

例：两个事务 T_1 和 T_2 已分别封锁了数据 D_1 和 D_2。T_1 和 T_2 由于需要各自分别申请封锁 D_2 和 D_1，但是由于 D_2 和 D_1 已被对方封锁，因而 T_1 和 T_2 只能等待。而 T_1 和 T_2 由于等待封锁而不能结束，从而使对方的封锁申请也永远不能被选中，这就形成了死锁。

在数据库中，能解决死锁的方法主要有两类：预防死锁和解决死锁。

1. 预防死锁

预防死锁就是破坏死锁产生的条件。通常有一次封锁法和顺序封锁法两种。

1) 一次封锁法

任何事务必须一次同时申请所有加锁要求，若不能全部加锁成功，则全部不加锁，并处于等待状态；若全部加锁成功，则可继续执行，在执行过程中不能再次对任何数据申请加锁。这就是一次封锁法。

一次封锁法可以有效防止死锁的产生，但却降低了系统的并发性。首先，一次就要把所有用到的数据加锁，也即对后面用到的数据也必须在前面加锁，势必使一些原可并发操作的事务只能处于等待状态；其次，一个事务在执行前期，有时是很难确定精确的封锁对象的，例如依据某一状态的当前值才能确定是封锁甲还是封锁乙。为了执行一次封锁，就只能把所有可能要封锁的数据对象全部申请封锁，这样既可能使事务的等待时间加长(一次不能全部封锁时)，也可能使其他事务的等待时间进一步加长。

2) 顺序封锁法

预先对所有数据对象规定一个顺序，任何一个事务要对几个数据对象进行封锁时，必须严格按此规定顺序进行，若有一个对象封锁未成功，只能等待之，不得先封锁后面的数据对象。这就是顺序封锁法。

顺序封锁法可有效防止死锁的产生，但却很难实现。

一般而言，事务只有在执行过程中，才能确定即时需封锁的对象，因此很难按各对象规定的顺序去申请封锁。另外，数据库系统中数据对象很多，随着插入、删除等操作的不断变化，维护动态的封锁顺序是很困难的。

可见，操作系统中采用的预防死锁的策略在数据库中并不适合。从而，DBMS 普遍采用诊断和解决死锁的策略。

2. 解决死锁

DBMS 一般采用超时法或等待图法解决死锁。

1) 超时法

预先规定一个最大等待时间，如果一个事务的等待时间超过了此规定时间，则认为产生了死锁。

超时法是最简单的死锁诊断法，但有可能发生误判。另外，若时间规定的太长，则又不能及时发现死锁。

2) 等待图法

等待图是一个有向图 $G=(T,W)$，所有正在运行的事务构成了有向图的节点集 T。若 T_i 申请的加锁对象被 T_j 封锁，则从 T_i 到 T_j 产生一个有向边。即 T_i 等待 T_j，产生有向边 ij；此等待解除，则删除有向边 ij。显然，产生死锁和等待图中生成回路是等价的。DBMS 周期性地监测等待图，以及时发现回路(死锁)。

一旦发现存在死锁，DBMS 将立即着手解除。一般地，选择一个发生死锁的事务，将其卷回(释放其获得的锁及其他资源)，从而解除系统中产生的死锁。被卷回的事务必须等待一段时间后才能重新启动，以避免再次产生死锁。

一般有下列几种方法来选择要卷回的事务：

(1) 选择最迟交付的事务；

(2) 选择已获锁最少的事务；

(3) 选择卷回代价最小的事务。

9.2.6 并发调度的可串行性

在并发执行若干事务时，这些事务交叉执行的顺序不同，最后各事务所得结果也不会相同，因此，并发执行的事务具有不可再现性。那么，这些结果中，哪些是正确的，哪些是不正确的，这就必须提出一个判断准则。

可串行性(Serializability)准则：多个事务并发执行的结果是正确的，当且仅当其结果与按某个次序串行地执行各事务所得结果相同。这种调度策略被称为可串行化的调度。

可串行化是并发控制的正确性准则。它一经提出，即被数据库系统广泛接受。从图 9-3 中 3 个例子可看出任何一种情形的问题都在于交错执行过程是不可串行化的，也就是说其与先 T_1 后 T_2 或先 T_2 后 T_1 的串行执行过程都不等价。

例 9.2 假定初始值：X=10，Y=20。现有两个事务，分别包含下列操作：

事务 T_1: X=X+Y；事务 T_2: Y=X+Y。

图 9-5 和图 9-6 分别给出了对这两个事务的不同调度策略。

图 9-5(a)和图 9-5(b)为两种不同的串行调度策略：(a)表示以先 T_1 后 T_2 的顺序串行调度，执行结果为(X=30，Y=50)；(b)表示以先 T_2 后 T_1 的顺序串行调度，执行结果为(X=40，Y=30)；虽然执行结果不同，但它们都是正确的调度方式。图 9-5(c)的执行结果和(a)的执行结果相同，所以是正确的调度，即称之为可串行化调度方式。

T_1	T_2	T_1	T_2	T_1	T_2
① SLOCK Y 读Y=20 UNLOCK Y ② XLOCK X 读X=10 X=X+Y 写回X=30 UNLOCK X		① SLOCK X 读X=10 UNLOCK X ② XLOCK Y 读Y=20 Y=X+Y 写回Y=30 UNLOCK Y		① SLOCK Y 读Y=20 UNLOCK Y ② XLOCK X ④ 读X=10 X=X+Y 写回X=30 UNLOCK X	③ SLOCK X 等待 等待 等待 等待 ⑤ 获得SLOCK X 读X=30 UNLOCK X ⑥ XLOCK Y 读Y=20 Y=X+Y 写回Y=50 UNLOCK Y
	③ SLOCK X 读X=30 UNLOCK X ④ XLOCK Y 读Y=20 Y=X+Y 写回Y=50 UNLOCK Y		③ SLOCK Y 读Y=30 UNLOCK Y ④ XLOCK X 读X=10 X=X+Y 写回X=40 UNLOCK X		

(a) 串行调度(T_1－T_2)　　　(b) 串行调度(T_2－T_1)　　　(c) 可串行化调度

图 9-5　两个事务的可串行化调度方式

但是图 9-6(a)、(b)的两种并发调度的执行结果为(X=30，Y=30)，和图 9-5(a)或(b)的执行结果都不相同，所以是错误的调度。

T_1	T_2	T_1	T_2
① SLOCK Y 读Y=20		① SLOCK Y 读Y=20 UNLOCK Y	
	② SLOCK X 读X=10		② SLOCK X 读X=10 UNLOCK X
③ UNLOCK Y			③ XLOCK Y 读Y=20 Y=X+Y 写回Y=30 UNLOCK Y
	④ UNLOCK X		
⑤ XLOCK X 读X=10 X=X+Y 写回X=30			
	⑥ XLOCK Y 读Y=20 Y=X+Y 写回Y=30 UNLOCK Y	④ XLOCK X 读X=10 X=X+Y 写回X=30 UNLOCK X	
⑦ UNLOCK X			
	⑧ UNLOCK Y		

(a) 不可串行化调度1　　　　　　　(b) 不可串行化调度2

图 9-6　两个事务的不可串行化调度方式

有多种可串行化的调度方法，其中最广泛的应用是两段封锁(Two-Phase Locking)协议。

9.2.7　两段封锁协议

所谓两段封锁协议是指一个事务在读、写任何数据前必须首先申请并获得对该数据的封锁；一旦一个事务释放了一个封锁，则它就不得再申请任何封锁。

符合两段封锁协议的事务有一个明显的特征，在事务的前面部分将逐步申请并获得各种加锁(而无释放锁操作)，在后面部分将逐步释放锁(而无加锁申请)，即遵守该协议的事务分为两个阶段：获得锁阶段，也称为"扩展"阶段；释放锁阶段，也称为"收缩"阶段。

如图 9-7 所示，若所有事务都遵守两段封锁协议，则对这些事务的任何并发调度策略都是可串行化的；但若并发事务的一个调度是可串行化的，并不一定所有事务都符合两段封锁协议，如图 9-5(c)所示，则两个事务 T_1 和 T_2 显然都不遵守两段锁协议，但是属于可串行化调度。

图 9-7　遵守两段锁协议的并发调度

两段封锁协议与防止死锁的一次封锁法是不同的。一次封锁法符合两段封锁协议，但两段封锁协议并不要求一次封锁法。因此，遵守两段锁协议的事务也是可能发生死锁的。

9.2.8　多粒度封锁

1．多粒度封锁的概念

封锁对象的规模称为封锁粒度(Granularity)。在数据库中，封锁对象可以是整个数据库，也可以是一个关系、一个元组，甚至是一个元组的若干属性值。

封锁的粒度越大，则封锁的代价越小，但并发度也越小；封锁的粒度越小，则封锁的开销越大，但并发性也越高。比较合适的方法是提供多种封锁粒度供选择，这种封锁方法称为多粒度封锁(Multiple Granularity Locking)。需要处理大量的元组事务可选择以关系为封锁粒度；仅处理某个属性(如工资)，则以属性为封锁粒度较适宜。

2．显式封锁和隐式封锁

采用多粒度封锁时，一个数据对象被封锁的方式有两种：

(1) 显式封锁。应事务的要求直接加到某一数据对象上的封锁为显式封锁。

(2) 隐式封锁。数据对象并未被直接加锁，但包含它的一个大粒度数据对象称为上级节点被封锁了，它也就被隐含地封锁了。例如，一个关系被封锁了，则该关系的元组也被封锁了；或者，被它包含的一个小粒度数据对象被显式封锁了，则它也被隐式封锁。

显式封锁和隐式封锁的效果是相同的。系统在检查封锁冲突时，必须同时检查显式封锁和隐式封锁。

要对某数据对象加锁，不仅要检查该数据对象上是否已有显式封锁，而且应检查其是否被隐式封锁，还要检查其所有下级节点上是否已有显式加锁。这样的检查方法效率肯定很低。为此，人们又采用了一种意向锁(Intention Lock)方法。

9.2.9 意向锁

若对某一数据对象加锁，必须先对包含该数据对象的所有大粒度数据对象加上意向锁。例如，对一个元组加锁，则先对包含它的关系、数据库加意向锁。

常用的意向锁有三种：意向共享锁(Intent Share Lock，简称 IS 锁)、意向排它锁(Intent Exclusive Lock，简称 IX 锁)和共享意向排它锁(Share Intent Exclusive Lock,简称 SIX 锁)。

1. IS 锁

如果对一个数据对象加 S 锁(共享锁)，则所有它的祖先(包含它的大粒度数据对象)都必须先加 IS 锁。例如，对某元组加 S 锁，则包含它的关系和数据库都要先加 IS 锁，以防止其他事务在关系或数据库一级加 X 锁。

2. IX 锁

如果对一个数据对象加 X 锁(排它锁)，必须先对其所有祖先加 IX 锁。例如，对某元组加 X 锁，必须先对包含它的关系和数据库加 IX 锁。

3. SIX 锁

SIX 锁表示 S 锁加上 IX 锁。例如，某事务对某个表加 SIX 锁，表示该事务要读这个表，同时会更新某些元组。

表 9-2 给出了各种锁的相容矩阵。其中，Elock 为已存在的封锁；Rlock 为请求的封锁。从中可以看出各种锁之间在强度上有一个偏序关系，如图 9-8 所示。一个事务在申请封锁时，以强锁代替弱锁是安全的，但反之则不然。

表 9-2　锁的相容矩阵

Elock Rlock	none	IS	IX	S	SIX	X
IS	Yes	Yes	Yes	Yes	Yes	No
IX	Yes	Yes	Yes	No	No	No
S	Yes	Yes	No	Yes	No	No
SIX	Yes	Yes	No	No	No	No
X	Yes	No	No	No	No	No

图 9-8　锁强度的偏序关系

在多粒度封锁时，要对一个数据对象加锁，必须对包含该对象的所有上级节点加相应的意向锁。申请时，必须从上而下申请；释放时，必须自下而上释放。

意向锁是一种特殊的加锁机制，其本质是一种状态标志。意向锁加锁成功，并不保证下面的真正加锁一定能成功；但意向锁不成功，则表明即使没有意向锁机制，下面的真正加锁也一定不会成功。因此，意向锁方便了加锁的判断。

具有意向锁的封锁方法可提高系统的并发度，减少封锁开销。意向锁在商业 RDBMS 中广泛应用。`

9.3　数据库恢复技术

不管数据库系统采取了多少措施来保证事务的正确执行，保证数据库的安全性和完整性，计算机系统的硬件故障、软件问题、误操作、恶意破坏也是不可避免的。严重时，这些问题可造成数据库中部分甚至全部数据遭到破坏。因此，DBMS 必须能把数据库从任何错误状态恢复到某一正确状态(或称一致状态、完整状态)，这就是数据库的恢复。数据库恢复技术是否有效是数据库系统性能的重要标志。

9.3.1　故障的种类

数据库系统可能会发生的故障，不仅存在有单个事务内部由于溢出发生的局部故障，也存在有诸如因断电引起的全局故障。局部故障只影响发生故障的事务，而全局故障影响正在运行的所有事务，具有系统范围的含义。大致可以分为以下几种：

1. 事务内部故障

由于系统不可能将应用程序所有可能发生的错误都预写入程序中，因此事务内部故障有的是可以通过事务程序本身发现的(程序中有显式的 COMMIT 或 ROLLBACK 处理)，也有的是非预期的(诸如运算溢出、并发事务因发生死锁而被选中撤消该事务等)，并不由事务程序本身发现而是由系统隐式执行 ROLLBACK，这类故障属于局部故障。

2. 系统故障

例如突然停电、CPU 故障、操作系统故障、误操作等，均为系统故障。发生这类故障的系统必须重新启动。

这类故障将影响到所有正在执行的事务，使其非正常终止。一些未完成事务的部分结果可能已写入数据库，一些已完成事务的部分数据可能正在缓冲区(未写入磁盘上的物理数据库中)。但这类故障并不破坏数据库本身，有时也称为软故障。

在系统重新启动后，恢复子系统应该做：

(1) 撤消所有未完成的事务对数据库的修改(UNDO)；

(2) 重做所有已提交的事务(REDO)。

以将数据库恢复到一致状态。

3. 介质故障

介质故障即外存故障，如磁盘损坏、强磁场干扰等。这类故障发生的可能性小，但破坏性很强。它会使数据库受到破坏，并影响正在存取数据的事务，有时也称为硬故障。

4. 计算机病毒

计算机病毒属于人为故障，轻则使部分数据不正确，重则使整个数据库遭到破坏。

9.3.2 故障恢复的手段

数据库系统中的恢复机制主要指恢复数据库本身，即在故障引起数据库当前状态不一致后将数据库恢复到某个正确状态或一致性状态。

故障恢复的原理很简单，就是预先在数据库系统外，备份正确状态时的数据库影像数据，当发生故障时，再根据这些影像数据来重建数据库。恢复机制要做两件事情：第一，建立冗余数据；第二，根据冗余数据恢复数据库。故障恢复的原理虽然简单，但实现技术相当复杂。

建立冗余数据的常用方法是数据库转储法和日志文件法。

1. 数据库转储法

由 DBA(数据库管理员)定期地把整个数据库复制到磁带、另一个磁盘或光盘上保存起来，作为数据库的后备副本(也称后援副本)，称为数据库转储法。

数据库发生破坏时，可把后备副本重新装入以恢复数据库。但重装副本只能恢复到转储时的状态。自转储以后的所有更新事务必须重新运行，才能使数据库恢复到故障发生前的一致状态。

由于转储的代价很大，因此必须根据实际情况确定一个合适的转储周期。

转储分为静态转储和动态转储两类。

1) 静态转储

在系统中没有事务运行的情况下进行转储称为静态转储。这可保证得到一个一致性的数据库副本，但在转储期间整个数据库不能使用。

2) 动态转储

允许事务并发执行的转储称为动态转储。动态转储克服了静态转储会降低数据库可用性的缺点，但不能保证转储后的副本是正确有效的。例如，在转储中，把某一数据存储到了副本，但在转储结束前，某一事务又把此数据修改了，这样，后备副本上的数据就不正确了。

因此必须建立日志文件，把转储期间任何事务对数据库的修改都记录下来。以后，后备副本加上日志文件就可把数据库恢复到前面动态转储结束时的数据库状态。

另外，转储还可以分为海量转储和增量转储。海量转储是指转储全部数据库；增量转储是指只转储上次转储后更新过的数据。

数据库中的数据一般只会部分更新。因此，采用增量转储可明显减少转储的开销。例如，每周做一次海量转储，每天做一次增量转储。也可每天做一次增量转储，当总的增量转储的内容达到一定量时，做一次海量转储。

2. 日志文件法

前面已指出，重装副本只能使数据库恢复到转储时的状态，必须接着重新运行自转储后的所有更新事务才能使数据库恢复到故障发生前的一致状态。日志文件法就是用来记录所有更新事务的。

为保证数据库是可恢复的，日志文件法必须遵循以下两条原则：

(1) 事务每一次对数据库的更新都必须写入日志文件。一次更新在日志文件中有一条记载更新工作的记录。

(2) 必须先把日志记录写到日志文件中，再执行更新操作，即日志先写原则。

日志文件有三类记录：

(1) 每个事务开始时，必须在日志文件中登记一条该事务的开始记录；

(2) 每个事务结束时，必须在日志文件中登记一条结束该事务的记录(注明为 COMMIT 或 ROLLBACK)；

(3) 任一事务的任一次对数据库的更新，都必须在日志文件中登入一条记录，其格式为
(<事务标识>，<操作类型>，<更新前数据旧值>，<更新后数据的新值>)

其中，<操作类型>有插入、删除和修改三种类型。

9.3.3 故障恢复的方法

利用数据库事务副本和日志文件可把数据库恢复到故障发生前的一个一致性状态。故障类型不同，恢复方法也不同。

1. 恢复事务故障

事务未正常终止(COMMIT)而被终止时，可利用日志文件撤消(UNDO)此事务对数据库已作的所有更新：

(1) 反向扫描日志文件，查找该事务的记录；

(2) 若找到的记录为该事务的开始记录，则 UNDO 结束；否则，执行该记录的逆操作(对插入操作，执行删除操作；对删除操作，执行插入操作；对修改操作，用修改前的值替代修改后的值)，继续反向扫描，直到找到事务的开始记录。

上述操作是由系统自动完成的。

2. 恢复系统故障

系统发生故障后，必须把未完成的事务对数据库的更新撤消，重做已提交事务对数据库的更新(因为这些更新可能还留在缓冲区没来得及写入数据库)。

图 9-9 给出了发生系统故障的示意图。一般地，当在日志文件中写满规定数量的记录后，系统就自动地把缓冲区中的内容保存到外存的数据库中，并在外存的日志文件中写入一个特殊的检查点记录当前正在运行的事务表。图 9-9 中，代表事务(T_1、T_2、…、T_8)延续时间的线段，若右端点有竖线，则表示此时该事务 COMMIT 结束；否则，为 ROLLBACK 结束。

图 9-9 中，t_c 为发生系统故障前的最后一次检查点。由于 T_2 在 t_c 前已 ROLLBACK，所以 t_c 时，事务 T_1、T_3、T_4 及 T_5 已完成修改写入内存，其中 T_1 已全部结束，T_2 在 t_c 前已 ROLLBACK，不再考虑。因此在 t_c 时，日志文件中标明了目前正在进行的事务为 T_3、T_4、T_5。

图 9-9 中，t_f 为发生系统故障时刻。在 t_c 到 t_f 期间，T_3、T_5、T_6、T_8 对数据库的修改全部丢失(T_4 和 T_7 已 ROLLBACK，对数据库已无影响)。其中，T_3 和 T_6 必须 REDO，T_5 和 T_8 必须 UNDO。

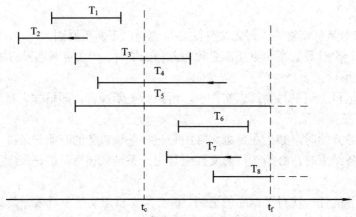

图 9-9　系统发生故障示意图

当系统重新启动后，系统进行故障恢复的步骤如下：

(1) 从日志文件中找出最后一次检查点记录，把该记录中记录的所有正在进行的事务全部列入撤消(UNDO)队列。对图 9-9 来说，开始的 UNDO 对列为

UNDO 对列	T_3	T_4	T_5

(2) 然后，从最后一个检查点开始，正向扫描日志文件，直至故障发生时刻(日志文件结束为止)。期间：

① 遇到某一条事务开始记录，即把该事务列入 UNDO 队列中，并继续扫描下去；

② 遇到一条 COMMIT 结束(正常结束)的事务结束记录，则把记录从 UNDO 队列移到 REDO 队列中，并继续扫描下去；

③ 遇到一条 ROLLBACK 记录，则把此事务从 UNDO 对列中除去。

最后，得到两个队列(UNDO 队列和 REDO 队列)如下：

UNDO 对列	T_5	T_8
REDO 对列	T_3	T_6

(3) 再次从最后检查点开始正向扫描日志文件,遇到 REDO 队列中任何事务的每个更新记录，重新执行该记录的操作(将<更新后数据的新值>写入数据库)。

(4) 反向扫描日志文件，遇到 UNDO 队列中任何事务的每个更新记录，执行一次逆操作(将<更新前的数据的旧值>写入数据库)。

上述步骤在系统重新启动时由系统自动完成。当然，实际 RDBMS 所做的工作要更复杂。

在这里，请注意日志文件中增加了一类新的记录，称之为检查点记录，它使得恢复子系统在写入日志文件期间动态地维护日志。动态维护日志文件的方法是，周期性地执行操作：建立检查点，保存数据库状态。

从图 9-9 中可看出，设置检查点后，恢复子系统不再扫描或者重做(REDO)最后一个检查点之前已经操作结束的事务队列，这样将很大程度上节约时间。

3．恢复介质故障

介质发生故障时,磁盘上的物理数据库和日志文件都将被破坏。此时的恢复工作最麻烦，

必须重装最新的数据库副本，重做建立该副本到发生故障之间完成的事务(假定为静态转储)。

(1) 修复系统，必要时还要更新介质(磁盘)；

(2) 如果操作系统或 DBMS 崩溃，则需重新启动系统；

(3) 装入最新的数据库后备副本，使数据库恢复到转储结束时的正确状态；

(4) 装入转储结束时的日志文件副本；

(5) 扫描日志文件，找出在故障发生时提交的事务，排入 REDO 队列；

(6) 重做 REDO 队列中的所有事务。

此时，数据库已恢复到故障前的某一正确状态。

若是采用动态转储，则上述第(3)条还需加上转储过程中对应的日志文件，才能把数据库恢复到转储结束时的正确状态。

介质故障产生后，不可能完全由系统自动完成恢复工作，必须由 DBA 介入重装数据库副本和各有关日志文件副本的工作，然后命令 DBMS 完成具体的恢复工作。

随着磁盘技术的发展(容量大、价格低)，数据库恢复技术也发展得很快。各实际 DBMS 的恢复技术还是不尽相同的，用户在实际使用时，应按照实际 DBMS 的要求来完成恢复的前期工作和恢复工作。

9.4　小　　结

本章主要介绍了数据库的并发控制机制和恢复机制，其内容彼此交错，共同构成了事务管理的主要内容。

保证数据的一致性是对数据库的最基本的要求。事务是数据库的逻辑工作单位，只要 DBMS 能够保证系统中一切事务的原子性、一致性、隔离性和持久性，也就保证了数据库处于一致性状态。事务不仅是恢复的基本单位，也是并发控制的基本单位。

在数据库系统中，事务是可以并发执行的，但并发执行可能带来数据的不一致性：丢失更新、读"脏"数据和不可重复读等。(但并发执行中，每一个事务本身是无错的。) 为了解决这一问题，普遍采用封锁手段。为了兼顾并发的需求，锁的基本类型有两种：排它锁(X 锁)和共享锁(S 锁)。一个数据对象加上一个 X 锁后，在此 X 锁撤消之前，就不能对它再加上第二个锁。一个数据对象加上一个 S 锁后，其他事务均不能对它加上 X 锁，但可再加上各自的 S 锁。

加锁规则有三级，以第三级规则最完善，一般的 DBMS 都采用之。

加锁请求的选择策略为先申请先服务的话，就不会产生活锁问题。但死锁问题是任何 DBMS 都必须解决的问题，或预防，或诊断并解除。

并发执行事务的结果是不可再现的，为保证并发的正确性，提出了可串行性准则：多个事务并发执行的结果是正确的，当且仅当其结果与以某一次序串行地执行各事务所得到的结果相同。

最广泛应用的可串行化调度方法是两段封锁协议：一个事务在读、写任何数据前必须首先申请获得对该数据的封锁；一旦一个事务释放了一个封锁，则它就不得再申请任何封锁。

封锁对象的规模称为封锁粒度。粒度越大，封锁的代价越小，但并发度也越小。多粒度封锁意味着用户可选择封锁粒度的大小。

在多粒度封锁时，一个数据对象既可能被直接封锁，也可能被隐式封锁，这给检查封锁带来了麻烦。为此，产生了意向锁。有三种意向锁：意向共享锁(IS 锁)、意向排它锁(IX 锁)和意向共享排它锁(SIX 锁)。意向锁给检查加锁带来了便利。

为了保证事务的原子性、一致性与持久性，DBMS 必须对事务故障、恢复故障和介质故障进行恢复。故障恢复前必须建立冗余数据，才能在故障产生后根据冗余数据恢复数据库。因此，恢复的基本原理就是利用存储在后备副本、日志文件和数据库镜像中的冗余数据来重建数据库。建立冗余数据的常用方法是数据转储法和日志文件法。

数据库转储分为静态转储和动态转储两种，还可分为海量转储和增量转储。

日志文件是存储在外存上的一个系统文件，它不仅记录着每一个事务的开始和结束，还记录着每一个事务对数据库中数据的任一项更新(包括更新前和更新后的值)。

对事务故障和系统故障，都可在日志文件引导下恢复数据库。对于介质故障，则必须利用数据库副本和日志文件副本进行恢复，必须有 DBA 的介入。

习 题 9

第一组习题

1. 试述事务的概念及事务的四个特性。恢复技术能保证事务的哪些特性？
2. 为什么事务非正常结束时会影响数据库中数据的正确性？请举例说明。
3. 数据库中为什么要实现并发控制？并发控制技术能保证事务的哪些特性？
4. 并发操作会产生哪几种数据不一致？请分别举例说明。
5. 什么是封锁？基本的封锁类型有几种？它们的相容性如何？
6. 请谈谈你对三级封锁协议的认识。
7. 什么是活锁？什么叫死锁？预防死锁和诊断死锁的方法有哪些？
8. 什么是封锁粒度？锁粒度与操作的并发度之间的关系如何？
9. 请解释常用的三种意向锁的含义。
10. 什么是并发调度的可串行性准则？为什么说符合两段封锁协议的并发系统一定符合可串行性准则？
11. 请叙述故障恢复的含义。故障恢复技术能保证事务的哪些特性？
12. 数据库在运行中可能遇到的故障有哪几类？
13. 故障恢复的手段有哪些？请叙述系统故障恢复的方法。

第二组习题

14. 设有三个事务 T_1、T_2、T_3，它们执行的操作分别是，T_1：A=A+100；T_2：A=A*2；T_3：A=A/2。

假设这三个事务进行并发操作，试讨论它们可能实施的调度。假设 A 的初始值为 100，各调度的最后结果是什么？

15. 设事务 T_1、T_2 的并发操作如图 9-10(a)、(b)所示，两个并发操作中分别存在什么问题？

图 9-10　事务 T_1、T_2 并发操作图

16. 假设有零件 100 个，T_1 事务领走 50 个，T_2 事务领走 20 个，其执行时间如图 9-11 所示。应该如何实现这两个事务的并发控制？

	T_1	T_2
①	读零件数目	
②		读零件数目
③	取走50个	
④		取走20个

图 9-11　事务 T_1、T_2 的执行时间

第 10 章　面向对象和对象-关系数据库

随着计算机辅助设计(Computer-Aided Design，简称 CAD)、计算机辅助软件工程(Computer-Aided Software Engineering，简称 CASE)、图像处理、地理信息系统(Geographic Information System，简称 GIS)等数据库新的应用领域的发展，以及传统应用领域中应用的复杂化(如：多媒体信息的处理)，要求数据管理软件能管理复杂对象，模拟复杂对象的复杂行为。于是，在 20 世纪 80 年代初，将面向对象技术(Object-Oriented 技术，简称 O-O 技术)与数据库技术结合起来，开始研究面向对象数据库系统(OODBS)，利用面向对象中类的概念来描述复杂对象，利用类中的封装方法来模拟对象的复杂行为，利用继承性来实现对象结构和方法的重用。并在 80 年代中后期研制出了许多原型系统和商品化的面向对象数据库管理系统(简称 OODBMS 或 ODBMS)。

与关系数据库相比，虽然面向对象数据库技术与理论还不成熟，但有关面向对象数据模型的概念已取得了高度的共识，并得到已有 OODBMS 的支持。本章将介绍面向对象数据模型的一些基本概念及其在数据库中的使用。10.1 节讨论面向对象数据模型，10.2 节给出对象数据模型的建模过程，10.3 节给出更新的"对象-关系"数据模型。

10.1　面向对象数据模型

面向对象数据模型(Object-Oriented Data Model，简称 O-O Data Model)是一种可扩充的数据模型，在该数据模型中，数据模型是可扩充的，即用户可根据需要自己定义新的数据类型及相应的约束和操作。

10.1.1　对象

对象是面向对象数据模型的基本结构，是面向对象数据库系统的核心。一个对象是由一些数据以及能够作用在这些数据上的操作组成的。例如，一个职工对象，将包含与职工相关的数据(职工号、姓名、性别、职称、部门等)以及能够在这些职工数据上进行的操作(增加职工、删除职工、修改职称等)。

在面向对象系统中，主要强调的是数据而不是操作。操作被定义为数据定义的一部分，然后可以在任何必要的地方属于它们。与此相反，传统的、非面向对象的系统中，操作被设计为数据操纵(在更新数据库的程序中)的一部分，而不是数据定义的一部分。数据以及操作被封装起来，它们对用户是隐藏的，即操作或访问数据时，用户不必知道操作是如何施加在数据上的。

一个对象包括以下几个部分：

1．属性集合

每一个对象都有各自的状态、组成和特性，称为对象的属性。属性可能是一个简单的值，也可能是其他对象，即对象的嵌套，并且这种嵌套可以继续下去，从而组成各种复杂的对象。

每个对象有唯一的对象标识(Object Identity，简称 OID)。OID 是独立于属性值的，系统全局唯一的。一个对象的 OID 不会随着属性值的改变而改变。

2．方法集合

方法是对象的行为特性。方法可改变对象的状态，对对象进行各种操作。方法的定义包含两个部分：一是方法的调用说明，说明方法的名称、参数和结果类型；二是方法的实现部分，它是用程序设计语言编写的一个过程，以实现方法的功能。

3．消息集合

对象是封装的，即每一个对象是其状态和行为的封装。所以外界与对象的通信一般只能借助于消息。方法是在数据定义的过程中定义的。为了真正执行一个方法中的步骤，用户必须向对象发送消息。消息传送给对象，通过调用对象的相应方法进行相应的操作，最后，以消息形式返回操作的结果。

一条消息是一个执行方法的请求。在用户发送的消息中，必须包含所需要的数据。如在 ADD_EMPLOYEE(增加职工)方法中，包含新增职工的全部信息；对于 DELETE_EMPLOYEE 方法，包含职工号。这个过程和在标准的编程语言中调用子过程相似。

对象中还可有完整性约束检查的规则或程序。

10.1.2 类和实例

在组织信息时，人们总是将具有相似特性的对象归为一类。类中的每个对象称为类的一个实例(Instance)。一个类中的所有对象其特性必须相同，即具有相同的属性、响应相同的消息、使用相同的方法。

如果说类的概念相当于关系模型中的关系模式，那么类的实例就类似于元组，类的实例之间和类之间可以有复杂的联系。

10.1.3 类的继承

一个类中往往会包含某些具有附加特性的对象，而这些特性并不和类的所有成员相关，这些具有附加特性的对象称为子类。

如果类 D 是类 C 的子类，则称类 C 是类 D 的超类，子类可继承其超类的所有特性(包括属性、方法和信息)，同时，又可具有超类所没有的特性。若一个子类只能继承一个超类的特性，叫做单继承；若一个子类能继承多个超类的特性，叫做多重继承。

例如，学校模型中教职工和学生两个类，其中教职工又可分为教师类和行政人员类，所有教师有专业这一属性，行政人员有行政级别属性，它们是教职工的两个子类。同时教职工和学生也具有某些相似的属性，如都有身份证号码、姓名、性别、年龄等，可以把它们看成是人的子类。学校数据库的类层次结构如图 10-1 所示。

图 10-1 学校数据库的类层次结构图

在图 10-1 中，类"在职研究生"有两个超类：教职工、学生，它可以同时继承教职工和学生两个超类的所有属性。所以图 10-1 是一个具有多重继承的类层次结构图。

10.2 面向对象数据库建模

本节介绍面向对象数据库的模型描述工具对象定义语言(Object Definition Language，简称 ODL)，它是 CORBA(正在制定的分布式面向对象计算的标准)的一个组件。ODL 从设计者的角度观察数据的结构，与具体的 OODBMS 无关。所以，ODL 和 E-R 图一样，是建立数据库概念模型的工具，它们都可以向 DBMS 支持的数据模型转化，如图 10-2 所示。

图 10-2 数据库建模和实现的过程

10.2.1 ODL 的类说明

在对象的定义中主要包括以下几个部分：
(1) 关键字 Interface(接口)；
(2) 类的名字；
(3) 类的特性表，可以是属性、联系、方法。
所以，ODL 类说明的最简单形式是：

    Interface <类名字> {
        <特性表>
        };

10.2.2 ODL 中属性的说明

属性是类的一种最简单的特性。

例 10.1 利用 ODL 描述职工(employee)类，语句如下：

```
interface    employee {
                attribute    string    name;
                attribute    integer    age;
                attribute    enum    sextype{ male，female} sex;
                };
```

语句说明：

第一行说明 employee 是一个类；

第二行说明属性 name，其类型是 string，即长度未知的字符串；

第三行说明属性 age，类型是整型；

第四行说明属性 sex，其类型是枚举型，枚举类型名字为 sextype，sex 的值从 male 或 female 中选择。

这是 employee 类的说明，任何一个 employee 对象在这几个属性上均对应一个分量。

例 10.1 中的属性均是原子的，事实上属性类型可以是结构、集合、聚集等复杂类型。

例 10.2 给出类 department 的 ODL 描述，有属性 name(部门名)、manager(负责人)、address(办公地址)，其中 address 是一个结构，包括楼层和房间号。语句如下：

```
interface    department {
                attribute    string    name;
                attribute    string    manager;
                attribute    Struct    Addr
                    { string    room，string    floor}address;
                };
```

ODL 中的原子类型有：整型(integer)、浮点型(float)、字符型(char)、字符串型(string)、布尔型(boolean)和枚举型(enum)。复杂类型可以是集合、列表、数组和结构等。

10.2.3 ODL 中的联系

为了得到对象与同类或不同类的其他对象的连接方式，需要在类的定义中说明类与类之间的联系。

如职工类与部门类之间有联系。一个职工对象总与某个部门对象有关系(工作关系)。在 employee 类说明中，可用下面的 ODL 语句表示这种联系：

```
    Relationship    department    workin;
```

该语句说明在 employee 类中的每个对象都有一个对 department 对象的引用，引用名为 workin。

因为在职工类和部门类的联系中还有一层联系是一个部门对象中总包含若干个职工对象，即从部门类中的每个对象也应该能实现对职工类中对象集的引用。那么这种引用如何实现呢？

在 ODL 中有反向联系的概念，要说明一个部门可有多个职工，需要在 department 类说明中加进对 employee 类对象的引用：

Relationship　set\<employee\>　owns

Inverse　employee：：workin;

其中，联系名为 owns；关键字 set 表示集合；set\<employee\>表示 employee 的对象集合，说明 department 对象将引用 employee 的对象集合；Inverse employee：：workin 说明 owns 联系是 employee 类中联系 workin 的反向联系。

在 E-R 模型中，没有反向联系的概念，因为 E-R 模型中的联系是双向的。所以 E-R 模型中的一个联系，在 ODL 中要用一对反向联系来表示。在 ODL 中关于联系的说明只有两种情况：要么和其他类中的一个对象有关，要么和其他类中的对象集合有关。

例 10.3　用 ODL 描述 employee、department、item 类及其联系。

```
interface   employee {
                attribute   string   name;
                attribute   integer   age;
                attribute   enum   sextype{ male，female} sex;
                Relationship   department   workin
                        Inverse   department：owns;
                Relationship   set<item>   joins
                        Inverse   item::joinby;
                };
interface   department {
                attribute   string   name;
                attribute   string   manager;
                attribute   Struct   Addr
                    { string   room，string   floor}address;
                Relationship   set<employee>   owns
                        Inverse   employee::workin;
                };
interface   item {
                attribute   string   name;
                attribute   float   outlay;
                attribute   Struct   date
                    { integer day，integer mouth，integer year}check_date;
                Relationship   set<employee>   joinby
                        Inverse   employee::joins;
                };
```

10.2.4　ODL 中类的继承

假设类 D 是类 C 的子类，那么在定义类 D 时，可以在其后加上:C，说明类 D 是类 C 的子类，并可继承类 C 的所有特性。

例 10.4 定义类 manager(部门经理)为 employee 的子类。

```
interface   manager:employee {
              Relationship  department  lead
              };
```

语句说明：

第一行说明类 manager 是类 employee 的子类；

第二行说明所有的 manager 对象都有一个联系 lead，表示该经理所管理的部门，并且一位经理只能管理一个部门。

在多重继承时，特性名之间可能会发生冲突，如两个或多个超类可能有同名的属性或联系，而这些特性的类型可能不同。在 ODL 中提供以下几种机制来解决多重继承产生的冲突：

(1) 指出超类特性的多个定义中哪一个用于子类；

(2) 在子类中，对于有相同名字的另一个特性给一个新的名字；

(3) 在子类中重新定义一个或多个超类中已定义的某些特性。

10.2.5　ODL 中方法的说明

类的另一个特性是方法，方法是与类相关的函数。类中的每一个对象都能引用方法，同一方法可用于多个类，这是面向对象语言的特点。

方法说明中主要有方法名、方法的输入/输出类型说明等。而方法的实际代码是用宿主语言写的，代码本身不是 ODL 的一部分。

调用方法时，可能会引起异常，即出现异常或非预期的情况，这种情况一般应由某个函数来处理(相当于出错处理)。在 ODL 的方法说明中，提供关键字 raises(引发)，在括号里列出异常处理列表。

例 10.5 对类 employee 的扩充定义，增加方法的说明。

```
interface   employee
(key   name)
          { attribute   string   name;
            attribute   integer   age;
            attribute   enum   sextype{ male，female} sex;
            Relationship   department   workin
                    Inverse   department：owns;
            Relationship   set<item>   joins
                    Inverse   item::joinby;
            String Departname( ) raises(nodepartFound)
            Otheritem(in item，out set<employee>)raise(noitemin);
            };
```

第一个方法是 Departname，该函数将产生一字符串型的返回值，假设(因为 ODL 定义中没有函数代码，所以只能假设)该方法的功能是返回应用该方法的对象所在的部门名，如果应用该方法的对象所在的部门不存在，将引发名为 nodepartFound 的异常处理。

第二个方法是 Otheritem，该函数没有任何返回值，其输入参数类型为 item，输出参数为 employee 的对象集合。该方法可能是希望该职工参加了这个项目，如果不是，就会引发异常 noitemin。如果他参加了这个项目，将给出所有参加该项目的其他职工。

除了属性、类型、方法、继承的说明外，一般类说明中还应包括码的说明。该语句中的(key name)说明了 employee 码为 name。

10.2.6　E-R 模型向面向对象数据模型的转换

当建立了现实世界的 E-R 模型以后，可将其转换为 O-O 模型。转换时，可按照以下的步骤进行：

(1) 将 E-R 模型中的每个实体集生成一个类，实体集的属性转换为类的属性。

(2) 将 E-R 模型中具有 Is-a 联系的实体集生成的类之间建立类/子类关系。

(3) 在转换得到的类中加入联系的说明：

① 对原 E-R 模型中有一对一联系的实体集，在其生成的类中都加入联系说明，说明其和另一个类中的一个对象有关。

② 对原 E-R 模型中有一对多联系的实体集，在一方生成的类中加入联系说明，说明其和另一个类中的对象集合有关；在多方生成的类中加入联系说明，说明其和另一个类中的一个对象有关。

③ 对原 E-R 模型中有多对多联系的实体集，在其生成的类中都加入联系说明，说明其和另一个类中的对象集合有关。

10.3　对象–关系数据库

1990 年，以 Michael Stonebraker 为首的高级 DBMS 功能委员会发表了"第三代数据库系统宣言"，提出一个面向对象数据库系统必须具有两个条件：一是支持一核心的面向对象数据模型；二是支持传统数据库系统所有的数据库特性。虽然，面向对象数据库系统在一些特定应用领域(例如 CAD 等)较好地满足了其应用需要，但是，这种纯粹的面向对象数据库系统并不支持 SQL，在通用性方面失去了优势，其应用领域受到很大的局限性。而同时，面向对象技术和数据库技术相结合的另一个产物——对象–关系数据库管理系统(ORDBMS)却得到了快速的发展。

ORDBMS 是将传统的关系数据库加以扩展，增加面向对象特性，既支持已被广泛使用的 SQL，具有良好的通用性，又具有面向对象特性，支持复杂对象和复杂对象的复杂行为，适应了新应用领域和传统应用领域发展的需要。ANSI 制定的国际标准 SQL3 也体现了 ORDBMS 的特性。

ORDBMS 在 SQL 环境中主要增加了以下四个特征：

(1) 对基本类型扩充的支持；

(2) 对复杂对象的支持；

(3) 对继承性的支持；

(4) 对产生式规则系统的支持。

美国加州大学 Berkeley 分校研制的 Postgres 是 ORDBMS 的先驱。Postgres 由 M.Stonebraker 所创建的公司发展成为 ORDBMS 产品 Illustra(Illustra 及其公司已被 Informix 公司收购)。下面以具体的 Illustra 系统为例，介绍 ORDBMS 的主要特性。

10.3.1　基本数据类型的扩充

目前的 RDBMS 中只支持固定的数据类型集、操作符和少量的函数，而 ORDBMS 中具有可扩充的数据类型、函数和操作符。Illustra 把一组数据类型及其上的有关函数和操作符、访问方法进行封装，称为 DataBlade(数据刀片)模块。

1．创建基本数据类型

创建一个新的数据类型，需要指明类型名、类型的存储信息和该数据类型同 ASCII 转换的子程序。例如：

```
Create Type Mytype(
        Internallength = 8,
        Input = MytypeInput,
        Output = MytypeOutput);
```

该 SQL 语句创建了用户自定义的数据类型 Mytype，其中 Internallength 用于指明存储该类的实例时将分配到的字节数，两个函数 MytypeInput 和 MytypeOutput 分别在该数据类型的实例同 ASCII 之间转换时调用输入、输出例程，该例程可以用于加密、解密运算等，也可以什么都不做。

另外，创建数据类型时还可以包含约束，方便数据的完整性检查并拒绝不合适的数据输入。

2．用户自定义函数

ORDBMS 中既可以用 SQL 也可以用第三代编程语言(例如 C 等)编写函数，然后把函数注册到系统中以供调用。

函数定义中必须指明函数名、参数、返回值类型以及函数的执行代码，命令格式为

```
Create Function  函数名(类型 1，类型 2，…)
        Returns  类型  As
        (文件名或 SQL 语句表达式);
```

例如：在职工表 Employee 中，假设有工资字段 Salary，可定义一个函数，用来计算每个职工的工资与平均工资的差别。

```
Create Function Diff_salary(float)
        Returns float As
        Select $1 - AVG(Salary)
        From employee;
```

可以在数据的操作中自由运用函数 Diff_salary，例如查询所有职工的姓名及其与平均工资的差别，可表示成：

```
Select name，Diff_salary(Salary)
       From employee；
```
自定义函数也可以是 C 语言程序，在此不作介绍。

3．用户自定义操作符

在 Illustra 系统中，用 Create Operator 命令来登记操作符，形式如下：
```
Create   Operator
        Binding   操作符名
        To        函数名；
```
说明中允许用户用任何符号作为操作符，并把它赋给一个指定的函数。

10.3.2　支持复杂对象

复杂对象是由多种基本的或用户定义的类型构成的对象。在 ORDBMS 中创建复杂对象的构件有：组合、集合、引用、数组、列表、堆栈等，其中最基本的是前面三种。

1．使用组合构造对象

构造一个组合类型，需要指明该类型的名字、每一个组成成分的名字和类型。组合类型的组成成分也可以是另一个组合类型，即组合类型可以嵌套使用。

定义一组合 photo_t，由国家号(country_num)、地区号(area_num)和电话号码(tele_num)组成：
```
Create   Type   photo_t(
        country_num varchar(4)，
        area_num      varchar(4)，
        tele_num      varchar(8))；
```
组合类型创建好后，就可以在创建表时使用：
```
Create   Table   employee(
        Name   varchar(10)，
        Age      integer，
        Salary   float，
        Photo    photo_t)；
```
为了对组合进行操作，ORDBMS 对标准 SQL 进行了扩充，提供了多种方法使用组合或组合对象的属性，如路径表达式的使用：组合名.属性名。

例如，查询职工(如胡一民)的电话号码：
```
Select   photo.tele_num
From    employee
Where   name = "胡一民"；
```
2．使用集合构造对象

在 ORDBMS 中任何一种数据类型值的集合也是一种数据类型，表示成：
```
Setof(T)
```
其中，T 可以是基本数据类型，也可以是组合数据类型。

例如，查询所有杭州地区职工的电话号码：

Select name，photo.tele_num

From employee

Where '0571' in photo_num ；

photo.area_num 是一个集合，如果集合中有 0571，则 Where 条件为真。

3. 使用引用构造对象

在 ORDBMS 中任何一种数据类型值的引用也是一种数据类型，表示成：

Ref(T)

其中，T 可以是集合或组合数据类型。引用可以作为任何表的任何列的数据类型。

10.3.3 支持继承

ORDBMS 的第三个特性是支持子类对超类的各种特性的继承，包括数据继承和函数继承，以及单继承和多重继承。

首先考虑类型的继承，假如在图 10-1 所示的数据库中，有如下关于人的类型定义：

Create Type Person(

       identify integer，

       name varchar(10)，

       sex char(2))；

在数据库中需要对学生和教师分别存储一些信息。由于学生和教师同样是人，因而可以使用继承来定义教师和学生的类型如下：

Create Type Stuednt(

       degree varchar(10)，

       department varchar(20))

       under Person；

Create Type Teacher(

       salary integer，

       department varchar(20)

       under Person；

Student 和 Teacher 都继承了 Person 的属性，即 identify 和 name。Student 和 Teacher 称为 Person 的子类，Person 既是 Student 的超类，也是 Teacher 的超类。

假定要存储关于在职研究生的信息，这些研究生既是教师又是学生，甚至可能在不同的系。如果类型系统支持多重继承，则可以为在职研究生定义类型如下：

Create Type TeachStudent

       under Student，Teacher；

TeachStudent 应该继承 Student 和 Teacher 的所有属性，但这引起了另一个问题：属性 identify、name 和 department 同时存在于 Student 和 Teacher 表中。

属性 identify 和 name 都是从类 Person 中继承来的，因此同时从 Student 和 Teacher 中继承这两个属性不会引起冲突。但 Student 和 Teacher 中都有 department 定义，由于一个在职研究生可能是一个系的研究生，同时是另一个系的教师，为避免方式冲突，可以使用 as 子句将它重新命名，下面是重新命名后的 TeachStudent 类型：

```
Create Type TeachStudent
    under Student with(department as student_dept)
        Teacher with(department as teacher_dept);
```

10.3.4   强大、通用的规则系统

规则系统能保证数据库中数据的完整性。在 RDBMS 中，已经通过约束的定义和使用触发器对规则提供某些支持，但 ORDBMS 支持的规则系统要更强大、更灵活。

ORDBMS 中规则定义的一般格式如下：

```
Create   Rule   规则名   As
ON     事件
DO     动作
```

它的功能是创建一个规则，使 DBMS 监测所描述事件的发生，然后执行相应的动作。

事件可以是：Select 操作、Update 操作、Insert 操作、Delete 操作；动作可以是：Select、Update、Insert、Delete、警报。

用户可以指定在事件发生前或事件发生后执行指定的动作，缺省情况下是事件发生后执行。

例如：创建一个更新-更新规则，当胡一民电话区号更改时，李红卫的电话区号也作相应的更改。

```
Create   Rule   update_update_employee   As
On   Update   To   photo.area_num   Where   Current.name ='胡一民'
Do   Update   employee
        Set   photo.area_num = new.area_num
        Where   name = '李红卫';
```

更新-更新规则可用来实现参照完整性。在一个完善的 ORDBMS 中，规则中的事件和动作可以是任意的 SQL 语句、用户自定义的函数，并且规则能够被继承。

目前，市场上已有多种 ORDBMS。除 Illustra 以外，其他主要的 ORDBMS 还有 UniSQL、Omniscience、Odapter 等。并且，ORDBMS 已得到了传统 RDBMS 厂商的认同，主要的 RDBMS 产品(如：Oracle、DB2、Informix、Sybase 等)都在推出自己的 ORDBMS 版本。ORDBMS 将成为 21 世纪初 DBMS 的主流。

10.4   小   结

本章首先讨论了与数据库系统相关的面向对象的数据模型概念，该数据模型中，数据模型是可扩充的，即用户可根据需要，自己定义新的数据类型及相应的约束和操作；接着介绍了为面向对象数据库提出的 CORBA 标准的组件——面向对象数据库的模型描述工具

ODL，并且通过部门职工参与项目信息管理的数据库模式的示例说明了 ODL 构造；最后以具体的 Illustra 为示例，介绍对象-关系数据库管理系统 ORDBMS 在 SQL 环境中所增加的四个主要特性：对基本类型扩充的支持、对复杂对象的支持、对继承性的支持和对产生式规则系统的支持。

习 题 10

1. 面向对象数据库系统中的对象概念和传统数据库系统中的实体概念有何不同？

2. 类和实例有何联系？什么是类的继承？

3. 对于习题 2 第 10 题成绩管理数据库中的四个表，用 ODL 进行描述，为所有的属性和联系选择适当的类型。

4. 在上题中增加学生的子类"优秀学生"，并增加恰当的属性。

5. 给出按 ODL 设计的数据库，记录球队、队员和球迷的信息，包括：

(1) 对于每个球队，有球队的名字、队员、队长(队员之一)以及队服颜色。

(2) 对于每个队员，有姓名。

(3) 对于每个球迷，有姓名、他/她喜爱的队员以及颜色。

6. ORDBMS 区别于 RDBMS 的主要特征有哪些？

第 11 章 数据库新技术

数据库系统在当今信息社会中占据非常重要的地位，它是信息处理的重要工具和组成部分，其理论和技术都已达到相当成熟的阶段，但随着应用需求的不断提高，数据库技术也面临许多新的挑战，需要不断进步、不断发展。

新一代的数据库技术主要体现在以下几个方面：

(1) 整体系统方面。相对传统数据库而言，在数据模型及其语言、事务处理与执行模型、数据库逻辑组织与物理存储等各个方面，都集成了新的技术、工具和机制。属于这类数据库新技术的有：

① 面向对象数据库(Object-Orient Database)；

② 主动数据库(Active Database)；

③ 实时数据库(Real-Time Database)；

④ 时态数据库(Temporal Database)。

(2) 体系结构方面。不改变数据库基本原理，而是在系统的体系结构方面采用和集成了新的技术。属于这方面的数据库新技术有：

① 分布式数据库(Distributed Database)；

② 并行数据库(Parallel Database)；

③ 内存数据库(Main Memory Database)；

④ 联邦数据库(Federal Database)；

⑤ 数据仓库(Data Warehouse)。

(3) 应用方面。以特定应用领域的需要为出发点，在某些方面采用和引入一些非传统数据库技术，加强系统对有关应用的支撑能力。属于这类的数据库新技术有：

① 工程数据库(Engineering Database)，支持 CAD、CAM、CIMS 等应用领域；

② 空间数据库(Spatial Database)，包括地理数据库(Geographic Database)，支持地理信息系统(GIS)的应用；

③ 科学与统计数据库(Scientific and Statistic Database)，支持统计数据中的应用；

④ 超文档数据库(Hyperdocument Database)，包括多媒体数据库(Multimedia Database)。

以上这些数据库形成了现代数据库系统。本章将对其中的部分内容进行概括性的介绍。

11.1 分布式数据库

对分布式数据库(Distributed Database)的研究始于 20 世纪 70 年代中期，它是在集中式数据库的基础上发展起来的，是数据库技术与计算机网络技术相结合的产物。随着计算机网络技术的迅速发展，计算机硬件和通信设备价格的下降，分布式数据库技术成了 20 世纪 80 年代数据库研究的主要方向并取得了显著成果。

11.1.1 分布式数据库系统的定义

在分布式数据库系统中，数据库存储在几台计算机中，这几台计算机之间通过高速网络或电话线等通信设备相互通信，计算机之间没有共享公共的内存或磁盘。系统中每一台计算机被称为一个结点(或节点)。其一般结构如图 11-1 所示。

图 11-1 分布式数据库系统

在分布式数据库系统中，应用分为局部应用和全局应用两种。局部应用是指仅操作本地结点上数据库的应用；而全局应用是指需要操作两个或两个以上结点中的数据库的应用。

例如，一个银行系统中，有多个分支机构分布在不同的城市。每个分支机构有自己的服务器(结点)，用来维护该分支机构的所有账户的数据库；同时有若干客户机，完成本地客户的存、取款业务等(局部应用)。此外，分支机构的客户机也可以完成某些全局应用，如不同分支机构中账户之间的转账，这就需要同时访问和更新两个结点上的数据库中的数据。

不支持全局应用的系统不能称之为分布式数据库系统。同时，分布式数据库系统不仅要求数据的物理分布，而且要求这种分布是面向处理、面向应用的。所以，分布式数据库系统更确切的定义是：分布式数据库是由一组数据组成的，这组数据分布在计算机网络中不同的计算机上，网络中的每个结点具有独立处理的能力(称为场地自治)，可以执行局部应用；同时，每个结点也能通过网络通信子系统执行全局应用。

11.1.2 分布式数据库系统的特点

分布式数据库系统主要有如下几个特点：

(1) 数据的物理分布性。数据库中的数据分布在计算机网络的不同结点上，而不是集中在一个结点上，因此它不同于通过计算机网络共享的集中式数据库系统。

(2) 数据的逻辑整体性。分布在计算机网络不同结点上的数据在逻辑上属于同一个系统，因此，它们在逻辑上是相互联系的整体。

(3) 结点的自主性。每个结点有自己的计算机、数据库(局部数据库：LDB)和数据库管理系统(LDBMS)，因而能独立地管理局部数据库。局部数据库中的数据可以供本结点的用户存取(局部应用)，也可以供其他结点上的用户存取(全局应用)。

另外，分布式数据库系统是在集中式数据库系统的基础上发展起来的，但它在数据独立性、数据冗余、并发控制、数据库安全性和恢复等方面都有了新的更为丰富的内容。

(1) 数据独立性。数据独立性是数据库系统的最主要特性之一。它使应用程序不受数据结构的影响，当数据库的逻辑结构或物理结构改变时，不必修改应用程序。在分布式数据库系统中，数据独立性除了逻辑独立性和物理独立性之外，还有分布透明性(Distribution Transparency)。所谓分布透明性，是指数据存放的结点以及数据存放的物理细节等对用户都是透明的。用户使用数据时，就像使用集中式数据库一样。

(2) 数据冗余。数据冗余不仅会增加存储空间，而且容易造成数据之间的不一致性。所以，减少数据冗余度也是集中式数据库系统的主要特性之一。

而在分布式数据库系统中常常希望增加冗余数据，在不同的结点存储同一数据的多个副本，主要的原因有：一是系统可以选择最近的数据副本进行操作，以减少通信代价，提高系统执行效率；二是当存放数据的结点发生故障时，可以存取其他结点上的数据副本，提高系统的可用性和可靠性。

(3) 全局的一致性、可串行性和可恢复性。由于数据是多用户共享的，当多个用户并发存取同一数据时，系统应提供数据的一致性视图。同时，由于数据是分布的，对于全局应用来说，事务的执行将分成不同结点上的多个局部事务，而这多个局部事务的执行同样应具有原子性和可串行性。并且，当某个局部事务不能正常提交时，应能撤消其他结点已完成的事务，从而实现事务的全局回滚。

此外，分布式查询优化、多副本数据的更新、数据目录的分布等都是分布式数据库管理系统(DDBMS)需要解决的问题。

11.1.3　分布式数据库系统的模式结构

集中式数据库系统具有三级模式结构，分布式数据库系统应该由若干个局部数据模式加上一个全局数据模式构成。全局数据模式用来协调各局部数据模式，使之成为一个整体的模式结构。图11-2为分布式数据库系统模式结构的一个参考模型。

全局数据模式由四个层次构成。

(1) 全局外模式：代表了用户的观点，是全局应用的用户视图，是全局概念模式的子集。

(2) 全局概念模式：是对分布式数据库中全体数据的逻辑结构和特征的描述，它不考虑数据分布的物理地点和分布细节。如果使用关系模型，全局概念模式是一组全局关系的定义。

(3) 分片模式：每个全局关系模式可以划分成多个不相交的部分，叫做片段(Fragment)，以更好地按用户的需求组织数据。分片模式描述每个片段及全局关系模式与片段之间的映像。

图 11-2   分布式数据库系统的模式结构

数据分片的方法有以下几种。

① 水平分片：按一定条件将关系按行(水平方向)分为若干个互不重叠的片段。

② 垂直分片：按一定条件将关系按列(垂直方向)分为若干个片段。

③ 混合分片：即水平分片和垂直分片的混合使用。

不管使用哪种分片方式，全局关系中的所有数据都必须分配到各个片段中去。另外，数据分片应具有重构性，即分片后的各个片段通过重构可以得到原来的全局关系。

(4) 分布模式：用来描述片段到不同结点间的映像，即各个片段的物理存放位置。

当然，上述各层模式之间的联系和转换是由三层映像来实现的，以保证分布式数据库系统的分片透明性、位置透明性和局部数据模型的透明性，使用户对分布式数据库系统的操作完全像使用集中式数据库一样，不必考虑数据的物理存储。

经过 20 多年的发展，分布式数据库系统已发展得相当成熟。从早期的一批原型系统(如美国计算机公司的 SDD-1 系统、Ingres 公司的 Ingres/Star 系统、西德斯图加特大学的 POREL 系统等等)，到目前一些商业化的 RDBMS(如 Oracle、Sysbase、Ingres、Informix 等)，都具有分布式数据库的某些功能，成为商业化的分布式数据库管理系统。

目前，我国开发的分布式数据库管理系统有：华中理工大学的 DM2、东北大学的 MU/FO-NET、武汉大学的 WDDBS-32、东南大学的 SUNDDB 系统等。

11.2　并行数据库

随着数据库应用领域的日益广泛、应用规模的急剧膨胀、工作量的日益加重，对数据库提出了越来越高的要求。有些应用(如决策支持系统(DSS)和联机事务处理(OLTP)等)需要对大量事务进行处理，这就要求提高数据库的性能以满足事务处理的高吞吐量和低响应时间。并行数据库系统(Parallel Database System)是以并行计算机为基础，将数据库管理与并行技术相结合，以高性能和可扩展性为目标的数据库系统。它利用多处理器结构的优势，提供比相应的大型机系统高得多的性能价格比和可用性，已成为数据库研究领域的一个热点。

并行数据库的研究主要包括以下几个方面：

(1) 并行数据库操作的并行算法的设计与实现。

(2) 并行数据库物理存储结构的研究。研究如何划分多处理机，划分或共享磁盘和内存等，以实现对数据库的并行操作。

(3) 并行查询优化的研究。

11.2.1　并行数据库系统的体系结构

并行数据库系统的体系结构与并行计算机系统的结构有关。目前并行计算机的体系结构主要有以下几类：

(1) 紧耦合全对称多处理器(SMP)系统，所有的 CPU 共享内存与磁盘。

(2) 松耦合群集机系统，所有的 CPU 共享磁盘。

(3) 大规模并行处理(MPP)系统，所有的 CPU 均有自己的内存与磁盘。

(4) 混合结构，如 SMP 群集机系统，即 MPP 系统的每个结点是一个 SMP 系统。

相应地，并行数据库系统中最重要的几种体系结构如图 11-3 所示。其中，M 表示主存储器，P 表示处理器，圆柱体表示磁盘。

图 11-3　并行数据库体系结构

1．共享内存(Shared Memory)

在共享内存系统中，所有的处理器和磁盘共享一个公共的主存储器，通过总线或互联网络访问共享内存中的数据，如图 11-3(a)所示。

共享内存的优点是处理器之间的通信效率极高。由于每一个处理器都可以直接访问共享内存中的数据，所以处理器之间的消息传递可通过读写内存数据来实现。但是，当处理器的个数超过一定数量时，总线或互联网络会产生瓶颈，所以共享内存的体系结构的规模一般不超过 64 个处理器。

2．共享磁盘(Shared Disk)

在共享磁盘系统中，所有的处理器共享公共的磁盘，每个处理器有自己独立的主存储器，所以不会产生总线瓶颈问题，如图 11-3(b)所示。另外，它还具有一定的容错性，如果一个处理器(或其主存储器)发生故障，其他处理器可以接替它的工作。

3．无共享(Shared Nothing)

在无共享系统中，结构中的每个结点包括一个处理器、一个主存储器以及若干个磁盘，如图 11-3(c)所示。当对划分在多个结点的数据库表进行操作时，系统通过共享的高速网络交换消息和数据。

4．层次(Hierarchical)并行结构

层次的体系结构综合了共享内存、共享磁盘和无共享体系结构的特点，如图 11-3(d)描述了一个层次的体系结构，它具有若干个共享内存的结点，通过无共享的体系结构连接在一起。

11.2.2　并行处理技术

并行数据库系统提供多种并行性以提高系统的并行处理能力，分为查询间并行、查询内并行、操作内并行和操作间并行。

1．查询间并行

查询间并行指不同的查询或事务可互相并行地执行，此种形式的并行可以提高事务吞吐量，扩展事务处理系统，使它在每秒钟里能支持更大数量的事务。

查询间并行在共享内存的并行系统中最易实现。即使在串行的数据库系统中也支持这类并行处理，所以为单处理器系统设计的数据库系统可以不作改动，或者稍作改动，就可用到共享内存的并行结构中。

在共享磁盘或无共享的体系结构中，支持查询间并行要复杂些。因为相应各处理器以一种协同的方式执行某些任务(如封锁或日志)，所以需要它们之间能传递消息。并且，数据库系统还必须保证两个处理器不会相互独立地同时更新相同的数据，并做到缓存相关，即一个处理器访问或更新数据时，数据库系统必须保证该处理器在它的缓冲池中也拥有该数据库的最新版本。

2．查询内并行

查询内并行指多个查询在多个处理器上并行地执行。在并行体系结构中，对于长时间运行的查询采用查询内并行非常重要。

一个查询可以包含一个或多个操作。例如对某个关系的排序输出，假设该关系分布在多个磁盘上，要求基于其中的某个实现进行排序输出，那么在并行体系结构中可以这样进行，对每个分片并行地进行排序，然后将排序好的各个分片再串接在一起，得到最终的输出。

一般地，单个查询的执行可以有两种并行方式：操作内并行和操作间并行，这两种方式互相补充，可同时应用在一个查询中。

3. 操作内并行

关系中都包含了大量的元组，所以对关系的操作可以通过在关系的不同子集上并行地执行来实现操作的并行性。关系中的元组数目越多，可达到的并行度也就越大。常用关系操作的并行操作算法可参见其他文献，在此不再介绍。

4. 操作间并行

不同操作间的并行有两种方式：流水线并行和独立并行。

(1) 流水线并行，指一个操作 A 的输出作为另一个操作 B 的输入。在操作 A 未产生完全的输出之前，操作 B 已利用操作 A 的部分输出进行工作，并且操作 B 输出又作为第三个操作 C 的输入，以此类推。多个操作间的这种输入/输出操作是并行的，并且操作的中间结果不必保存在磁盘上。但这种方式的效果是有限制的，比如当多个并行操作中有一个操作的代价远远高于其他操作，或者对于那些必须访问了整个输入才能开始产生输出的操作(例如集合的差运算)，就不能采用流水线并行方式。

(2) 独立并行，指将一个查询分解成多个独立的子任务，由多个处理器并行执行。

独立并行与流水线并行一样，不能提供较高的并行度，它们都适合于低度并行的系统，在高度并行的系统中没有太大的用处。

对并行数据库系统的研究，虽然已经有了一些研究或实验用的原型系统，但尚无真正的系统投入使用。一些著名的数据库厂商也开始注重数据库并行能力的研究，但只是使用并行数据流方法对原有系统进行简单的扩充，没有实现真正的、使用并行算法的并行数据库系统。尽管并行数据库系统有待于进一步的发展和研究，但是，在需要数据库有更高性能的明天，并行数据库将成为数据库领域的一个重要分支。

11.3 工程数据库

随着 CAD/CAM 技术及计算机集成制造系统(CIMS)在机械、电子、化工、轻纺、航天等领域的广泛使用，工程设计和制造中的数据管理逐步由 DBMS 替代了原来的文件管理系统。由于工程活动的多变性、设计过程的反复试探性，要求数据库管理系统支持丰富的语义和复杂的数据类型，以及信息的多版本化。所以，传统的 DBMS 已不能满足工程设计的应用要求。

11.3.1 工程数据库的特点

工程数据库(Engineering DataBase，简称 EDB)是一种能存储和管理各种工程设计及工业制造图形和文档，并能为工程设计和工业制造提供各种服务的数据库。工程设计和工业制造主要指 CAD/CAE/CAM/CIMS/CASE 领域。

由于工程数据库应用的特殊性，它与传统数据库相比具有以下特点：

1. 复杂的数据类型

工程数据库中的数据有三种：信息管理数据、工程数据和产品模型数据。工程数据库管理系统(EDBMS)不仅要存储和管理标准的常量数据，如标准部件、材料特性、规格要求等，还要存储和处理设计工程中产生的新部件、新结构以及由它们产生的组装设备。由于工程活动的多变性，EDBMS 要支持典型的工程活动，允许数据库的内容有多种表示方法，以及能追踪数据的由来。

在工程数据库中，为了反映各种设计语言和设计层次，特别是复杂对象之间的互联关系，允许用户定义任意复杂的数据结构，所以工程数据的表示是复杂的。

2. 模式的动态定义和修改

传统数据库设计在需求分析和概念结构设计后，就可以确定模式，并依据模式建立数据库。模式相对是静止的，而工程数据库设计是反复试探和交互式的设计过程，允许在设计过程中动态定义子模式，由子模式合成的模式也是动态的。

3. 数据一致性管理

由于工程数据的复杂性，在数据演变过程中，必须保证维护数据状态的一致性，包括：数据类型、阈值、设计条件和安全性限制等。同时，由于工程数据的试探性，在一定范围内应允许数据的不一致，但这种不一致是暂时的，数据库的最终状态应该是一致的。

4. 特殊的数据处理要求

传统数据库的数据处理，主要是检索和更新及统计报表等处理。而工程数据库主要是进行工程设计和分析，包括分析、功能、判断、生产、管理、检查、计算、文档、测试等活动内容，处理涉及的数据量非常大，处理事务的持续时间长。

5. 更广的使用要求

工程数据库对设计的操作是实时的、交互式的而非会话式的，这就要求 EDBMS 具有图形化的数据和报表功能，交互响应时间要短，数据能够多重使用；并要求 EDBMS 便于移植，即与硬件及操作系统、用户界面、网络等平台无关。

这些特点使工程数据库系统的结构和数据模型都不同于传统的数据库系统。

11.3.2　工程数据库的系统结构

由于工程数据库支持 CAD/CAM 等多种应用，并且各种应用系统在物理上是分开的，相对独立地工作，所以在工程数据库中使用多级数据库组织结构，把不同用途的数据库在物理上分开存储，既支持反复试验的设计方法，便于设计者动态地定义数据结构，同时也减少大型数据库中的并发操作流程，提高响应时间。

工程数据库的多级结构，可以从逻辑上和物理上划分为全局数据库和局部数据库。全局数据库还可以划分为两个层次：全局公共数据库和工程项目数据库。

全局数据库是永久性数据库。局部数据库为个别设计者所有，也称临时设计数据库。图 11-4 是一个三级数据库组织结构图。

图 11-4 三级数据库组织结构图

全局公共数据库也称标准库，是一种永久性的数据库，一经建立，就不能随意修改。它主要用来存放用于产品设计的数据，如公用的标准数据、标准零件或产品数据、材料特性数据、设计规则、要求等。

工程项目数据库对应一个工程设计项目，主要用于存放与该工程项目有关的所有数据，包括该项目的特殊设计要求、专用零部件等。工程项目数据库也是一种永久性数据库。

局部数据库是临时设计数据库，为个别设计者所有，主要用于保存该设计者感兴趣的数据，直至某个设计任务完成为止。完成的设计结果应提交到上级项目库中保存。

11.3.3 工程数据库的数据模型

支持工程应用的数据模型要具有更强的数据信息建模能力，能描述各种复杂对象，支持丰富的语义模型设计和动态模式修改，支持多版本管理。在工程应用领域，常采用的数据模型有如下几种：

1．扩展的关系数据模型

为了适合工程设计应用，把关系模型进行扩展，以支持聚合、概括、引用等各种语义和复杂对象。所谓扩展关系模型，即在更新表的基础上增加指针类型，或在标准关系模型中使用用户定义的抽象数据类型、允许嵌套关系等。

实际使用的扩展关系模型已有很多，如 XSQL 中层次结构的对象模型、分子对象模型、嵌套关系模型 NF^2 等。

2．对象数据模型

对象数据模型能够表示复杂的数据结构、类和类层次以及继承等概念，能够表达复杂的工程数据。如汽车 CAD 设计中，车身对象由车身表面、车门、仪表板、车身骨架等对象组成，其中的每一个对象作为车身对象的子类，又可有自己的属性。每个属性可以是基本数据项，也可以是其他对象。如车身对象可由模型号、版本号、测量数据、数学模型、工程图等组成，其中工程图由多个曲面图组成，每个曲面有自己的数据、文字、说明、几何图形等属性。因此，面向对象数据模型能够很好地表示工程数据库。

3．语义数据模型

语义数据模型是具有较高的抽象层次和较强的语义表达能力的数据模型。使用语义模型，在产生和操作数据库时，可以对数据库的语义特性进行明确的、完整的和直接的描述，大大方便了数据库的设计。

语义数据模型利用实体、联系和约束描述现实世界的静态、动态和时态特性。联系不仅可以描述模型的静态情况，而且可以通过模型操作命令，如插入、删除约束等，维持模型的动态变化情况。约束由用户收集，并用模型的联系语义表示或自动包含在模型中。

随着工程技术的发展以及工程处理要求的变化，为便于对复杂的实体以及实体间联系进行描述和处理，人们已提出了多种语义数据模型，如实体-联系模型、语义关联模型、函数数据模型等。

11.3.4　版本和版本管理

一个工程对象的设计过程是一个反复试探的过程。在设计过程中会产生多个不同的设计方案，每个设计方案称为该对象的一个版本。由于每个方案都是经过反复设计、不断修改后得到的，具有很高的参考价值，因此，必须加以保存和管理。

设计对象的每个版本，一般应包含如下信息：

(1) 设计软件产生的设计信息。设计信息与数据库模式相对应，并可由 EDBMS 提供的标准数据操纵命令访问这些设计信息。

(2) 设计对象与各版本的关联信息，用来说明版本属于某个设计对象，以及同一设计对象的各版本之间的联系。

(3) 版本的标识信息，用于唯一地标识对象的某一个版本。

(4) 附加的版本管理信息，包括版本的索引信息，状态信息，版本之间的相互关联和引用信息、存储信息等。

为了管理版本以及版本间的相互关系，需要使用版本管理模型。

1．线性版本管理模型

线性模型是一种最简单的模型，它以版本产生的先后次序顺序排列。一个对象的所有版本组成一个版本模型，模型中的每个结点代表了一个版本，并且结点只能向一个方向增加。线性模型能反映版本生成的先后顺序，能给出替换版本和修订版本的区别，但不能反映工程设计的反复试探过程。

2．树型版本管理模型

在树型模型中，一个版本可以有多个后续版本，但只能有一个前续版本。在树中的一个特定路径，反映了一个设计对象的修订版的繁衍过程。所以，树型模型既能完全反映版本之间的祖先、后代关系，也能用于管理设计的历史信息，区分出替换版本和修订版本。

3．有向无环图版本管理模型

在工程设计过程中，有时需要把多个版本融合成一个新版本，即一个版本可有多个前续版本，这需要用有向无环图来描述。使用有向无环图模型，不仅可区分修订版本和替换版本，而且支持版本的合并，是最有用的版本模型。

自 20 世纪 80 年代以来，国内外已出现了多种成熟的 EDBMS，其中比较著名的有：美国波音公司的、面向 CIMS 的 IPIP；日本 NIPPON 公司的、面向 CAD/CAM 的多层数据库系统 MLDB；挪威工业中心研究所研制的、面向 CAD/CAM 的扩展网状模型 TORNADO；德国 PHILIPS 研究实验室为 CAD/CAM 一体化研制的 PHIDAS 等。

11.4 数据仓库

随着信息技术的发展，数据和数据库的急剧增长，数据库应用的规模、范围和深度不断扩大。一般的事务处理已不能满足应用的需求，企业需要能充分利用已有的数据资源，获得有价值的信息，挖掘企业的竞争优势，提高企业运作效率和指导企业决策。数据仓库(Data Warehousing，简称 DW)技术便满足了这一要求。

数据仓库技术的提出是在 20 世纪 90 年代初，近几年得到了迅速发展。目前，许多大型企业都已建立或计划建立自己的数据仓库，以进行市场分析和决策支持。商业数据库管理系统也纷纷推出自己的数据仓库软件。企业已从数据仓库应用系统中取得了经济效益。

数据仓库系统主要涉及三个方面的技术内容：数据仓库技术、联机分析处理(On-Line Analytical Processing，简称 OLAP)技术和数据挖掘(Data Mining，简称 DM)技术。

11.4.1 数据仓库的定义与特征

目前，数据库应用主要有两类：操作型处理和分析型处理。

操作型处理也称为联机事务处理(On-Line Transation Processing，简称 OLTP)。OLTP 注重数据库的完整性、安全性以及高可用性。它是对数据库联机的日常处理，当用户与 RDBMS 交互时，通过事务对数据库中的数据进行查询或修改。对于每个事务，OLTP 处理的数据是以结构化的、可预知的方式存储在数据库表中的记录。

OLTP 系统提供了最新的数据，这些数据经常被更新、插入和删除，系统在商业交易实际发生时对它们进行存储。一个 OLTP 系统有许多并发用户，这些活动的用户执行读、插入和修改数据的短小查询。与 OLTP 不同，分析型处理主要用于管理人员的决策分析，通过对大量数据(特别是历史数据)的综合、统计和分析得出有利于企业的决策信息。这种分析查询，一般需要访问大量的数据和花费相对多的时间才能完成。而数据仓库和联机分析处理(OLAP)等技术能够从多个数据源收集数据，提供用户进行决策分析。

W.H.Inmon 在《Building Data Warehousing》一书中首先提出了数据仓库这个术语，以下是他的定义：数据仓库是面向主题的、集成的、时间可变的、非易失的数据集合，用以支持企业或组织的决策分析处理。

面向主题意味着在较高层次上，对所分析对象提供一个完整、一致的描述，统一表示分析对象所涉及的数据及数据间的联系。而传统的事务处理是面向应用的，是根据企业各个部门的业务活动组织数据的。例如，一个面向操作型处理的企业数据库中有数据：库存量、订单项、应付款、产量等。当这些操作型数据被装入数据仓库时，数据转换为主题，如：产品、客户及金融信息等。有关产品的信息在数据仓库中只出现一次，无论它在操作型数据库的不同表或域中会出现多少次。

集成意味着数据在加入数据仓库前必须要经过加工和处理。数据仓库中每个主题的源数据是面向应用的，并且可能分散在不同的结点中。在集成数据时，要消除数据中的冲突，进行数据综合和计算。数据仓库中的数据综合工作可以在抽取数据时生成，也可以在加入数据仓库以后进行综合时生成。

时间可变意味着数据是随时间变化的。数据仓库系统必须周期性地捕捉 OLTP 数据库中的新数据，统一集成后增加到数据仓库中去；另一方面，数据仓库中的数据也有存储时间，过期数据也要被删除，以适应决策分析的要求。

非易失意味着数据是只读的。数据周期性地装入数据仓库。数据仓库主要是供决策分析之用，所涉及的数据操作主要是查询。一般情况下，不要修改数据仓库中的数据。因为修改会使历史信息失效并且违背数据仓库的主要用途——保存用于分析的商务历史记录。唯一需要做的修改，就是更新那些一开始装入数据仓库时就不正确的数据。

11.4.2 数据仓库系统

数据仓库系统由数据仓库、数据仓库管理系统和分析工具三部分组成，其结构如图 11-5 所示。

图 11-5　数据仓库系统的结构

数据仓库的数据来源于多个数据源。数据源可以是正在运行的数据库中的信息，也可以是跨平台的各种外部系统数据，还可以是各种应用程序软件产生的数据文件。它的内容包括：企业内部数据、市场调查报告以及各种文档等外部数据。

数据仓库管理系统包括：对数据仓库进行数据建模，确定从源数据到数据仓库的数据抽取、分类、归并和转换，最后确定数据仓库的存储方法。同时它还负责监视数据源信息的变化，对新的或变化的信息进行过滤、总结或同其他数据源信息进行合并，再装入数据仓库。

元数据库是数据仓库管理系统的核心，它用于存储数据模型、定义数据结构、定义转换规则、确定控制信息等。数据仓库管理包括对数据的安全、归档、维护、备份、恢复等工作。这些工作需要 DBMS 的支持。

数据仓库中的数据组织一般分为四级：早期细节级、当前细节级、轻度综合级和高度综合级。综合的级别称为"粒度"，级别的划分根据粒度进行。

分析工具是数据仓库系统的一个重要组成部分。分析工具包括用于完成决策问题所需要的各种用户查询工具、检索工具、OLAP 分析工具和数据挖掘(DM)工具等。

数据仓库应用是一种典型的 Client/Server(C/S)结构。客户端的工作包括客户交互、格式化查询及报表生成等；服务器端完成各种辅助决策查询、复杂的计算和各类综合功能。数据仓库的 C/S 模式也在向三层(甚至 N 层)的结构发展，其中间层是数据分析服务器，可加强和规范决策支持的服务工作，集中及简化客户端和数据仓库服务器的部分工作。

11.4.3　数据仓库的数据库模式

数据仓库的基本组成是事实表和维表。这些组件能够用于不同的设计中，例如流行的星型模式和雪花模式。

1. 事实表

事实表(Fact Table)是数据仓库中存储历史商务数据的表。它们包含描述特定事件或业务的信息。例如银行储蓄、产品销售或一条订单的信息。它们还含有数据的汇总，例如每月从所有的银行中提取的金额总数，或者每个地区的月销售总额。

通常不对事实表中的现存数据进行更新，当然，会定期插入新的数据。事实表一般保存数值数据，而不保存字符数据。例如，它可能包含诸如地区 ID、销售员 ID、商品 ID 和顾客 ID 这样的字段。

事实表在数据仓库中保存了大部分重要信息。因此，就大小和活动来说，它们组成了数据库的大部分。一个事实表能够包含几百万条记录并且能够使用超过一万亿字节的磁盘空间。

2. 维表

维表(Dimension Table)用于提炼事实表中所包含的数据，或者更详细地描述它。因此，维表的数据类型一般是字符数据。鉴于事实表含有诸如地区 ID、销售员 ID、商品 ID 和顾客 ID 这样的字段，所以维表保存诸如地区名称、销售员姓名、商品描述，以及顾客姓名和地址这样的信息。

事实表和维表之间的关系由事实表到维表上的外码约束。一般地，一个事实表的主码由多个部分组成，主码的每一部分是一个周围的维表的外码，即一个事实表包含了多个维表的外码。

例如，假设在维表中没有与某个顾客(顾客姓名、地址、电话号码等)相对应的行，那么你不希望该顾客 ID 出现在事实表中。外码约束可确保维表中一个不存在的顾客 ID 不能插入到事实表中。

通过从事实表中分离出详细的信息，减少了事实表中必须被扫描的数据量，从而提高了查询的性能。相对于事实表，维表更小并且记录更少。维表中每个顾客仅有一条记录，但是事实表可能会用多行记录表示同一个顾客 ID 的各种信息。

与事实表不同，维表中的数据时常需要得到更新，例如当一个顾客地址改变时。但它仅需要在一个地方进行修改，即维表，而不是在可能存在许多行的事实表中进行修改。

3. 数据库模式

在数据仓库的建模技术中，常用的有第三范式、星型模式和雪花模式。下面介绍星型模式和雪花模式中事实表和维表的关联方式。

1) 星型模式

星型模式(Star Schema)是最流行的数据仓库设计技术。一个简单的星型模式包含一个由多个维表围绕的事实表，维表中含有描述事实表中事实的非标准化的数据。处在中间的是事实表，表中包含了业务事实的信息，这些信息有多个维，它们组成事实表的主码，其他非主属性称为事实。每一个维对应一个维表，维表包含一个维的描述信息，事实表主码中的每一个分量分别是每个维表的外码。事实表中的一个现实指向每个维表中的一个记录。

复杂的星型描述包含若干事实表和维表。

图 11-6 是一个简单星型模式的例子。中间是销售事实表，连接的维表有产品维表、时间维表、地区维表等。

图 11-6　星型模式

运用星型模式，有助于在查询处理期间减少磁盘读操作的次数。该查询首先在较小的维表中分析数据，然后使用维表中的外码检索到事实表中，这样减少了事实表中必须被扫描的行的数量。例如使用微软的 OLAP 服务查询数据仓库，星型模式是被推荐的数据库设计。

2) 雪花模式

雪花模式(Snowflake Schema)是星型模式的变种。雪花模式中的事实表可以包含连接到其他维表的维表，即事实表可以包含不止一层的维表连接。星型模式中的维表被标准化，分解成直接与事实表相关联的主维表和与主维表相关联的次维表。

图 11-7 是在图 11-6 基础上扩展而成的雪花模式，其中产品维表又分为产品维表和供应商维表，地区维表又分为地区维表和城市维表。

图 11-7　雪花模式

由于表的标准化，使用雪花模式的数据仓库系统的灵活性比星型模式强。但由于雪花模式增加了需要处理表的个数，因而也增加了查询的复杂度。

一个数据仓库可以采用星型模式或雪花模式，或者是两种模式的混合模式。具体选用哪种模式，可根据数据仓库中所需要的信息类型来确定。

11.4.4 数据仓库的分析工具

建立数据仓库的目的是提供决策支持。如果拥有了数据仓库，而没有高效的数据仓库分析工具，就如同守着金矿无法开采一样。数据仓库分析工具主要有两类：联机分析处理工具和数据挖掘工具。

1．联机分析处理技术

1991 年，W.H.Inmon 提出了 DW 概念；1993 年，E.F.Codd 提出了 OLAP 的概念并给出了 OLAP 产品评价的十二条准则。几乎同时，就推出了 OLAP 工具。

OLAP 工具中通常使用一个或多个聚集的非常复杂的查询。这些查询称为 OLAP 查询或决策支持查询。例如，检索一段时期内总销售额增加或减少的产品。这种查询通常要检索大量的数据，即使查询结果很少。而 OLTP 通常只与数据库中的一小部分数据有关，例如银行存款或航班预定等。

OLAP 是对大量多维数据的动态综合、分析和归并。OLAP 的显著特征是能够提供数据的多维概念视图。维是人们观测现实世界的角度，决策分析需要从不同的角度观测分析数据。利用多维数据视图和多维数据库(MDB)，能使分析人员、管理决策人员通过对信息的多种可能的观测角度，进行快速、一致和交互的存取，以获得对信息的深入理解。

OLAP 分析功能包括统计、分析、报表处理等。OLAP 的基本操作有：

(1) 切片和切块(Slice and Dice)：从不同角度查看不同范围的数据。

(2) 钻入(Drill-down)：对结果数据的下一个层次，或更下层次细节的数据进行剖析，即从概括汇总的数据沿层次向下查看更详细的数据。

(3) 归并(Consolidation)：是钻入的相反处理，是沿层次向上对数据的分析。

(4) 旋转(Rotate)：是从多个不同角度观测多维关系，改变一个报告或显示的维方向。例如将原来水平方向为时间、垂直方向为产品的图表，旋转为水平方向为产品、垂直方向为时间的图表。

OLAP 是一个支持复杂分析的体系结构，大多数的 OLAP 应用系统用特殊的多维 DBMS 技术、一个数据集和一个应用接口来实现。

根据基础数据库的结构可对 OLAP 工具分类：

(1) 基于多维数据库的 MOLAP(或 MD-OLAP)。在 MOLAP 结构中，数据被存入多维数据库时，将根据它们所属的维进行一系列预处理，例如计算和合并，把结果按一定层次存入多维数据库中。

(2) 基于关系数据库的 ROLAP(又叫多关系 OLAP)。ROLAP 的低层数据库是关系数据库，它利用关系表模拟多维数据，将分析的结果经多维处理转换为多维视图给用户。

(3) 基于管理的查询环境 MQE。MQE 工具是相对较新的开发工具，它们有的依靠 RDBMS 产品，有的使用中间 MOLAP 服务器对数据进行局部存储、分析和维护。

2．数据挖掘技术

数据挖掘是从超大型数据库(VLDB)或数据仓库中发现并提取隐藏在内部的信息的一种新技术。它所要挖掘的是隐藏的、事先不知道的、但是潜在有用的信息和知识，它综合了人工智能、机器学习、统计学等技术，是应用数据仓库进行决策支持的关键技术。

在传统的 DSS 系统中，提出查询的分析人员会准确告诉系统执行什么操作，即操作将集中在数据的哪一部分，而数据挖掘的查询更前进了一步，它将引导系统自己决定操作应集中在数据的哪一部分，即数据挖掘能自动分析数据，进行推理，从中挖掘出潜在的模式。

用于数据挖掘技术的主要手段有四种：预测模型、数据库分割、联系分析和差异监测。

数据仓库、OLAP 和数据挖掘是作为三种独立的信息处理技术出现的。数据仓库用于存储和组织数据，数据的分析由 OLAP 集中完成，数据挖掘则致力于知识的自动发现。

11.5 小　结

随着新应用领域的不断涌现，数据对象趋向多样化，本章以整体系统、体系结构、应用领域三方面简单介绍了所涌现出的新一代数据库技术，并选择其中部分有代表性的数据库系统进行了概括性介绍。

本章首先介绍了分布式数据库系统的一些基本技术，讨论了分布式数据库的定义和分布式数据库相对于集中式数据库的潜在优势。分布式数据库系统的模式结构应该由若干个局部数据模式加上一个全局数据模式构成，全局数据模式又由四个层次构成。

接着从体系结构和并行处理技术两方面介绍了以并行计算机为基础，将数据库管理与并行技术相结合的并行数据库系统。

随着 CAD/CAM/CIMS 技术的广泛应用，发展了一种能存储和管理各种工程设计及工业制造图形和文档，并能为工程设计和工业制造提供各种服务的工程数据库。本章中介绍了工程数据库的特点和系统结构，并介绍了工程设计中各复杂设计对象的数据模型和版本管理。

本章最后对数据仓库领域进行了概要介绍。数据仓库用于数据的存储和组织，OLAP集中于数据的分析，数据挖掘则致力于知识的自动发现，还介绍了与数据仓库相关的重要概念，并讨论了与数据的多维视图相关的建模技术。

习　题　11

1. 讨论集中式数据库系统和分布式数据库系统各自的优点。
2. 解释分布式数据库系统中的透明性和自治的概念。
3. 讨论分布式数据库系统的特点。
4. 并行数据库系统的体系结构重要的有哪几种？
5. 与传统数据库相比，工程数据库有何特点？
6. 试述工程数据库的多级数据库结构的划分。
7. 试述工程数据库中常用的版本管理模型，以及每种版本所描述的语义。
8. 请解释下列名词：OLTP、OLAP、DW、DM、事实表、维表、星型模式、雪花模式。
9. 数据仓库有哪些特征？
10. 试述数据仓库系统的组成。

附录 A　上机实验指导

SQL 语言是本书的重点之一，也是学生将来从事数据库编程的基础。为使学生更好地掌握它，本书特意安排了 10 个上机实习内容。通过实习，学生能使用一种支持三级模式的关系型数据库管理系统，用 SQL 语言完成下述操作：

(1) 建立基本表及视图；

(2) 在基本表上作数据加载；

(3) 在基本表上作各类查询；

(4) 对基本表和满足一定条件的视图作存储操作；

(5) 实现数据的完整性约束和安全性管理；

(6) 创建存储过程和触发器(选做)。

为加深学生对关系数据库概念的理解，并为将来使用大型的 RDBMS 打下基础，建议使用比较正规的 RDBMS，例如 Oracle、Informix、Sybase、Mysql、PostgreSQL 等。

这里，我们使用的是 SQL Server 2014 个人版，之所以选择它，是因为：

(1) SQL Server 是微软公司推出的大型关系型 DBMS，在国内的市场占有率比较高；

(2) SQL Server 2014 个人版是微软公司 2015 年推出的较新版本，但操作使用上跟 SQL Server 2005/2008 相近，同学们也可以使用 2005/2008/2012 等版本，方便实践；

当然前面章节中介绍的 SQL 语言是标准的 SQL 语言，而每一个数据库厂家所使用的 SQL 语言在标准 SQL 基础上都进行了扩充。SQL Server 使用的 SQL 语言又叫做 Transaction-SQL(事务 SQL，简称 T-SQL)，在具体 SQL 语句的细节上，与标准 SQL 略有不同。建议同学在上机前，仔细阅读本指导书。

上机实验一　安装和了解 SQL Server 2014

一、目的

学会安装 SQL Server 2014，能运行 SQL Server 2014，了解其各组件的功能。

二、实验前的准备

安装前，首先了解 SQL Server 2014 的各种版本和支持它的操作系统版本，检查计算机的软件和硬件配置，保证能满足安装的最小需求。

1．SQL Server 2014 各版本及说明

SQL Server 2000 以上版本，常用的有 Enterprise(企业版)、Standard(标准版)、Developer(开发版)和 Express(个人版)。SQL Server 2014 各版本功能说明如表 A-1 所示。

表 A-1　SQL Server 2014 各版本功能说明

SQL Server 2014 版本	说　明
Enterprise (64 位和 32 位)	作为高级版本，SQL Server 2014 Enterprise 版提供了全面的高端数据中心功能，性能极为快捷，虚拟化不受限制，还具有端到端的商业智能，为关键任务工作负荷提供较高服务级别，支持最终用户访问深层数据
Business Intelligence (64 位和 32 位)	SQL Server 2014 Business Intelligence 版提供了综合性平台，可支持组织构建和部署安全、可扩展且易于管理的 BI 解决方案，并提供基于浏览器的数据浏览与可见性等功能、强大的数据集成功能以及增强的集成管理功能
Standard (64 位和 32 位)	SQL Server 2014 Standard 版提供了基本数据管理和商业智能数据库，使部门和小型组织能够顺利运行其应用程序，并支持将常用开发工具用于内部部署和云部署，以最少的 IT 资源获得高效的数据库管理。
Web (64 位和 32 位)	对于为从小规模至大规模 Web 资产提供可伸缩性、经济性和可管理性功能的 Web 宿主和 Web VAP 来说，SQL Server 2014 Web 版本是一项总拥有成本较低的选择
Developer (64 位和 32 位)	SQL Server 2014 Developer 版支持开发人员基于 SQL Server 构建任意类型的应用程序，包括 Enterprise 版的所有功能，但有许可限制，只能用作开发和测试系统，而不能用作生产服务器，是构建和测试应用程序的人员的理想之选
Express 版 (64 位和 32 位)	SQL Server 2014 Express 是入门级的免费数据库，是学习和构建桌面及小型服务器数据驱动应用程序的理想选择，是独立软件供应商、开发人员和热衷于构建客户端应用程序的人员的最佳选择

注：请从微软官网下载 Express 版进行安装，建议至少 6 GB 的可用磁盘空间，内存大小 1 GB，处理器速度 2.0 GHz 及以上。

2．SQL Server 2014 安装

下面的安装过程将以 Windows 7 专业版环境下，微软官网下载 Express 版安装包进行安装 SQL Server 2014 为例，其他版本可能显示的内容会有所不同，但安装数据库服务器和必要的工具主要步骤相近，具体步骤如下：

(1) 安装向导将运行 SQL Server 安装中心。若要创建新的 SQL Server 安装，请单击左侧导航区域中的"安装"，然后单击"全新 SQL Server 独立安装或向现有安装添加功能"，如图 A-1 所示。

图 A-1　SQL Server 安装中心

(2) 在"许可条款"页上查看许可协议，请选中"我接受许可条款"复选框，然后单击"下一步"。

(3) 在"全局规则"窗口中，如果没有规则错误，安装过程将自动前进到"产品更新"窗口。

根据操作系统中控制面板的设置不同，可能会遇到"Microsoft 更新"页。

(4) 在"产品更新"页中，将显示最近提供的 SQL Server 产品更新。如果未发现任何产品更新，SQL Server 安装程序将不会显示该页并且自动前进到"安装安装程序文件"页，如图 A-2 所示。安装程序将提供下载、提取和安装这些安装程序文件的进度。如果找到了针对 SQL Server 安装程序的更新，并且指定了包括该更新，则也将安装该更新。

图 A-2 "安装安装程序文件"页面

(5) 在"设置角色"页上，选择"SQL Server 功能安装"选项，单击"下一步"进入"功能选择"页，如图 A-3 所示。

图 A-3 "功能选择"页面

在图 A-3 中，选择要安装的组件。选择功能名称后，"功能说明"窗格中会显示每个组件组的说明。可以选中相应的复选框，但必须选中数据库引擎，否则系统无法提供数据库服务功能。

若要更改共享组件的安装路径，请更新该对话框底部字段中的路径，默认安装路径为
C:\Program Files\Microsoft SQL Server\。

(6) 接下来进入"实例配置"页，指定安装默认实例还是命名实例。可以使用 SQL Server
提供的默认实例，也可以自己命名实例名称，如图 A-4 所示。

图 A-4 "实例配置"页面

默认情况下，实例名称用作实例 ID。这用于标识 SQL Server 实例的安装目录和注册表
项，默认实例和命名实例的默认方式都是如此。已安装的实例：该表格显示运行安装程序
的计算机上已有的 SQL Server 实例。如果计算机上已经安装了一个默认实例，则只能安装
SQL Server 2014 的命名实例。

(7) 使用"服务器配置"页指定服务的登录帐户。此页上配置的实际服务取决于所选择
安装的功能，如图 A-5 所示。

图 A-5 "服务器配置"中"服务账户"页面

可以为所有的 SQL Server 服务分配相同的登录帐户，也可以单独配置各个服务帐户。还
可以指定是自动启动、手动启动还是禁用服务。Microsoft 建议你逐个配置服务帐户，以便为

每项服务提供最低权限，其中 SQL Server 服务将被授予完成其任务所必须具备的最低权限。

使用"服务器配置—排序规则"页为数据库引擎和 Analysis Services 指定非默认排序规则。

(8) 使用"数据库引擎配置—服务器配置"页，为 SQL Server 实例选择 Windows 身份验证模式或混合模式。如果选择"混合模式"，则必须为内置 SQL Server 系统管理员帐户提供一个强密码，如图 A-6 所示。

图 A-6　"功能选择"页面

在设备与 SQL Server 成功建立连接之后，用于 Windows 身份验证模式和混合模式身份验证的安全机制是相同的。必须为 SQL Server 实例至少指定一个系统管理员。若要添加用以运行 SQL Server 安装程序的帐户，请单击"添加当前用户"。

使用"数据库引擎配置—数据目录"页指定非默认的安装目录。否则，请单击"下一步"。

(9) 在安装过程中，"安装进度"页会提供相应的状态，因此用户可以在安装过程中监视安装进度。

安装完成后，"完成"页会提供指向安装摘要日志文件以及其他重要说明的链接。若要完成 SQL Server 安装过程，请单击"关闭"，如图 A-7 所示。

图 A-7　"完成"页面

如果安装程序指示用户重新启动计算机，请立即重新启动。安装完成后，请务必阅读来自安装向导的消息。

3. 启动并连接数据库引擎

数据库引擎服务是个后台进程，SQL Server 提供了多种管理工具对其进行操作管理，所有工具都可以从"开始"菜单上访问。注意，默认情况下不会安装 SQL Server Management Studio 之类的工具，必须在安装过程中将这些工具选择为客户端组件的一部分。

SQL Server Management Studio 是管理数据库引擎和编写 Transact-SQL 代码的主要工具。SQL Server 配置管理器可以启用服务器协议，配置协议选项(例如 TCP 端口)，将服务器服务配置为自动启动，并将客户端计算机配置为以所需的连接方式。

SQL Server 不包含示例数据库和示例。SQL Server 联机丛书中所述的大多数示例都使用 Adventure Works 2012 示例数据库。

下面介绍如何连接到数据库引擎。

(1) 启动 SQL Server 配置管理器。在"开始"菜单中，操作"所有程序"→"Microsoft SQL Server 2014"→"配置工具"→"SQL Server 配置管理器(本地)"，出现界面如图 A-8 所示。

图 A-8 SQL Server 配置管理器

选中左侧目录中的"SQL Server 服务"，右侧显示所有已安装的服务的运行情况。确保 SQL Server 数据库引擎在"正在运行"的状态(应该是绿色小箭头，而不是红色小方块)。

注意：如果没有安装图 A-8 所示的配置管理器工具，那么在 Windows 操作系统的服务中，也可以选择"SQL Server(SQLEXPRESS)"服务进行管理(启动、暂停或停止)。

(2) 启动 SQL Server Management Studio。在"开始"菜单上，操作"所有程序"→"Microsoft SQL Server 2014"→"SQL Server Management Studio"，将出现连接到服务器对话框，见图 A-9。如果没有出现该对话框，也可以在 Management Studio 中操作"文件"→"连接对象资源管理器"。

图 A-9 "连接到服务器"对话框

"服务器类型"选项中将显示上次使用的组件的类型。在"服务器名称"选项中键入数据库引擎实例的名称。对于默认的 SQL Server 实例，服务器名称即计算机名称。对于 SQL Server 的命名实例，服务器名称为 <computer_name>\<instance_name>，如图 A-9 中"BLACKFU-PC\SQLEXPRESS"实例名即为安装时命名的实例。单击"连接"按钮进入下一步。

(3) 使用 Management Studio 组件。SQL Server Management Studio(SSMS，即管理控制器)是 Microsoft SQL Server 2005 版本开始提供的新组件，是一个用于访问、配置、管理和开发 SQL Server 所有组件的集成环境。SSMS 把 SQL Server 2005 以前版本的企业管理器和查询分析器集成到了一个单一的环境中，提供了图形界面，用于配置、监视和管理 SQL Server 的实例。此外，它还允许部署、监视和升级应用程序使用的数据层组件，如数据库和数据仓库。SQL Server Management Studio 还提供了 Transact-SQL、MDX、DMX 和 XML 语言编辑器用于编辑和调试脚本，见图 A-10。

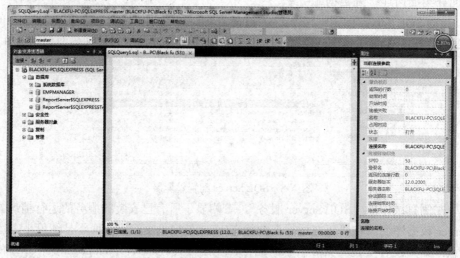

图 A-10　SSMS 界面

在图 A-10 中，数据库信息显示在左侧的对象资源管理器和文档窗口中。

对象资源管理器是服务器中所有数据库对象的树视图。对象资源管理器包括与其连接的所有服务器的信息。打开 SSMS 时，系统会提示将对象资源管理器连接到上次使用的设置。

当用户点击了工具栏中的"新建查询"窗口后，将出现文档窗口。文档窗口是 SSMS 中的最大部分，包含查询编辑器和浏览器窗口，对应于 SQL Server2005 以前版本中的查询分析器(Query Analilzer)。在该窗口中可以运行 SQL 命令和 SQL 脚本程序，全部 SQL 语句也都将在这里键入，并利用它的图形部分查看语句的执行情况。

上机实验二　创建 SQL Server 数据库和表

一、实习目的

通过实验使学生：

(1) 了解 SQL Server 系统数据库和用户数据库；

(2) 掌握 SQL Server 数据库的创建方法和数据库对象；

(3) 了解 SQL Server 2000 的数据类型；

(4) 掌握创建 SQL Server 数据库和表的方法。

二、实习准备

1．SQL Server 数据库结构

在 SQL Server 中，所有信息都存储在数据库中。每个数据库都由物理和逻辑组件两部分组成。逻辑组件是用户在使用 SQL Server 图形操作界面看到的，或在程序中访问的数据库和数据库对象，比如：数据库名、表名、视图名、存储过程名等数据库对象。而数据库的物理组件——文件，对用户是透明的，一般只有系统管理员才直接对数据库文件进行操作。

每个数据库文件由以下三种组成：

1) 主数据文件

主数据文件(文件名后缀：.mdf)是数据库的基础，每个数据库有且仅有一个主要的数据文件。

2) 次数据文件

次数据文件(文件名后缀：.ndf)存储着主数据文件没有包括的内容。它不是每个数据库都必须的。简单的数据库可以没有次数据文件，复杂的数据库可以有多个次数据文件。

3) 日志文件

日志文件(文件名后缀：.ldf)记录着事务日志信息，每个数据库必须至少有一个日志文件。

2．SQL Server 的四个系统数据库及其作用

SQL Server 的四个系统数据库分别为 Master、Model、Tempdb、Msdb，它们是正常运行 SQL Server 所必需的，不能删除和随意修改。

1) Master

Master 是 SQL Server 的主数据库，保存着 SQL Server 所有的系统级的信息，包括登录信息和所有的系统配置信息。它还记录着所有用户数据库和主数据文件的位置，确保用户数据库的初始化。

2) Model

Model 是创建新数据库的模版数据库。当用户新建数据库时，首先将 Model 数据库拷贝到新数据库中。Model 数据库可以自定义，任何对 Model 数据库的修改都将在以后新建数据库中体现出来。

3) Tempdb

Tempdb 是临时数据库，是为临时表和其他临时工作提供的一个临时的存储区域。每次打开 SQL Server，Tempdb 数据库都会重建。

4) Msdb

Msdb 是 SQL Server Agent 的主要支持，用于复制、任务调度、报警、系统操作员信息以及备份信息。

3. SQL Server 的常用数据类型

下面主要介绍 SQL Server 常用数据类型。

1) 字符型数据

SQL Server 提供了三种字符型数据类型：Char、Varchar 和 Text。它们可以存储的数据包括：大写或小写字母；数字；特殊字符，例如 ?、*、@ 等。

(1) Char[(n)]：表示一个长度为 n 的固定长度字符串，其中 n 最大可以是 8000。

例如：用户定义一个字段为 char(10) Not Null，如果存储的字符不足 10 个字符，如 "abcdf"，则 SQL Server 将该字符存储为 "abcdf"，即不足 10 个字符部分用空格补齐。如果要存储的字符长度超过允许的字符串长度，那么在执行插入语句时，将导致执行错误。

(2) Varchar[(n)]：表示一个长度为 n 的可变长度字符串，其中 n 最大可以是 8000。

Varchar 的使用与 Char 数据类型相似，只是它的存储空间与字符串的实际长度相同。

(3) Text：如果要存储的字符串超过了 8000 个，则可以使用 Text 数据类型。

Text 字符串是存储在数据记录以外的大型字符串，长度最多可达 2 GB。在数据记录中，只包含了一个 16 字节的文本指针，指向实际的存储数据。

2) 整型数据类型

整型数据类型用来存储精确的数字值，包括以下四类：

(1) Bigint：是 SQL Server 2000 新增的数据类型，存储空间为 8 个字节，共 64 位，其中 63 位用来存储数值，1 位用来存储数值的正负，能够存储 -2^{63}($-9\ 223\ 372\ 036\ 854\ 775\ 808$) 到 $2^{63}-1$($9\ 223\ 372\ 036\ 854\ 775\ 807$) 之间的数字。

(2) Int：存储空间为 4 个字节，共 32 位，其中 31 位用来存储数值，1 位用来存储数值的正负，可以存储从 -2^{31}($-2\ 147\ 483\ 648$) 到 $2^{31}-1$($2\ 147\ 483\ 647$) 之间的数字。

(3) Smallint：存储空间为 2 个字节，共 16 位，其中 15 位用来存储数值，1 位用来存储数值的正负，可以存储从 -2^{15}($-32\ 768$) 到 $2^{15}-1$($32\ 767$) 之间的数字。

(4) Tinyint：存储空间为 1 个字节，共 8 位，用来存储从 0 到 255 之间所有的数字。

整型对象或表达式可以用于所有的数学操作，执行后，由这些操作生成的小数部分都将被直接舍去，而不是四舍五入。

3) 精确数据类型

精确数据类型包括 decimal 和 numeric 两种。在 T-SQL 中，numeric 与 decimal 在功能上等效。

一般使用此数据类型的表达式为 decimal(p,s)，其中，p 为指定精度或对象能够控制的数字个数；s 为指定可放在小数点右边的小数位数或数字个数。

p 和 s 必须满足以下规则：0<=s<=p<=38。

4) 浮点数据类型

浮点数据类型包括 float 和 real 两种。它们所存储的并不是数字指定的精确值，而是这些值的最近似值，所以在字段定义中很少使用。

(1) Float[(n)]：可以存储从 $-1.79E+308 \sim 1.79E+308$ 之间的所有浮点数。如果 0<=n<=24，则精度为 7 个有效数字，存储空间为 4 个字节；如果 25<=n<=53，则精度为 15 个有效数字，存储空间为 8 个字节。

(2) Real：存储范围为−3.40E+38～3.40E+38，存储空间为 4 个字节。

5) 货币型数据类型

货币型数据类型包括 money 和 smallmoney 两种。

(1) money 数据类型存储−922 337 203 685 477.5808～922 337 203 685 477.5807 之间的数值，存储空间为 8 个字节，前 4 个字节表示货币的整数部分，后 4 个字节表示货币值的小数部分。

(2) smallmoney 数据类型存储从−214 748.3648～214 748.3647 之间的数值，存储空间为 4 个字节。

6) 日期时间型数据类型

日期时间型数据类型包括 datetime 和 smalldatetime 两种，用来存储日期和时间的组合数据。用户可使用 SQL Server 提供的函数直接进行日期时间的运算，比如：两个日期的远近比较、日期值的计算等。

(1) Datetime：可以存储从 1753 年 1 月 1 日到 9999 年 12 月 31 日所有的时间，精确度为 1/300 s，需要 8 个字节存储空间。

(2) Smalldatetime：可以存储从 1900 年 1 月 1 日到 2079 年 12 月 31 日所有的时间，精确度为 1 s，需要 4 个字节存储空间。

7) 统一字符编码型(Unicode)数据类型

统一字符编码型数据类型使用当前最新的 unicode 编码数据而设定。ASCII 码使用一个字节编码每个字符，故最多只能表示 256 个不同的字符。而 unicode 编码提供采用双字节编码每个字符的方法，最多可提供 65 536 个双字节字符，解决了像中文、日文、韩文等双字节字符的存储问题。

支持双字节的数据类型有：nchar、nvarchar、ntext，它们的属性和用法分别同 char、varchar、text 相同，但存储 Unicode 字符所需要的空间更大，所以 nchar 和 nvarchar 数据类型最多只可存储 4000 个字符。

8) 布尔数据类型

SQL Server 的布尔数据类型(bit)的取值只能为 1、0 或空值。该数据类型用于存储只有两种可能值的数据，如 Yes 或 No、True 或 False、On 或 Off 等。

三、实习内容

1. 进入 SQL Server 2014 管理控制器

打开 SQL Server Management Studio(SSMS)，具体步骤如下：

(1) 确保 MSSQL Server 服务已启动，打开 SQL Server 2014 程序组的 "SQL Server Management Studio"。(该过程详细操作步骤请参见上机实验一)

(2) 单击 SSMS 左边 "对象资源管理器" 树结构中的 SQL Server Group(服务组)，使其展开，再展开服务组下面的 SQL Server 服务器(安装 SQL Server 时的服务器名)。

(3) 展开 "数据库"，用户可见 SQL Server 自带的四个系统数据库。

2. 创建 GradeManager 数据库

在 "管理控制器" 中创建 GradeManager 数据库的步骤如下：

(1) 选中"数据库"(Database)，单击鼠标右键，在其弹出菜单中选择"新建数据库……"(New Database…)。

(2) 在随后出现的"新建数据库"对话框的"名称"一栏中，输入数据库名 GradeManager，也可通过"新建数据库"对话框更改数据库文件的存放路径(默认情况下，用户所建的数据库文件在 MS SQL Server 安装目录的 ..\MSSQL\DATA\ 下。几秒钟后在 Database 一栏中可见新建的数据库。

(3) 展开新建的数据库，会发现数据库中已有了以下目录结构(称之为数据库对象)：

- 数据库关系图
- 表
- 视图
- 同义词
- 可编程性
  - 存储过程
  - 函数
  - 数据库触发器
  - 程序集
  - 类型
  - 规则
  - 默认值
- 存储
- 安全性
  - 用户
  - 角色
  - 架构

新建数据库的这些对象，都是从 Tempdb 数据库中复制来的。

3. 创建表

在 GradeManger 数据库中创建表的步骤如下：

(1) 打开"查询编辑器"。在 SSMS 中点击工具栏中的"新建查询"，出现查询编辑器窗口。

(2) 在工具栏的数据库下拉选择框中，选中 GradeManager，使之成为当前操作的数据库，在编辑框中键入下列 SQL 语句，创建 Worker 表：

```
Create Table Worker
    ( Wno Char(4) not null unique,
        Wname Char(8) Not Null,
        Sex Char(2) Not Null,
        Birthday Datetime );
```

(3) 按编辑框上方图形菜单中的红色"执行"按钮，执行编辑框中的 SQL 语句。

(4) 清空上面的 SQL 语句，然后输入：

Select * from worker;

(5) 按编辑框上方图形菜单中的红色"执行"按钮，执行 Select 语句，可看到查询结果，但表中数据为空。

(6) 在 SSMS 中展开数据库→展开 GradeManager 数据库→选中 Table，右击鼠标→选择刷新，可见右边出现新建的 Worker 表。

(7) 选中 Worker 表，右击鼠标→选中"编辑前 200 行"，可见 Worker 表中记录为空，此时可以图形化地输入表中的数据。

四、实习报告内容

(1) 写出在"管理控制器"中创建数据库的一般步骤；
(2) 写出在"查询编辑器"中创建表的一般步骤。

五、思考题

(1) SQL Server 的物理数据库文件有几种，后缀名分别是什么？
(2) SQL Server 2014 中，有哪几种整型数据类型？它们占用的存储空间分别是多少？取值范围分别是什么？

上机实验三　基本表的建立和修改

一、实习目的

(1) 通过建立基本表和向表中输入记录，加深学生对关系数据模型中型和值概念的理解；
(2) 使学生学会对基本表的修改、删除和建立索引等基本操作。

二、实习准备

(1) 复习 3.2 节和 3.3 节基本表、索引的创建、删除和修改操作；
(2) 复习 Create table、Create Index、Alter table、Drop table 等命令；
(3) 复习 Insert、Udpate、Delete 命令的使用；
(4) 完成习题 3 第 11 题中的各项操作。

三、实习内容

(1) 启动 MSSQLServer 服务，打开 SQL Server Management Studio(SSMS)。
(2) 在 SSMS 中点击工具栏中的"新建查询"，在查询编辑器中用 Create Table 命令在实验二创建的 GradeManager 数据库中定义基本表：学生表(Student)、课程表(Course)，利用 SSMS 的图形化功能建立班级表(Class)以及成绩表(Grade)。表结构参见图 3-4。
(3) 验证习题 3 第 11 题中的各项操作。

四、实习报告内容

(1) 写出用 Create Table 语句对习题 3 第 10 题中四个基本表的定义；

(2) 写出习题 3 第 11 题中各项操作的 SQL 语句。

五、思考题

在定义基本表语句时，NOT NULL 参数的使用有何作用？

上机实验四　SELECT 语句基本格式的使用

一、实习目的

掌握 SELECT 的基本使用格式，能使用 SQL Server 对表作简单查询。

二、实习准备

(1) 复习 3.4 节中 SELECT 语句的基本使用格式；

(2) 复习 SQL 中五种集函数：AVG、SUM、MAX、MIN、COUNT；

(3) 完成习题 3 第 12 题中各项操作的 SQL 语句。

三、实习内容

(1) 验证习题 3 第 12 题中各项操作的 SQL 语句。

(2) 验证以下语句是否正确：

```
SELECT Sno, Sname, Sage
    FROM student
    WHERE Sage<AVG(Sage);
```

四、实习报告内容

(1) 写出习题 3 第 12 题中各项操作的 SQL 语句；

(2) 实习内容(2)的 SQL 语句是否正确？如果不正确，请写出正确的语句表达式。

五、思考题

什么情况下需要使用关系的别名？别名的作用范围是什么？

上机实验五　SELECT 语句高级格式和完整格式的使用

一、实习目的

掌握 SELECT 语句的嵌套使用方法，能使用 SQL Server 2000 对表作复杂查询。

二、实习准备

(1) 复习 3.4 节中 SELECT 语句的高级格式和完整格式的使用;

(2) 了解库函数在分组查询中的使用规则;

(3) 完成习题 3 第 13、14 题中各项操作的 SQL 语句。

三、实习内容

验证习题 3 第 13、14 题中各项操作的 SQL 语句。

四、实习报告内容

(1) 写出习题 3 第 13、14 题中的各项操作的 SQL 语句。

(2) 使用存在量词[NOT]EXISTS 的嵌套查询时,何时外层查询的 WHERE 条件为真,何时为假。

五、思考题

(1) 用 UNION 或 UNION ALL 将两个 SELECT 命令结合为一个时,结果有何不同?

(2) 当既能用连接词查询又能用嵌套查询时,应该选择哪种查询较好?为什么?

(3) 库函数能否直接使用在 SELECT 选取目标、HAVING 子句、WHERE 子句和 GROUP BY 列名中?

上机实验六 SQL 的存储操作

一、实习目的

掌握用交互式 SQL 语句对已建基本表进行存储操作:修改、删除、插入,加深对数据的完整性的理解。

二、实习准备

(1) 复习数据的完整性,在进行数据的修改、删除、插入时,要注意保持数据的一致性;

(2) 复习 3.5 节 UPDATE、DELETE、INSERT 语句与子查询的结合使用;

(3) 完成习题 3 第 15 题中各项操作的 SQL 语句。

三、实习内容

(1) 验证习题 3 第 15 题中各项操作的 SQL 语句;

(2) 把所有工程师的基本工资(Basepay)增加 100,试一试以下的 UPDATE 语句对不对:

    UPDATE salary
    SET basepay=basepay+100

```
        WHERE eno in
            (SELECT eno
             FROM employee
             WHERE title='工程师')
```

四、实习报告内容

(1) 写出习题 3 第 15 题中各项操作的 SQL 语句；

(2) 实习内容(2)的 SQL 语句是否正确？如果不正确，请写出正确的语句表达式。

五、思考题

DROP 命令和 DELETE 命令的本质区别是什么？

上机实验七　视图的建立及操作

一、实习目的

掌握创建、删除和查询视图的方法，验证可更新视图和不可更新视图。

二、实习准备

(1) 复习 3.6 节视图；

(2) 完成习题 3 第 16 题中各项操作的 SQL 语句；

(3) 了解可更新视图和不可更新视图。

三、实习内容

(1) 验证习题 3 第 16 题中各项操作的 SQL 语句；

(2) 建立一视图 Class_grade，用来反映每个班的所有选修课的平均成绩，并对其进行更新操作。

四、实习报告内容

(1) 写出习题 3 第 16 题中各项操作的 SQL 语句；

(2) 实习内容(2)创建的视图能否进行更新？为什么？

上机实验八　完整性约束的实现

一、实习目的

掌握 SQL 中实现数据完整性的方法，加深理解关系数据模型的三类完整性约束。

*掌握触发器的概念、作用和创建方法。

二、实习准备

(1) 复习"完整性约束 SQL 定义";

(2) 完成习题 4 第 10 题中四个表结构的 SQL 定义;

(3) 了解 SQL Server 中实体完整性、参照完整性和用户自定义完整性的实现手段;

*(4) 复习有关触发器的内容;

*(5) 了解 SQL Server 中触发器的创建方法,特别是触发器中临时视图 Inserted 和 Deleted 的使用;

*(6) 完成习题 4 第 11、12、13 题的触发器编程。

三、实习内容

(1) 验证习题 4 第 10 题四个表结构的 SQL 定义;

*(2) 创建习题 4 第 11、12、13 题的触发器,并验证其正确性。

四、实习报告内容

(1) 写出习题 4 第 10 题四个表结构的 SQL 定义语句;

(2) SQL Server 中提供了哪些方法实现实体完整性、参照完整性和用户自定义完整性;

*(3) 写出习题 4 第 11、12、13 题触发器的 SQL 定义语句;

*(4) 触发器的作用是什么? 有什么优点?

*上机实验九　安全性的实现

一、实习目的

(1) 理解 SQL Server 下的安全性机制;

(2) 掌握设计和实现数据库级的安全保护机制的方法;

(3) 掌握设计和实现数据库对象级安全保护机制的方法。

二、实习准备

(1) 复习 4.3 节 SQL Server 下的安全性机制;

(2) 完成习题 4 第 14 题。

三、实习内容

(1) 在 SSMS 的查询编辑器中创建习题 4 第 14 题,并验证其安全机制的正确性。

(2) 在 SSMS 中展开 GradeManager 数据库,展开用户,查看用户的安全机制的设定。

四、实习报告内容

写出习题 4 第 14 题的 SQL 语句，并给出验证过程。

*上机实验十　创建存储过程和用户定义函数

一、实习目的

掌握存储过程和用户定义函数的概念、作用和创建方法。

二、实习准备

(1) 复习存储过程的内容；

(2) 复习用户定义函数的内容；

(3) 了解 SQL Server 中存储过程和用户定义函数的创建和调用方法；

(4) 完成习题 5 第 10、11 题的存储过程编程。

(5) 完成习题 5 第 14 题的用户定义函数编程。

三、实习内容

1. 创建习题 5 第 10 和第 11 题的存储过程，并执行存储过程验证其正确性。

2. 创建习题 5 第 14 题的用户定义函数，并调用函数验证其正确性。

3. 为数据库 GradeManager 创建一存储过程 ap_returncount，功能是：输入学生学号，输出该学生所在的班级人数。

4. 对步骤 3 中的存储过程改用自定义函数来实现。

四、实习报告内容

1. 写出习题 5 第 10、11 题存储过程的 SQL 定义语句；

2. 写出习题 5 第 14 题用户定义函数的 SQL 定义语句；

3. 写出步骤 3 中存储过程的 SQL 定义；

4. 写出步骤 4 中用户定义函数的 SQL 定义；

5. 存储过程的作用是什么？有什么优点？存储过程与函数的区别是什么？

*附录 B PowerDesigner 入门实验

一、实验目的

(1) 通过阅读和分析应用实例"职工项目管理系统",了解和熟悉 PowerDesigner 的概念数据模型(Conceptual Data Model,简称 CDM)及其相关知识。

(2) 掌握运用 PowerDesigner(PD)工具建立 CDM 的方法。

(3) 初步掌握从 PowerDesigner CDM 生成相应的物理数据模型(Physical Data Model,简称 PDM)和对象模型(Object-Oriented Model,简称 OOM)的方法。

二、实验环境

一台安装有 PowerDesigner 9.5 以上版本软件和 SQL Server 2000(或 2005、2008)的计算机。本实验中使用的是 PowerDesigner 12.5 和 SQL Server 2005。

三、实验内容与步骤

(1) 打开 PD,如图 B-1 所示。

图 B-1 打开 PD 菜单

(2) 创建"职工项目管理系统"的 CDM。

(3) 单击 PD 主界面的 File→New,出现新建模型对话框,选择"Conceptual Data Model",新建一个概念数据模型,命名为 EisCdm(Eis：Employee Item Management System),如图 B-2 所示。

在 PD 主界面中,左边的树形模型浏览窗口 Browser 提供当前的 Workspace 层次结构,根节点为 Workspace 节点,Workspace 中可以包含目录(Folder)、模型(Model)、多模型报告(Multi-Model Report),其中模型可以是各种 PD 系统支持的模型类型。

一般用户都会将欲构建的目标系统的各种模型、文档及报告放在同一 Workspace 中,以便于模型设计与管理。 PD 工作时只能有一个 Workspace 处于打开状态。要新建另一个 Workspace 必须先关闭当前 Workspace。

图 B-2　新建名为 EisCDM 的概念模型

图 B-2 中左侧 "Model type" 框中各模型的中文含义如下:

① Business Process Model(BPM): 业务处理模型。

② Conceptual Data Model (CDM): 概念数据模型。CDM 描述了与任何 DBMS 无关的系统数据库的整体逻辑结构。

③ Free Model(FRM): 自由模型。

④ Information Liquidty Model(ILM): 信息流模型。

⑤ Orient-Object Model(OOM): 面向对象模型。

⑥ Physical Data Model(PDM): 物理数据模型。PDM 是用于定义详细物理结构和数据查询的数据库设计工具。

⑦ Requirements Model(RQM): 需求模型。用系统开发过程中需要实现的功能行为来描述待开发项目。

⑧ XML Model: XML 模型。

(4) 创建实体集 "职工", 以及其属性。

在图 B-2 中点击 "确定" 后, 系统即打开图标设计窗口, 并有 CDM 的设计工具面板, 点击其中的 "Entity"(实体)工具, 拖放到窗口空白处, 即可以建立一个新的实体集, 如图 B-3 所示。

图 B-3　创建 CDM 的工具条

双击图 B-3 中的"Entity_1",出现"Entity Properties"窗口,用于编辑实体集的名称和属性等。图 B-4 是实体集的"General"选项卡,将 Name 和 Code 改成"employee",Code 是定义编程中使用的实体名称,Comment(备注)可写可不写。

图 B-4　创建职工实体集

图 B-5 是"Attributes"选项卡,它用来定义实体集的各个属性,包括名称、编程用名称、数据类型、域、是否强制、是否为主标识符、是否显示等。

标识符是实体中一个或多个属性的集合,可用来唯一标识实体中的一个实例。

每个实体都必须至少有一个标识符。如果实体只有一个标识符,则它为实体的主标识符。如果实体有多个标识符,则其中一个被指定为主标识符,其余的标识符就是次标识符。

图 B-5　"Attributes"属性窗口

图 B-6 是定义的 employee 中各属性的情况。其中属性 eno 为主标识符(主标识符被强制不能为空)，ename 不能为空，所有的属性都将在图表窗口中显示。

图 B-6　职工实体集的属性定义

(5) 创建实体集部门、项目，以及其属性。

图 B-7 是定义了 employee、Salary、Item、Department 四个实体集的 EisCDM。

图 B-7　系统全部实体的定义

(6) 创建实体间的联系。

可以用工具条中的"Relationship"(联系)或者"Association"(关联)来创建实体或者实体集间的联系。Relationship 中的四种联系如图 B-8 所示。如果两个实体集之间是多对多联系，并且联系集本身也有属性，那么就需要使用 Association 工具。

图 B-8 定义了 employee 和 Salary 之间一对一联系。从中可以看到四种基本的联系类型：一对一、一对多、多对一、多对多。图中，职工对薪水和薪水对职工的关系中都被定义了强制的(Mandatory)联系，也即一个职工实体至少必须对应一个薪水实体，一个薪水实体也必须至少对应一个职工实体。

图 B-8　职工与薪水之间一对一联系的定义

图 B-9 是定义了实体间所有联系的 EisCDM 图。其中职工跟薪水是一对一联系，职工与部门间有一个多对一的联系(一个职工只能并且至少属于一个部门，一个部门可以有多个职工)，还有一个管理联系(一个职工可以至多管理一个部门，也可以不管理任何部门，一个部门必须由一个职工来管理)，职工与项目之间是多对多的联系，并且有属性 IENo(职工在项目中的排名)，所以用了关联和关联连接。

图 B-9　添加了实体间联系的 CDM

(7) 生成 CDM。

EisCDM 的实体集和属性定义已结束，还可以继续定义其他数据对象，比如：域、业务
规则等等，在此不在叙述，请读者查阅其他 PD 的参考书。

(8) 将 CDM 转化为 PDM。在 PD 主菜单中选择 Tools→Generate Physical Data Model，
如图 B-10 所示。出现生成 PDM 的选项对话框，如图 B-11 所示。

图 B-10　从 CDM 转化为 PDM 的菜单

在图 B-11 的数据库管理系统下拉列表框中，选择用户准备使用的后台数据库，比如
Microsoft SQL Server 2005，选择 Share 单选按钮将模型的名字改成 EisPDM，默认的扩展名
为 PDM。

图 B-11　生成 PDM 选项对话框

点击确定，系统即将刚才的 EisCDM 自动转化成 PDM 模型，即物理数据模型，如图 B-12 所示。

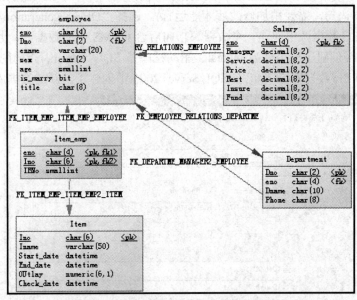

图 B-12　从 EisCDM 生成的 EisPDM

(9) 从 PDM 生成物理数据库。在 PD 主菜单中选择 Database→Generate Database…，如图 B-13 所示。出现生成物理数据库的选项对话框，如图 B-14 所示。

图 B-13　生成物理数据库的菜单

图 B-14 的三个椭圆形中的内容是用户要输入的，分别是：

① "Directory"：数据库脚本文件保存的路径。

② "File name"：数据库脚本文件名称。

③ "Generation type"：数据库生成方式。选择 "Script generation" 则只生成数据库的

SQL 脚本，用户需要在 DBMS 的工具中运行该脚本，生成数据库中的各个对象。选择 "Eidt generation script"，SQL 脚本生成完成后将被打开，供用户编辑(有时 PD 针对某些后台 DBMS 生成的 SQL 脚本语句，需要稍加修改后才能运行)。选择 "Direct generation"，需要事先在操作系统的 ODBC 数据源中创建一个数据源指向后台 DBMS 中的数据库，比如编者在执行这个操作前，已经创建了一个名为 mytest、驱动程序是 SQL Server、指向的数据库是 SQL Server 2005 中的 Eis 数据库(编者已在 SQL Server 2005 中创建了一新的数据库 Eis)。

图 B-14　生成物理数据选项

　　执行后，系统自动生成了职工项目管理系统的数据库脚本文件，如图 B-15 所示。点击 "Run"按钮，即可以在 SQL Server 2005 的 Eis 数据库中生成在前面定义的所有数据库对象。

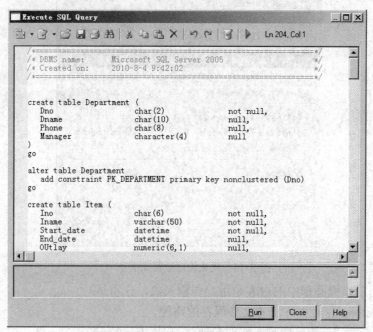

图 B-15　生成的数据库脚本的部分代码

最后是保存模型文件和工作区。

四、实验内容

(1) 根据实验步骤(3)，完成职工项目管理系统的 CDM、PDM，对应后台数据库的 SQL 脚本，通过 ODBC 直接生成数据库。

(2) 练习逆向工程。创建一 ODBC 数据源，指向 SQLServer 的示例数据库 Pubs 数据库，利用 PowerDesigner 的逆向工程功能，生成其 PDM 和 CDM。

(3) 自选某个系统，对其进行模拟的需求分析，建立其 CDM、PDM 模型，并生成数据库。

参 考 文 献

[1] Jeffery D. Ullman，Jeennifer Widom. A First Course in Database System.Prentice Hall，1997

[2] Date C J. An Introduction to Database System，Edition Sixth.Addison-Wesley，1995

[3] Abraham Dilberschatz，Henry F. Korth，S. Sudarshan. Database System Concepts，Third Edition.The McGraw-Hill Companies，Inc. 1999.3

[4] Hector Garcia-Molina，Jeffery D. Ullman，Jeennifer Widom. Database System Implementation. Prentice Hall，2000

[5] Philip J.pratt，Joseph J.Adamski. The Concepts of Database Management，Second Edition. Course Technology，1997

[6] David M. Kroenke. DATABASE PROCESSING: Fundamentals，Design & Implementtation，Seventh Edition. Prentice Hall，2000

[7] Michael Stonebraker，Dorothy Moore. Object-Relation DBMSS: The Next Great Ware. Morgan Kaufmaun Publisher，Inc.1996

[8] Informix Software.Informix Guide to designing Database and Data Warehouses.Prentice Hall PTR

[9] Abraham Silberschatz, Henry F. Korth，等. 数据库系统概念. 6 版. 北京：机械工业出版社，2012.3

[10] 萨师煊，王珊. 数据库系统概论. 3 版. 北京：高等教育出版社，2000

[11] 王能斌. 数据库系统原理. 北京：电子工业出版社，2000

[12] 罗晓沛. 数据库技术(高级). 北京：清华大学出版社，1999

[13] 庄成三，洪玫，等. 数据库系统原理及其应用. 北京：电子工业出版社，2000

[14] 周志逖，江涛. 数据库理论与新技术. 北京：北京理工大学出版社，2001

[15] 崔巍. 数据库系统及应用. 北京：高等教育出版社，1999

[16] Bart BaeSens. 大数据分析：数据科学应用场景与实践精髓. 北京：人民邮电出版社，2016.

[17] David Hows, Eelco Plugge, 等. MongoDB 大数据处理权威指南. 2 版. 北京：清华大学出版社，2014.

[18] Anand Rajaraman, Jeffrey David Uuman. 大数据：互联网大规模数据挖掘与分布式处理. 北京：人民邮电出版社，2012.

[19] 刘云生. 现代数据库技术. 长沙：国防科技大学出版社，2001

[20] 赵致格，殷人昆. 实用工程数据库技术. 北京：机械工业出版社，1997

[21] 郑振楣，等. 分布式数据库. 北京：科学出版社，1998

[22] 李建中，等. 并行关系数据库系统引论. 北京：科学出版社，1998

[23] 王珊，等. 数据仓库技术和联机分析处理. 北京：科学出版社，1998